Data
Computational Finance

Wirtschaftswissenschaftliche Beiträge

Informationen über die Bände 1–110
sendet Ihnen auf Anfrage gerne der Verlag.

Band 111: G. Georgi, Job Shop Scheduling in der Produktion, 1995, ISBN 3-7908-0833-4

Band 112: V. Kaltefleiter, Die Entwicklungshilfe der Europäischen Union, 1995, ISBN 3-7908-0838-5

Band 113: B. Wieland, Telekommunikation und vertikale Integration, 1995, ISBN 3-7908-0849-0

Band 114: D. Lucke, Monetäre Strategien zur Stabilisierung der Weltwirtschaft, 1995, ISBN 3-7908-0856-3

Band 115: F. Merz, DAX-Future-Arbitrage, 1995, ISBN 3-7908-0859-8

Band 116: T. Köpke, Die Optionsbewertung an der Deutschen Terminbörse, 1995, ISBN 3-7908-0870-9

Band 117: F. Heinemann, Rationalisierbare Erwartungen, 1995, ISBN 3-7908-0888-1

Band 118: J. Windsperger, Transaktionskostenansatz der Entstehung der Unternehmensorganisation, 1996, ISBN 3-7908-0891-1

Band 119: M. Carlberg, Deutsche Vereinigung, Kapitalbildung und Beschäftigung, 1996, ISBN 3-7908-0896-2

Band 120: U. Rolf, Fiskalpolitik in der Europäischen Währungsunion, 1996, ISBN 3-7908-0898-9

Band 121: M. Pfaffermayr, Direktinvestitionen im Ausland, 1996, ISBN 3-7908-0908-X

Band 122: A. Lindner, Ausbildungsinvestitionen in einfachen gesamtwirtschaftlichen Modellen, 1996, ISBN 3-7908-0912-8

Band 123: H. Behrendt, Wirkungsanalyse von Technologie- und Gründerzentren in Westdeutschland, 1996, ISBN 3-7908-0918-7

Band 124: R. Neck (Hrsg.) Wirtschaftswissenschaftliche Forschung für die neunziger Jahre, 1996, ISBN 3-7908-0919-5

Band 125: G. Bol, G. Nakhaeizadeh/K.-H. Vollmer (Hrsg.) Finanzmarktanalyse und -prognose mit innovativen quantitativen Verfahren, 1996, ISBN 3-7908-0925-X

Band 126: R. Eisenberger, Ein Kapitalmarktmodell unter Ambiguität, 1996, ISBN 3-7908-0937-3

Band 127: M. J. Theurillat, Der Schweizer Aktienmarkt, 1996, ISBN 3-7908-0941-1

Band 128: T. Lauer, Die Dynamik von Konsumgütermärkten, 1996, ISBN 3-7908-0948-9

Band 129: M. Wendel, Spieler oder Spekulanten, 1996, ISBN 3-7908-0950-0

Band 130: R. Olliges, Abbildung von Diffusionsprozessen, 1996, ISBN 3-7908-0954-3

Band 131: B. Wilmes, Deutschland und Japan im globalen Wettbewerb, 1996, ISBN 3-7908-0961-6

Band 132: A. Sell, Finanzwirtschaftliche Aspekte der Inflation, 1997, ISBN 3-7908-0973-X

Band 133: M. Streich, Internationale Werbeplanung, 1997, ISBN-3-7908-0980-2

Band 134: K. Edel, K.-A. Schäffer, W. Stier (Hrsg.) Analyse saisonaler Zeitreihen, 1997, ISBN 3-7908-0981-0

Band 135: B. Heer, Umwelt, Bevölkerungsdruck und Wirtschaftswachstum in den Entwicklungsländern, 1997, ISBN 3-7908-0987-X

Band 136: Th. Christiaans, Learning by Doing in offenen Volkswirtschaften, 1997, ISBN 3-7908-0990-X

Band 137: A. Wagener, Internationaler Steuerwettbewerb mit Kapitalsteuern, 1997, ISBN 3-7908-0993-4

Band 138: P. Zweifel et al., Elektrizitätstarife und Stromverbrauch im Haushalt, 1997, ISBN 3-7908-0994-2

Band 139: M. Wildi, Schätzung, Diagnose und Prognose nicht-linearer SETAR-Modelle, 1997, ISBN 3-7908-1006-1

Band 140: M. Braun, Bid-Ask-Spreads von Aktienoptionen, 1997, ISBN 3-7908-1008-8

Band 141: M. Snelting, Übergangsgerechtigkeit beim Abbau von Steuervergünstigungen und Subventionen, 1997, ISBN 3-7908-1013-4

Fortsetzung auf Seite 271

Georg Bol · Gholamreza Nakhaeizadeh
Karl-Heinz Vollmer (Hrsg.)

Datamining und Computational Finance

Ergebnisse des
7. Karlsruher Ökonometrie-Workshops

Mit Beiträgen von
T.H. Hann, D. Hosemann, St. Huschens, A. Karmann/M. Plate,
Ph. Kokic/J. Breckling/E. Eberlein, C. Marinelli/S.T. Rachev/
R. Roll/H. Göppl, W. Menzel, St. Mittnik/S.T. Rachev/
G. Samorodnitsky, Th. Poddig, Th. Poddig/H. Dichtl,
H. Rehkugler/D. Jandura, E. Steurer, H.G. Zimmermann/
R. Neuneier

Mit 78 Abbildungen
und 39 Tabellen

Physica-Verlag

Ein Unternehmen
des Springer-Verlags

Reihenherausgeber
Werner A. Müller

Herausgeber
Prof. Dr. Georg Bol
Institut für Statistik
und Mathematische Wirtschaftstheorie
Universität Karlsruhe
Kaiserstraße 12
76128 Karlsruhe
georg.bol@lsoe.uni-karlsruhe.de

Prof. Dr. Gholamreza Nakhaeizadeh
DaimlerChrysler AG
Postfach 2360
89013 Ulm
rheza.nakhaeizadeh@DaimlerChrysler.com

Prof. Dr. Karl-Heinz Vollmer
Südwestdeutsche Genossenschaftszentralbank AG
Karl-Friedrich-Straße 23
76049 Karlsruhe

ISSN 1431-2034
ISBN 3-7908-1284-6 Physica-Verlag Heidelberg

Die Deutsche Bibliothek – CIP-Einheitsaufnahme
Datamining und computational finance: Ergebnisse des 7. Karlsruher Ökonometrie-Workshops /
Georg Bol ... (Hrsg.). – Heidelberg; New York: Physica-Verl., 2000
    (Wirtschaftswissenschaftliche Beiträge; Bd. 174)
    ISBN 3-7908-1284-6

Physica-Verlag ist ein Unternehmen der Fachverlagsgruppe BertelsmannSpringer.
© Physica-Verlag Heidelberg 2000
Printed in Germany

Umschlaggestaltung: Erich Kirchner, Heidelberg

SPIN 10761585   88/2202-5 4 3 2 1 0 – Gedruckt auf säurefreiem Papier

Vorwort

Vom 17. bis 19. März und damit 10 Jahre nach dem ersten Karlsruher Ökonometrie-Workshop fand der siebte dieser inzwischen schon etablierten Tagungsreihe statt. Unter dem Thema Datamining & Computational Finance wurde in 13 Referaten schwerpunktmäßig über Anwendungen neuronaler Netze bei Finanzzeitreihen, den Einsatz von Datamining und Maschinellen Lernverfahren bei Fragestellungen des Finanzbereichs und quantitativer Methoden zur Beurteilung von Markt- und Länderrisiken berichtet. Vorangestellt war dem eigentlichen Workshop ein Tutorium mit Übersichtsvorträgen zu den Themen Focusing (Datenreduktion) im Datamining (Th. Reinartz), Datamining in Emerging Markets (E. Steurer), klassische neuronale Netze und ihre Anwendung (Th. Poddig) sowie zum Value-at-Risk Konzept (St. Huschens).

Einige dieser Referate liegen jetzt in schriftlich fixierter Form vor und sind in dem vorliegenden Tagungsbericht zusammengefaßt. Die Reihenfolge ergibt sich dabei aus dem Anfangsbuchstaben des jeweils erstgenannten Autors, auch wenn es sich um einen Übersichtsvortrag des Tutoriums handelt. Im folgenden geben wir einen kurzen Einblick in die einzelnen Beiträge.

Tae Horn Hann untersucht in seinem Beitrag die Frage, ob statistische Methoden bei der Modellierung eines neuronalen Netzes eingesetzt werden können. Ziel ist es dabei, den Prozeß der Modellselektion beim Einsatz neuronaler Netze bzw. allgemein nichtlinearer Modelle zu vereinfachen und damit zu systematisch besseren Ergebnissen zu kommen. Bei den verwendeten statistischen Verfahren handelt es sich um Hypothesentests, Informationskriterien und Bootstraps. Die Methoden werden anschließend benutzt, um die Entwicklung von Wechselkursen zu modellieren. Abschließend wird ein Vergleich der Ergebnisse mit den so gewonnenen neuronalen Netzen und mit linearen Modellen durchgeführt.

Über den Einsatz Maschineller Lernverfahren bei der Kreditüberwachung berichtet Detlef Hosemann. Dabei wurden Scoringmodelle entwickelt, die eine bei einem Kunden erstmalig vorgenommene Einzelwertberichtigung bei einem Zeithorizont von einem Jahr zu prognostizieren hatten. Als Maschinelle Lernverfahren wurden Genetische Algorithmen, neuronale Netze und Entscheidungsbaumverfahren verwendet und mit der linearen Deskriminanzanalyse verglichen. Dabei wird auch die Interpretierbarkeit der Ergebnisse berücksichtigt.

Anmerkungen zur Definition des Value-at-Risk macht Stefan Huschens in seinem Beitrag. Insbesondere bespricht er die Möglichkeiten der Definition, wenn das p-Quantil der Verlustverteilung nicht eindeutig und nicht nichtnegativ ist. Die Arbeit schließt mit zwei äquivalenten Formulierungen einer Definition des Value-at-Risk, die auch bei Mehrdeutigkeit und Negativität des p-Quantils zu einem eindeutigen Wert führt.

Mit den Zinsunterschieden zwischen USD-Bonds verschiedener Nationen beschäftigen sich Alexander Karmann und Mike Plate. Ihr Interesse richtet sich dabei auf den Spread zwischen dem Zinssatz eines risikobehafteten und eines risikolosen Bonds als ein Indikator für die Ausfallwahrscheinlichkeit. Es zeigt sich, daß ein hoher Spread nicht notwendig auch ein hohes Ausfallrisiko bedeutet.

Philip Kokic, Jens Breckling und Ernst Eberlein beschreiben einen neuen Ansatz zur Schätzung der Profit and Loss-Verteilung eines Portfolios auf der Grundlage der verallgemeinerten hyperbolischen Verteilung. Sie zeigen, daß damit eine bessere Anpassung erreicht werden kann, so daß zuverlässigere Werte z.B. beim VaR ermittelt werden können. Außerdem beschreiben sie, wie diese Methode auch bei Beurteilung von Kreditrisiken eingesetzt werden kann.

Carlo Marinelli, Svetlozar T. Rachev , Richard Roll und Hermann Göppl benutzen zur Modellierung von Aktienpreisen das Prinzip der Subordination zweier stochastischer Prozesse, bei dem die Preisentwicklung sich aus dem Zusammenwirken eines intrinsischen Zeitprozesses, der die Marktaktivität wiederspiegelt, und dem Preisbildungsmechanismus aus Angebot und Nachfrage ergibt. Sie finden am Beispiel der Deutschen Bank-Aktie heraus, daß der Zeitprozeß mit Gamma-verteilten Veränderungen und der Preisprozeß gut mit einem α-stabilen Lévy-Prozeß beschrieben werden kann.

Über die Prognoseergebnisse bei Finanzmarktzeitreihen und Absatzzahlen mit Hilfe von neuronalen Netzen berichtet Wolfram Menzel. Ausgehend von den Handelsergebnissen auf der Basis der Dollarkursprognose eines neuronalen Netzes geht er auf Aspekte der Modellbildung ein und diskutiert Gesichtspunkte bei der Umsetzung der Prognose in eine Handelsstrategie am Beispiel des US Treasury Bond Future. Als weiteres Anwendungsbeispiel neuronaler Netze wird die Prognose der Absatzzahlen der Bild-Zeitung ausführlich dargelegt.

Die Verwendung des CUSUM-Tests bei OLS-Residuen für Strukturbrüche in Zeitreihen, deren Störgröße "heavy-tails" verteilt ist, untersuchen Stefan Mittnik, Svetlozar T. Rachev und Gennady Samorodnitsky, wobei frühere Ergebnisse durch den Verzicht auf die Annahme endlicher Varianz verallgemeinert werden. Dabei ist das asymptotische Verhalten von besonderem Interesse. Außerdem wird über eine Simulationsstudie berichtet und es werden Response-Surface-Approximationen kritischer Werte der CUSUM-Teststatistik angegeben.

Eine Übersicht über klassische neuronale Netze und ihre Anwendung insbesondere in der Finanzwirtschaft gibt Thorsten Poddig. Nach einem Überblick über die verschiedenen Typen neuronaler Netze beschränkt er sich im Anschluß auf die Familie der Perceptrons. Dabei geht er auch intensiv auf die Problemfelder bei der Modellierung mit neuronalen Netzen ein. Nach einer Übersicht über die Anwendungsfelder kommt er zu einem Fazit mit drei Thesen: (I) es gibt noch kein ingenieurmäßiges Vorgehensmodell zur Entwicklung optimaler Perceptrons, (ii) die Güte des Modells steht und fällt mit den Fertigkeiten und Erfahrungen seines Entwicklers, (iii) es sollten im Vorfeld der Modellentwicklung alternative Methoden erwogen und geprüft werden.

Zusammen mit Hubert Dichtl analysiert Thorsten Poddig in einem weiteren Beitrag das Risiko von "Emerging Markets"-Investments durch die Simulation des gesamten Portfolio-Management-Prozesses bestehend aus der Finanzanalyse, der Portfoliorealisierung und der Performancemessung. Das Anlagekonzept basierend auf den Anlegerpräferenzen ist dabei vorgegeben. Berücksichtigt werden muß, daß sämtliche Entscheidungen auf der Grundlage von Prognosen über Rendite und Risiko von Portfolien getroffen werden. Exemplarisch werden zwei Entscheidungssituationen untersucht: (i) Sollen "Emerging Markets" generell in das Anlagenuniversum mit aufgenommen werden, (ii) welche Anlagestrategie soll mit bzw. ohne "Emerging Markets" durchgeführt werden? Dabei werden eine aktive, eine passive Strategie und das Minimum-Varianz-Portfolio miteinander verglichen.

Einen Leistungsvergleich von linearen vs. nichtlinearen Fehlerkorrekturmodellen anhand der Prognose der G5-Rentenmärkte präsentieren Heinz Rehkugler und Dirk Jandura. Sie kombinieren dazu den Kointegrations- und Fehlerkorrekturansatz mit Neuronalen Netzwerken zu einem "nichtlinearen Fehlerkorrekturmodell" und stellen die Leistungsfähigkeit dieses Ansatzes einem traditionellen linearen Fehlerkorrekturmodell in einer empirischen Überprüfung am Beispiel der G5-Rentenmärkte gegenüber. Dabei übertreffen die nichtlinearen Fehlerkorrekturmodelle in der unrestringierten Variante deutlich die Performance der linearen Fehlerkorrekturmodelle.

Mit der Quantifizierung von Länderrisiken beschäftigt sich Elmar Steurer. Er beschreibt dabei ein System zur Ermittlung von Länderrisiken (CRISK-Explorer), das einen Risikogesamtwert auf der Basis von Werten einzelner Risikoindikatoren mittels von Experten vorgegebener Gewichte und Schwellenwerte berechnet. Mit den Regionen Asien, Afrika/Mittlerer Osten und Lateinamerika wird die Vorgehensweise demonstriert. Zweck dieses Verfahrens ist nicht, eine alleinige Entscheidungsgrundlage zu liefern, sondern eine Hilfe bei der Analyse von Länderrisiken zur Verfügung zu stellen.

Ein Transformationsverfahren für Zeitreihen in Kombination mit dem Einsatz neuronaler Netze schlagen Hans Georg Zimmermann und Ralph Neuneier vor. Ausgangsidee ist dabei, daß durch die Transformation die Zeitreihe glatter und damit besser vorhersagbar wird. Ist der Transformationsprozeß umkehrbar, können aus den Prognosewerten der transformierten Zeitreihe Vorhersagen für die Ausgangsreihe ermittelt werden. Die Autoren zeigen, wie diese Idee mit Hilfe von Multi-Layer-Perceptrons umgesetzt werden kann und demonstrieren die Vorgehensweise an Hand des DM-US$-Wechselkurses.

Die Organisatoren des Workshops und Herausgeber dieses Tagungsberichts bedanken sich nicht nur bei den Referenten des Workshops und den Autoren der Beiträge dieses Ergebnisbandes, sondern auch bei den Teilnehmern des Workshops für die vielen interessanten Diskussionsbeiträge.

Besonderen Dank schulden wir unseren Mitarbeitern Tae Horn Hann, Bernhard Martin und Isabel Aigner für die umfassende Unterstützung bei der Vorbereitung und der Durchführung des Workshops sowie der Erstellung dieses Bandes.

VIII

Bei der Gestaltung der Druckvorlage war Thomas Plum eine zuverlässige Hilfe. Der Fakultät für Wirtschaftswissenschaften und ihrem Dekan Prof. Dr. S. Berninghaus sowie ihrem Geschäftsführer Dr. V. Binder danken wir für die – schon traditionelle – gute Zusammenarbeit. Frau Dr. Bihn und Frau Keidel vom Physica-Verlag sind wir für die – wie immer – reibungslose und unproblematische Kooperation dankbar.

Ferner danken wir der DaimlerChrysler AG und der SGZ-Bank für die finanzielle Unterstützung der Tagung und der Herausgabe dieses Ergebnisbandes.

Karlsruhe, im November 1999   Die Herausgeber

Inhaltsverzeichnis

X

Neuronale Regressionsmodelle in der Devisenkursprognose

Tae Horn Hann

DaimlerChrysler AG, HPC 0226, D-70546 Stuttgart

Zusammenfassung. Eine sorgfältige Modellselektion von nichtlinearen statistischen Modellen wie neuronalen Netzen ist von großer Bedeutung, da eine Überparametrisierung zu einer starken Beeinträchtigung der Generalisierungsfähigkeit führt. In diesem Beitrag wird untersucht, ob statistische Verfahren zur Bestimmung der Netzwerkarchitektur sinnvoll eingesetzt werden können. Dazu werden Hypothesentests, Informationskriterien und der Bootstrap zur Modellselektion verwendet. Die Selektionsverfahren werden anschließend verwendet um drei Wechselkurse (DEMGBP, DEMFRF und DEMITL) zu modellieren. Abschließend wird die Performance der neuronalen Netzwerke mit linearen Modellen verglichen.

1 Einleitung

Die oftmals unterstellte und in einigen Studien nachgewiesene nichtlineare Struktur von Finanzmarktzeitreihen führte zu einer Vielzahl von empirischen Arbeiten, die die Leistungsfähigkeit von neuronalen Netzen in der Prognose von Aktien-, Zins- und Wechselkursen untersuchten. Dabei zeigt sich, daß es zur Erstellung einer geeigneten Architektur eines neuronalen Netzwerks keine systematische Entwicklungsmethodik gibt. Vielmehr besteht eine Vielzahl an Heuristiken und Empfehlungen, die nur fallweise sinnvoll anzuwenden sind und sich daher kaum für eine allgemeingültige Herangehensweise eignen. Hinzu kommt, daß der iterative Ablauf vieler Modellselektionsverfahren (wie bspw. Pruning oder auch Cascade-Correlation) Parametereinstellungen implizieren, die den Ausgang der Modellselektion im großen Maß beeinträchtigen können. Der Anwender ist daher i.d.R. auf eigene Erfahrung sowie Beobachtungen während des Netzwerktrainings angewiesen.

In jüngerer Zeit wurden Selektionsverfahren angewendet, die ein neuronales Netzwerk aus statistischer Perspektive betrachten und daher statistische Verfahren wie Hypothesentests und Informationskriterien verwenden. Aus statistischer Sicht ist das klassische Feedforward-Netzwerk mit einer verdeckten Schicht und einem

Ausgabeneuron nichts anderes als eine spezielle Form einer nichtlinearen Regression[1]:

$$f(\mathbf{X}, \mathbf{w}) = \mathbf{X}\alpha + \sum_{h=1}^{H} \beta_h g\left(\sum_{i=0}^{I} \gamma_{hi} x_i\right) \tag{1.1}$$

Die Untersuchung von neuronalen Netzwerken aus statistischer Sicht erlaubt – analog zur linearen Regression – statistische Aussagen über die Signifikanz der Parameter und die Güte der Anpassung. Eingabeneuronen bezeichnen dabei die erklärenden Variablen; die Gewichte stellen die zu schätzenden Parameter dar. In Anlehnung an Anders (1997) entsprechen die α-Gewichte den linearen Parametern des Netzwerks, während die β- und γ-Gewichte aufgrund der sigmoiden Transferfunktion in den verdeckten Neuronen den Grad der Nichtlinearität bestimmen. Die folgende Abbildung zeigt die Struktur des hier verwendeten Netzwerks:

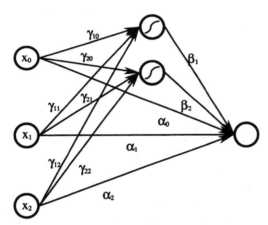

Abbildung 1. Das MLP mit einer verdeckten Schicht

Die empirischen Untersuchungen wurden mithilfe der Software Neurometricus getätigt.[2]

1.1 Modellspezifikation

Die Modellierung von neuronalen Netzen in Finanzmarktanwendungen ist oftmals im großen Maß geprägt durch einen Prozeß des Probierens. Dabei unterscheidet

---

[1] Sarle (1994) zeigt die Analogien zwischen neuronalen Netzen und statistischen Modelle auf.

[2] Neurometricus basiert auf GAUSS und wurde im Rahmen einer Dissertation (Anders, 1997) am Zentrum für Europäische Wirtschaftsforschung GmbH (ZEW) angefertigt.

sich die grundlegende Vorgehensweise in ihren Phasen nicht von der üblichen Modellierung in der Ökonometrie.

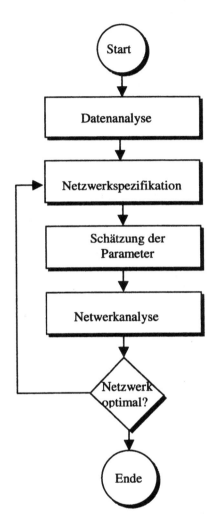

Abbildung 2. Der Modellierungsprozeß[3]

Im ersten Schritt werden die Daten aufgrund von modelltheoretischen Gründen ausgewählt und ihre statistischen Eigenschaften mit Hinblick auf Ausreißer, Integrationsgrad und möglichen Kollinearitäten getestet. Anschließend wird die

---

[3] In Anlehnung an Anders (1997)

Netzwerkkomplexität bestimmt und die Parameter des Netzwerks geschätzt. Diese beiden Schritte fallen bei der Modellierung von neuronalen Netzen üblicherweise zusammen. Abschließend wird die Modellgüte evaluiert. Dies geschieht bspw. in Form einer Residual- oder einer Performance-Analyse. Ist das Modell nicht optimal, wird die Netzwerkkomplexität erneut bestimmt und das Modell neu geschätzt. Abbildung 2 zeigt den iterativen Ablauf in einem Schaubild.

Es ist kritisch zu bemerken, daß diese generelle Beschreibung des Modellierungsprozeß zu keinen eindeutigen Handlungsanweisungen bei neuronalen Netzen in der Prognose von Finanzmarktzeitreihen führt. Bereits der erste Schritt ist durch eine Vielzahl von Möglichkeiten gekennzeichnet. So können bei der Datenauswahl als Eingabevektoren bspw. Wechselkursmodelle, charttechnische Indikatoren oder auch spezielle Datenaufbereitungen, die aus der Klassifikation kommen, verwendet werden. Die oftmals unterstellte Annahme, daß ein neuronales Netz durch Pruning die wesentlichen Faktoren selbst herausfindet und die Gewichte zu den redundanten Variablen „herausschneidet", führt oftmals zu einer sehr umfangreichen Datenauswahl, die die Anzahl der zu schätzenden Parameter erhöht und die Optimierungsprozedur sehr zeitaufwendig macht.[4]

Auch für den zweiten Schritt – die Modellspezifikation – existieren viele Vorschläge, die zu einer optimalen Netzwerkstruktur und damit zu einer maximalen Generalisierungsfähigkeit führen sollen. Die verschiedenen Ansätze resultieren aus den verschiedenen Forschungsgebieten, in denen neuronale Netze eingesetzt werden. Einen Versuch der Klassifikation von einigen (älteren) Verfahren findet sich bspw. in Miller (1994).

Die Modelldiagnose ist auch nicht eindeutig festgelegt. Es existieren zwar verschiedene Gütemaße wie der mittlere quadratische Fehler (MSE), der mittlere Fehler (ME) oder der Theil'sche Ungleichheitskoeffizient (TU) um den Prognosefehler im Erwartungswert zu quantifizieren. Dem erwarteten Prognosefehler steht die Prognosequalität im ökonomischen Sinn gegenüber, die u.a. durch die annualisierte Rendite, die Wegstrecke oder die Trefferquote beschrieben wird. Prognosefehler und -qualität stehen nicht im direkten Zusammenhang und oft im Widerspruch zueinander.

2 Die Modellselektion neuronaler Netzwerke

In diesem Abschnitt werden die Eigenschaften der Modellselektionsverfahren diskutiert und die Grundlagen für die Herangehensweise gelegt, die in Kapitel 3 verfolgt wird. Dazu werden zunächst die gängigen Methoden aus der Praxis, sowie die Modellselektionsverfahren aus der Statistik beschrieben. Dabei zeigt sich, daß aufgrund der nichtlinearen Netzwerkstruktur eines MLPs (engl. Multi-Layer-

---

[4] Baun (1994) ist ein typischer Vertreter dieses Ansatzes.

Perceptron) die Tests auf Nichtlinearität nicht ohne weiteres zu einer Modellselektionsstrategie aufgebaut werden können.

2.1 Heuristische Verfahren

Die ältesten und am häufigsten verwendeten Methoden zur Identifikation der Architektur eines Netzwerks sind die Ausdünnungs- (engl. Pruning) und die Regularisierungsverfahren. Sie gehören zu der Klasse der sog. destruktiven Verfahren, d.h. die Netzwerkkomplexität wird im Laufe des Optimierungsverfahrens gezielt verringert.

Beim Pruning werden die Gewichte eliminiert, die die Generalisierungsfähigkeit des neuronalen Netzwerks beeinträchtigen. Das Netzwerk wird erneut optimiert und die Performance des neuronalen Netz auf der Kreuzvalidierungsmenge festgehalten. Diese iterative Prozedur wird fortgesetzt bis ein Optimum auf der Kreuzvalidierungsmenge erreicht wird. Die verschiedenen Pruningverfahren unterscheiden sich in der Selektion der zu eliminierenden Gewichte. Der bekannteste Vertreter dieser Verfahren ist OBD (engl. Optimal Brain Damage).

Bei der Regularisierung wird die Komplexität eines Netzwerkmodells beschränkt, indem durch die Fehlerfunktion sparsame Modelle favorisiert werden. Dazu wird die Fehlerfunktion um einen Komplexitätsstrafterm erweitert:

$$E_{Regularisierung} = E + \lambda C(\omega) \qquad (2.1)$$

wobei E die Fehlerfunktion (üblicherweise der mittlere quadratische Fehler, MSE), $C(\omega)$ der Komplexitätsstrafterm und λ dessen Gewichtung bezeichnet. Der Komplexitätsstrafterm hat beim sog. Weight Decay folgende Form:

$$C(\omega) = \sum_i \omega_i^2 \qquad (2.2)$$

Die Summe der quadrierten Gewichte bestraft betragsmäßig große Gewichte und führt so zu einer Reduzierung des Suchraums. Die optimale Netzwerkstruktur, die durch die erweiterte Fehlerfunktion definiert wird, ergibt sich daher aus der Approximationsgüte und der Komplexität des Modells. Da beide Komponenten im Widerspruch zueinander stehen, ist es das Ziel der Regulierung einen optimalen Ausgleich zwischen dem Approximationsfehler und der Komplexität des Modells zu finden.

Die oben beschriebenen Verfahren stellen Heuristiken dar, die nicht auf einem theoretischen Fundament aufbauen. Vielmehr wird ihre Verbreitung durch den erfolgreichen Einsatz in vielen Applikationen gerechtfertigt. Als nachteilig wird dabei vor allem das Fehler einer exakten Herangehensweise empfunden, so daß die Bestimmung einer Netzwerkarchitektur im großen Maße von der Erfahrung des Modellierers abhängt.

2.2   Statistische Modellselektionsverfahren

Im Gegensatz zu den oben beschriebenen Heuristiken zeichnen sich statistische Selektionsverfahren durch ihre eindeutige Modellierungsanweisung aus. Zu diesen Verfahren zählen die Modellselektion durch Hypothesentests, durch den Bootstrap und durch Informationskriterien.

Modellselektion durch Hypothesentests

Hypothesentests in neuronalen Netzen wurden erstmals von White (1989a) vorgeschlagen. White (1989b) wies nach, daß – unter Voraussetzung der Identifikation– die Parameter eines neuronalen Netz asymptotisch normalverteilt sind. Darauf aufbauend läßt sich eine Lagrange-Multiplikations (LM)-Statistik entwickeln, so daß auf signifikante Nichtlinearitäten getestet werden kann.

Teräsvirta, Lin und Granger (1993) entwickelten ein Testverfahren, in dem eine Taylorreihe ein verdecktes Neuron approximiert wird, so daß die gegenseitige Abhängigkeit der β- und γ-Gewichte aufgehoben und somit das Identifikationsproblem wird. Alternativ dazu werden in der von White (1989a) entwickelten Methode die γ-Gewichte zufällig gezogen, um das Identifikationsproblem zu lösen. Besteht eine Korrelation zwischen einem verdeckten Neuron und den Residuen, wird das verdeckte Neuron in das Modell aufgenommen.

In dieser Untersuchung wird der LM-Test mit Taylorreihenentwicklung verwendet, da Teräsvirta, Lin und Granger (1993) die Überlegenheit dieses Tests gegenüber White's Test auf vernachlässigte Nichtlinearität demonstriert haben.

Die Verwendung des LM-Tests eignet sich jedoch nur mit Einschränkungen zur Bestimmung der Netzwerkkomplexität. Wie Saarinen, Bramley und Cybenko (1993) zeigen, besitzt der Gradient eines neuronalen Netz aufgrund der sigmoiden Transferfunktion i.d.R. keinen vollen Rang. Daraus resultiert eine langsame Konvergenz des Optimierungsalgorithmus, da die Information des Gradienten nicht vollständig genutzt werden kann. Ist die Hesse-Matrix singulär bzw.besitzt der Gradient nicht den vollen Rang, dann läßt sich die Kovarianzmatrix nicht auf dem klassischen Weg schätzen. Ein Waldtest ist daher bei neuronalen Netzen nicht möglich.

Modellselektion durch den Bootstrap

Eine Alternative zu Hypothesentests ist der Bootstrap. Dabei werden basierend auf Resampling-Verfahren (das sogenannte Ziehen-mit-Zurücklegen) Konfidenzintervalle für die Parameter eines Modells ermittelt. Als vorteilhaft erweist sich dabei die weitgehende Abwesenheit von Annahmen: so wird zum einen keine reguläre

Hesse-Matrix vorausgesetzt, zum anderen lassen sich auch andere Zielfunktionen als der mittlere quadratische Fehler (MSE) verwenden.[5]

Prinzipiell kommen zwei Resampling-Verfahren in Betracht: das Resampling der Residuen und das Resampling des Datenvektors. Der Datenvektor besteht aus den erklärenden und der zu erklärenden Variablen. Da das Resampling der Residuen ein hohes Vertrauen in die geschätzten Parameter setzt, wurde hier das robustere Verfahren des Resampling des Datenvektors verwendet.

Bei der Anwendung des Bootstraps ist es notwendig, daß die verschiedenen lokalen Minima eingegrenzt werden. Geschieht dies nicht, erhält man erratische Konfidenzintervalle. Zur Eingrenzung der lokalen Minima wurde das k-means-Clustering verwendet.[6]

Modellselektion durch Informationskriterien

Ein in der Statistik weit verbreitetes Instrument zur Selektion von Modellen sind die Informationskriterien. Die bekanntesten Informationskriterien sind das Akaike Informationskriterium (AIC)

$$AIC = \ln\left(\frac{\sum_{t=1}^{T} \varepsilon_t^2}{T}\right) + \frac{2k}{T} \qquad (2.3)$$

und das Schwarz'sche Informationskriterium (SIC)

$$SIC = \ln\left(\frac{\sum_{t=1}^{T} \varepsilon_t^2}{T}\right) + \frac{k \ln(T)}{T} \qquad (2.4)$$

Wie sich aus den Formeln (2.3) und (2.4) ablesen läßt, beschreiben beide Informationskriterien den Zusammenhang zwischen dem Fehler, der in-sample gemessen wird und der Anzahl der Parameter eines Modells. Der Einschluß eines zusätzlichen Parameters lohnt sich also nach diesen Kriterien nur, wenn der Fehler überproportional reduziert wird. Das SIC bestraft zusätzliche Parameter stärker als das AIC und bevorzugt daher sparsamer parametrisierte Modelle.

---

[5] Eine gute Einführung in den Bootstrap findet sich in Efron und Tibshirani (1993).
[6] Vgl. dazu auch Rüger und Ossen (1995).

3 Die Modellierung der Devisenkurse des EWS

3.1 Der Datensatz

In der Untersuchung wurden die Wechselkurse des französischen Franc, des britischen Pfund und der italienischen Lira gegenüber der deutschen Mark modelliert.[7] Der untersuchte Zeitraum beinhaltet die Wechselkurse vom 08.10.1990 bis zum 11.09.1992. Der Datensatz wurde in einen in-sample und in einen out-of-sample Zeitraum unterteilt:

Tabelle 1. Die Einteilung der Daten

	Zeitraum	Anzahl der Beobachtungen
In-sample	08.01.1990 – 28.02.1992	360
Out-of-sample	02.03.1992 – 1.09.1992	141

In diesem Zeitraum galten für die Währungen der Mitgliedsländer des Europäischen Wirtschaftssystems (EWS) Bandbreiten von ± 2,25%. Für das britische Pfund galt eine Bandbreite von ± 6%. Die Zentralbanken waren verpflichtet zu intervenieren, wenn diese Bandbreiten verlassen wurden. Es stellt sich daher die Frage, ob die Bildung dieser Bandbreiten zu Anomalien führten, die durch nichtlineare Techniken wie neuronale Netze ökonomisch genutzt werden können. Zudem eignet sich die Untersuchung dieses Zeitraums, weil in dieser Zeit Wechselkursänderungen allein durch das Einwirken der Marktteilnehmer und keine von nationalen Regierungen vorgenommene Auf- bzw. Abwertung stattfand. Ein Eingriff eines Staates in die Wechselkurspolitik stellt ein diskretionäres Ereignis dar, daß sich nicht prognostizieren läßt. Solche Ereignisse können auf der in-sample Menge eine nichtlineare Struktur darstellen, die sich auf der out-of-sample Menge nicht wiederfinden.

Die Auswahl der exogenen Variablen wurde durch einen univariaten Ansatz mit einer Lagstruktur von $\{x_{t-1}, x_{t-2}, x_{t-3}\}$ beschränkt und verhindert das sog. Data-Snooping in der Datenauswahl. Data-Snooping beschreibt das Problem, das entsteht, wenn bei der Modellbildung eine Anpassungsgüte erreicht wird, die nicht aufgrund real existierender Zusammenänge sondern das Ergebnis einer Vielzahl an Versuchen ist.

Devisenkurse weisen bekanntermaßen einen Trend auf, so daß eine direkte Modellierung einer Zeitreihe nicht sinnvoll ist. Mithilfe des erweiterten Dickey-Fuller (ADF) Tests wurden daher die Stationaritätseigenschaften getestet. Dabei

---

[7] Im folgenden werden die Wechselkurse nach internationalem Standard DEMFRF, DEMGBP und DEMITL benannt.

wurde sowohl auf einen möglichen deterministischen als auch auf einen stochastischen Trend getestet. Der ADF-Test wurde mit einem Zeitlag von p = 4 durchgeführt. Aus der letzten Spalte der Tabelle 2 erkennt man, daß die Nullhypothese der Nichtstationarität (γ = 0) nicht abgelehnt werden kann.[8]

Tabelle 2. Die Zeitreihen im ADF-Test

	a_0	A	γ
DEMGBP	0,0818 (2,5489)	-2,37E-06 (-0,6028)	-0,0278 (-2,5748)
DEMFRF	0,8525 (2,4740)	-8,79E-06 (-0,5365)	-0,0289 (-2,4885)
DEMITL	0,0206 (1,6134)	-4,34E-07 (-0,5740)	-0,0154 (-1,6107)

Da die Zeitreihen offensichtlich einem Trend unterliegen, werden die logarithmierten Differenzen betrachtet der Wechselkurse betrachtet. Wie aus Tabelle 3 ersichtlich, sind die Renditen (d.s. die logarithmierten Differenzen) der Wechselkurse stationär[9]. Der Term γ+1 mißt die Autokorrelation des Devisenkurs in t und t-1. Die Sterne bezeichnen das Signifikanzniveau: * steht für das 90%-, ** steht für das 95%- und *** steht für das 99%-Signifikanzniveau.

Tabelle 3. Die Renditen im ADF-Test

	γ	γ+1
DEMGBP	-0,9847 (-22,08)***	0,0153
DEMFRF	-0,9753 (-18,57)***	0,0247
DEMITL	-0,9826 (-18,70)***	0,0174

3.2 Die Modellierung der Wechselkurse

Das lineare Modell

Die linearen Modelle wurden mit Hilfe des Akaike Informationskriterium (AIC) und des Schwarz'schen Informationskriterium (SIC) durchgeführt. Dazu wurden

---

[8] Die kritischen Werte wurden u.a. von MacKinnon (1991) durch Simulation ermittelt. Die kritischen Werte für das 90%-, 95%- und 99%-Niveau sind –3,1347 / -3,4239 / -3,9873.
[9] Eine Zeitreihe heißt schwach stationär, wenn sie mittelwert- und kovarianzstationär ist.

die AIC- und die SIC-Werte der ARMA-Modelle für Ordnungen bis zu p = q = 3 verglichen. Es wurden daher pro Devisenkurs 15 Modelle geschätzt. Die folgenden Gleichungen zeigen die nach SIC besten Modellschätzungen für die drei Währungen an.[10] Die Werte in den Klammern geben die t-Statistiken der Parameterschätzungen wider.

$$\text{DEMFRF}: \quad x_t = -0,00004 - 0,9341 x_{t-1} + 0,9631 \varepsilon_t$$
$$(-1,013) \quad (-14,352)^{***} \quad (19,634)^{***}$$

$$\text{DEMGBP}: \quad x_t = -0,000125 + 0,1084 x_{t-1} - 0,7588 x_{t-2}$$
$$(-0,9147) \quad (-1,0234) \quad (-9,5661)^{***}$$
$$+ 0,0972 x_{t-3} - 0,0124 \varepsilon_t + 0,7927 \varepsilon_{t-1}$$
$$(2,0288)^{**} \quad (-0,1292) \quad (9,8443)^{***}$$

$$\text{DEMITL}: \quad x_t = -0,000004 - 0,7202 x_{t-1} - 0,7569 \varepsilon_t$$
$$(-0,064) \quad (-1,867)^{***} \quad (-2,077)^{***}$$

(3.1)

Sowohl für das DEMFRF-Modell als auch für das DEMITL-Modell erweist sich das ARMA(1,1)-Modell bzgl. des SIC-Kriteriums als optimal. Auch die Parameterschätzungen sind auf dem 99% Niveau signifikant. Der DEMGBP-Wechselkurs wird nach dem SIC-Kriterium durch ARMA(3,2) modelliert.

In der folgenden Tabelle werden für die besten Modelle die Summe der quadrierten Residuen (SSR), die Informationskriterien SIC und AIC, sowie das adjustierte Bestimmtheitsmaß angegeben. Trotz der signifikanten Parameterschätzungen zeigt das niedrige adjustierte Bestimmtheitsmaß R^2, daß die linearen Modelle nur beim britischen Pfund einen gewissen Anteil der Varianz erklären kann. Das selektierte DEMGBP-Modell und dessen relativ hoher Erklärungsgehalt ist möglicherweise ein Indiz dafür, daß die weiteren Bandbreiten von ±6% durch eine komplexere Struktur zu modellieren ist.

Tabelle 4. Kennzahlen der ARMA-Modelle

	DEMFRF	DEMGBP	DEMITL
SSR	0,000215	0,001842	0,000435
AIC	-11,4857	-9,3177	-10,7813
SIC	-11,4535	-9,2532	-10,7491
Adj. R^2	0,000806	0,05234	-0,001165

---

[10] Die Modellselektion wurde nach dem SIC durchgeführt, da es sparsamere Modelle selektiert als das AIC.

Das neuronale Regressionsmodell

Die Architektur der neuronalen Netzwerke wurden wie oben in Abschnitt 2 beschrieben durch das SIC, durch Hypothesentests und durch den Bootstrap bestimmt. Tabelle 5 stellt die durch die Selektionsverfahren bestimmte Komplexität der Modelle dar.

Tabelle 5. Die Anzahl der ermittelten verdeckten Neuronen

# verdeckte Neuronen	DEMGBP	DEMFRF	DEMITL
SIC	1	1	1
LM-Test	3	1	1
Bootstrap	1	1	0

Insgesamt läßt sich erkennen, daß die Selektionsverfahren wesentlich sparsamere Modelle selektieren. Die selektierten Modelle weisen darauf hin, daß Nichtlinearitäten – wenn auch nur in schwacher Form – in den Zeitreihen vorhanden sind. Lediglich beim DEMITL-Wechselkurs führt die Selektion durch den Bootstrap zu einem linearen Modell. Beim DEMGBP-Modell wird durch den Hypothesentest ein wesentlich komplexeres Modell mit drei verdeckten Neuronen selektiert.

Die Modellselektion beschränkt sich in dieser Studie auf die Bestimmung der Anzahl der Neuronen in der verdeckten Schicht, da die Anzahl der inneren Knoten die Komplexität eines Modells maßgeblich bestimmt.

3.3   Out-of-sample Ergebnisse

Ein neuronales Netz stellt eine Approximationsfunktion dar, die nicht auf einer theoretischen Vorstellung aufbaut und daher keine Erklärung im Sinne eines kausalen Sachverhalts liefert. Die Modellgüte wird daher nicht anhand von qualitativen Merkmalen wie bspw. Plausibilität, sondern nur anhand der out-of-sample Performance gemessen.

Im folgenden wird die Performance der linearen und nichtlinearen Modelle durch die annualisierte Rendite, die Wegstrecke und den mittleren quadratischen Fehler (MSE) auf der out-of-sample Menge gemessen. Die Rendite wurde dabei ohne Abzug der Transaktionskosten ermittelt. Die Wegstrecke ist dabei definiert als prozentuale Größe und entspricht dem erzielten Gewinn im Verhältnis zum maximal erzielbaren Gewinn. Die Rendite zeigt die Portabilität des Investments, gibt aber keine Auskunft darüber inwieweit das mögliche Gewinnpotential erschöpft wird. Die Wegstrecke ergänzt die Rendite, da sie sowohl auf Seitwärts- als auch in Trendmärkten die Leistungsfähigkeit eines Prognosemodells mißt.

Tabelle 6. Die DEMGBP-Modelle im Vergleich

	Rendite p.a [%].	Wegstrecke [%]	MSE
ARMA	5,56	12,32	O,0077
NN_{BT}	5,79	12,84	0,0292
NN_{HAT}	-4,14	-9,17	0,0078
NN_{SIC}	6,57	14,54	0,0077

Tabelle 6 zeigt die Performance der DEMGBP-Modelle. NN_{BT} steht dabei für das neuronale Netzwerk, das durch den Bootstrap selektiert wird; NN_{HT} steht für das Netzwerk, das mithilfe der Hypothesentest ermittelt wird und NN_{SIC} für das durch das Schwarz'sche Informationskriterium selektierte Modell. Der Prognosefehler – ausgedrückt durch den MSE – stimmt nicht immer mit der Prognosequalität im ökonomischen Sinne überein. So zeigt das durch den Bootstrap selektierte Modell einen hohen mittleren quadratischen Fehler, jedoch eine relativ hohe Rendite. Das durch den Hypothesentest selektierte Modell mit drei Neuronen in der inneren Schicht zeigt einen MSE, der unwesentlich höher liegt als das lineare Modell, jedoch als einziges Modell eine negative Rendite aufweist. Das NN_{SIC}-Modell zeigt die höchste Rendite und die weiteste Wegstrecke und mit dem ARMA-Modell den geringsten MSE.

Tabelle 7. Die DEMFRF-Modelle im Vergleich

	Rendite p.a. [%]	Wegstrecke [%]	MSE
ARMA	0,38	2,69	0,0248
NN_{BT}	1,16	8,22	0,0265
NN_{HAT}	0,28	1,95	0,0249
NN_{SIC}	0,04	0,26	0,0249

Die Modellierung des DEMFRF-Wechselkurs führte bei den neuronalen Netzen unabhängig von der Selektionsstrategie zu einer Netzwerkstruktur mit einem Neuron in der inneren Schicht. Die Unterschiede zwischen den neuronalen Netzwerken liegt daher in den verschiedenen lokalen Minima, die im Trainingsprozeß gefunden wurden. Wie Tabelle 7 darstellt, existieren bzgl. allen drei Performance-

Maßen keine markanten Unterschiede zwischen den neuronalen Netzen und dem ARMA-Modell.

Tabelle 8. Die DEMITL-Modelle im Vergleich

	Rendite p.a. [%]	Wegstrecke [%]	MSE
ARMA	-0,87	-3,99	0,0015
NN$_{BT}$	-0,87	-3,99	0,0015
NN$_{HAT}$	0,07	0,32	0,0016
NN$_{SIC}$	0,07	0,32	0,0016

Tabelle 8 zeigt die Ergebnisse der Modellierung der italienischen Lira. Bezüglich des MSE besteht kaum ein Unterschied zwischen dem linearen Modell und einem neuronalen Netz mit einem Neuron in der inneren Schicht. Das ARMA-Modell und das durch den Bootstrap selektiere Modell weisen die gleiche Performance auf, da beides lineare Modelle darstellen. Auch das Selektionsverfahren nach SIC und durch den Hypothesentest führen zu identischen Ergebnissen.

Zusammenfassend lassen die Ergebnisse folgende Schußfolgerungen zu:

1. Bei allen Wechselkursen führt das lineare Modell zur geringsten quadratischen Abweichung.

2. Die ökonomische Performance der nichtlinearen Modelle ist auf der out-of-sample Menge im Vergleich zur Performance des linearen Modells nur im sehr geringfügigem Maß überlegen.

3. Ökonomische und statistische Performance-Maße stehen nicht im direkten Zusammenhang. Ein reales Handellsmodell sollte daher ausschließlich aufgrund von ökonomisch sinnvollen Gütemaßen beurteilt werden.

4. Eine statistisch feststellbare nichtlineare Struktur in den untersuchten Wechselkursen ließ sich eindeutig zeigen, jedoch ist diese ökonomisch nicht signifikant. Offensichtlich ist die in-sample gefundene nichtlineare Struktur nicht stabil, auf der out-of-sample Menge führen sie zu keinen bedeutsamen Performanceunterschieden. Es läßt sich daher von statistisch belegbaren Nichtlinearitäten nicht auf eine Ineffizienz der untersuchten Wechselkurse schließen.

4 Zusammenfassung

In diesem Beitrag wurde dargestellt, inwieweit statistische Verfahren zur Modell-selektion von neuronalen Netzen geeignet sind. Hypothesentests, Bootstrap und Informationskriterien zur statistischen Selektion von neuronalen Netzen herange-zogen werden können.

Im zweiten Teil wurden drei europäische Wechselkurse (DEMGBP, DEMFRF und DEMITL) durch ARMA-Modelle und neuronale Netze modelliert. Dabei zeigt sich, daß die statistische Modellierungsweise zu sehr sparsam parametrisierten Model-len führt. In allen Zeitreihen ließen sich statistisch signifikante nichtlineare Strukturen nachweisen. Jedoch führten die gefundenen nichtlinearen Strukturen zu keinen ökonomisch signifikanten Ergebnissen. Im Rahmen dieser Studie ließen sich die nichtlinearen Strukturen nicht zur Gewinnung von deutlich besseren Pro-gnosen nutzen. Ein direkter Zusammenhang zwischen statistisch nachweisbaren Nichtlinearitäten und einer Ineffizienz der Devisenmärkte besteht für die unter-suchten Wechselkurse nicht.

5 Literaturverzeichnis

1. Akaike H. (1974): A New Look at the Statistical Model Identification, IEEE Transac-tions on Automatic Control, AC-19, 716-723

2. Anders U. (1997): Statistische neuronale Netze, Vahlen

3. Arminger G. (1993): Ökonometrische Schätzmethoden für neuronale Netze. In: Bol g., Nakhaeizadeh G., Vollmer K.-H.: Finanzmarktanwendungen Neuronaler Netze und ökonometrischer Verfahren, Physica, 25-39

4. Bates D.M.und Watts D.G. (1988): Nonlinear Regression Analysis and ist Applica-tion. John Wiley & Sons

5. Baun S. (1994): Neuronale Netze in der Aktienkursprognose, in: Neuronale Netze in der Ökonomie: Grundlagen und finanzwirtschaftliche Anwendungen, Hrsg. Rehkugler H. und Zimmermann H.G., München, Vahlen, 138-208

6. Bishop C.M. (1995): Neural Networks for Pattern Recognition, Clarendon Press

7. Davidson R. und MacKinnon R.G. (1993): Estimation and Inference in Econometrics, Oxford University Press

8. Efron B., Tibshirani R.J. (1993): An Introduction to the Bootstrap, Chapman & Hall

9. Granger C.W.J. and Teräsvirta T. (1993): Modeling Non-linear Economic Relation-ships, Oxford University Press

10. Greene W.H. (1993): Econometric Analysis, Macmillan

11. Holthusen J. (1995): Der Parallelwährungsansatz als Integrationsstrategie für die Entwicklung der Europäischen Gemeinschaft zur Währungsunion, Frankfurt am Main, Lang

12. Lee T.H., White H. und Granger C.W.J. (1991): Testing for Neglected Nonlinearity in Time Series Models, Journal of Econometrics, 56, 269-290

13. MacKinnon J.G. (1991): Critical Values for Cointegration Tests, in: Long-run Economic Relationships: Readings in Cointegration, Hrsg. Engle R.F. und Granger C.W.J., Oxford University Press

14. Miller M. (1994): Das Optimieren von Neuronalen Netzen für den Einsatz zur Prognose in der Ökonomie, in: Finanzmarktanwendungen neuronaler Netze und ökonometrischer Verfahren, Hrsg. Bol G., Nakhaeizadeh G. und Vollmer K.-H., Physica, 126-147

15. Moody J. (1992): The effective Number of Parameters: An Analysis of Generalization and Regularization in Nonlinear Learning Systems; Advances in Neural Information Processing Systems, 4, 847-857

16. Press W.H., Flannery B.P., Teukolsky S.A., Vetterling, W.T. (1992): Numerical Recipes in C, Cambridge University Press

17. Ripley B.D. (1996): Statistical Pattern Recognition and Neural Networks, Cambridge University Press

18. Rüger S.M. und Ossen A. (1995): Performance Evaluation of Feedforward Networks Using Computational Methods, Arbeitspapier, TU Berlin

19. Saarinen S., Bramley R. und Cybenko G., (1993): Ill-conditioning in neural network trainng problems, SIAM Journal on Scientific Computing 14, 693-714

20. Sarle W.S. (1994): Neural Networks and Statistical Models, Proceedings of the 19th Annual SAS Users Group International Conference

21. Teräsvirta T., Lin C.F. und Granger C.W.J. (1993): Power of the Neural Network Linearity Test, Journal of Time Series Analysis, 14 (2), 209-220

22. White H. (1989a): An Additional Hidden Unit Test for Neglected Nonlinearity in Multilayer Feedforward Networks, Proceedings of the International Joint Conference on Neural Networks, Washington, DC, SOS Printing, II, 451-455

23. White H. (1989b): Learning in Neural Networks: A Statistical Perspective, Neural Computation, 1, 425-464

24. White H. (1989c): Some Asymptotic Results for Learning in Single Hidden-Layer Feedforward Network Models, Journal of the American Statistical Association, 84(404), 1003-1013

Einsatz Maschineller Lernverfahren zur Kreditüberwachung bei mittelständischen Firmenkunden[1]

Detlef Hosemann

debis Systemhaus Dienstleistungen GmbH, Center of Competence Credit Management, Frankfurter Straße 27, D-65760 Eschborn

Zusammenfassung. Im Kreditgeschäft für Privatkunden wird eine automatische monatliche Überwachung von Kreditlinien auf Kontokorrentkonten seit einiger Zeit praktiziert. Im Firmenkundengeschäft gelten solche Instrumente hingegen immer noch als kaum praktikabel: mehrere Konten, oft sogar bei mehreren Banken, unsystematische, für die Bonität nicht relevante Schwankungen der Kontoführung und professionelles Cash-Management werden als Gründe gegen den Einsatz von Verhaltensscoringmodellen angeführt. Anhand der über mindestens 13 Monate monatlich erhobenen Daten der Konten von ca. 3600 mittelständischen Firmenkunden wurden Scoringmodelle, die eine bei einem Kunden erstmalig vorgenommene Einzelwertberichtigung ein Jahr vorher prognostizieren, entwickelt. Schwerpunkt der Modellentwicklung lag auf den Maschinellen Lernenverfahren Genetische Algorithmen, Neuronale Netze und Entscheidungsbaumverfahren. Als Benchmark wurden Modelle mit der Linearen Diskriminanzanalyse gebildet. Die Scoringmodelle wurden nicht nur bezüglich der Klassifikationsergbnisse auf der Stichprobe, sondern auch bezüglich der Interpretierbarkeit ihrer Wirkungsweise miteinander verglichen. Das Verständnis des Einflusses einzelner Kennzahlen auf die Beurteilung, ist ein wesentliches Kriterium für die Akzeptanz in der Praxis des Kreditgeschäfts .

1 Einleitung

Die Kreditwürdigkeitsprüfung von Unternehmen war in den letzten Jahren vielfach Gegenstand für den Einsatz statistischer Verfahren sowie maschineller Lernverfahren.[2] Dabei lag der Schwerpunkt auf der Bonitätsanalyse auf Basis von Informationen aus Bilanzen sowie der Gewinn und Verlustrechnung. Da es sich hierbei um jährliche Informationen handelt – die zudem den Kreditinstituten häufig erst Monate nach der Erstellung vorliegen – sind diese Ansätze für die laufen-

---

[1] Der vorliegende Artikel basiert auf S. Fritz, D. Hosemann: Restructuring the Credit Process: Behaviour Scoring for German Corporates, Journal of Intelligent Systems in Accounting, Finance and Management, Vol.VIII, 1999

[2] Siehe z.B. Fischer (1981), Hüls (1995), Varetto (1998)

de Überwachung der Unternehmensbonität nur bedingt geeignet. Für diese Problemstellung wird deshalb in starkem Maße das Zahlungsverhalten analysiert. Während eine automatisierte Untersuchung dieser Informationen mit statistischen Methoden im Geschäft mit privaten Kreditnehmern etabliert ist,[3] gelten im Firmenkundengeschäft solche Instrumente hingegen immer noch als kaum praktikabel: mehrere Konten, oft sogar bei mehreren Banken, unsystematische, für die Bonität nicht relevante Schwankungen der Kontoführung und professionelles Cash-Management werden als Gründe gegen den Einsatz von Verhaltensscoringmodellen angeführt.

Neben der Verringerung der Ausfallkosten tritt bei der Bonitätsanalyse im Rahmen der laufenden Überwachung ein anderer Aspekt in den Vordergrund: die Überwachung ist bisher mit einem hohen manuellen Aufwand verbunden, der nur in den Fällen gerechtfertigt ist, wo potentielle Risiken vorhanden sind und dadurch frühzeitig identifiziert werden.

Im Rahmen dieses Projektes wurde für das Kundensegment mittelständischer Firmenkunden ein Verhaltensscoring entwickelt.

Dabei wurde die erstmalige Einzelwertberichtigung als Schlecht-Kriterium gewählt, da dieses Kriterium im Verlauf der Bonitätsentwicklung früher liegt als die tatsächliche Zahlungsunfähigkeit und trotzdem hinreichend eindeutig ist. Als gut waren solche Kunden definiert, die nicht schlecht waren und zusätzlich die Bedingungen

- nicht pauschalwertberichtigt,

- nicht voll besichert

- nicht in Mahnung

erfüllten. Diese Einschränkungen waren notwendig, da die erstmalige Einzelwertberichtigung sich zwar als hinreichendes, nicht jedoch als notwendiges Kriterium herausstellte.

Als Prognosezeitraum wurden 12 Monate definiert. Der für die Analyse erhobene Zeitraum betrug 13 Monate, da mindestens ein Jahreszyklus abgebildet werden sollte.

Eine betriebswirtschaftliche Optimierung der Prognose muß die Kosten berücksichtigen, die durch Fehlklassifikation von guten und schlechten Kunden entstehen, so daß die Entwicklung eines Prognosemodells die Optimierung des Problems

$$n_g\, e_g\, c_g + n_b\, e_b\, c_b \;\rightarrow minimum \qquad (1)$$

darstellt, wobei n_g die Anzahl guter Konten, e_g der Anteil falsch klassifizierter guter Kunden und c_g die Kosten eines falsch klassifizierten guten Kontos bezeichnen. n_b, e_b und c_b sind analog für schlechte Konten definiert. Auch bei einer bestehenden Prozeßkostenrechnung lassen sich die benötigten Kosten nur schwer

---

[3] Siehe z.B. Bretzger (1991)

ermitteln, da derjenige Prozeß betrachet werden muß, der das Verhaltensscoring bereits als Instrument enthält. Es wurde deshalb das folgende Schätzmodell verwendet: Es wird unterstellt, daß die Anzahl guter zu schlechten Konten sich umgekehrt proportional zu den durch Fehlklassifikation enstehenden Kosten guter und schlechter Konten verhält, d.h.

$$c_g / c_b = n_b / n_g. \tag{2}$$

Dann reduziert sich das Optimierungsproblem (1) zu:

$$e_g + e_b \rightarrow minimum. \tag{3}$$

Dementsprechend wurde der zu minimierende Klassifikationsfehler definiert als:

$$err = \tfrac{1}{2}(e_g + e_b) \tag{4}$$

Der Klassifikationsfehler berücksichtigt nicht die Ordnung innerhalb der Gruppen guter und schlechter Konten und macht somit keine Aussage darüber, inwieweit der Modellscore genutzt werden kann die Konten so zu sortieren, daß gute Konten einen hohen Score und schlechte einen niedrigen Wert in der Sortierung erhalten. Ein Maß, das auf eine solche Sortierung ausgelegt ist, ist der Coefficient of Concordance (CoC), der wie folgt definiert ist:[4]

$$CoC = \frac{1}{n_g n_b} \left(\sum_{i=minscore}^{maxscore} nb_i ng'_i + 0,5 \sum_{i=minscore}^{maxscore} nb_i ng_i \right) \tag{5}$$

Dabei ist nb_i bzw. ng_i die Anzahl der schlechten bzw. der guten Konten mit Scorewert i und ng'_i die Anzahl guter Konten mit Scorewert größer als i.

Die Betrachtung des CoC ist von besonderer Bedeutung, da der Scorewert des Modells auf eine 10-stufige Risikoskala kalibriert werden soll.

2 Datenaufbereitung

Die verwendete Datenbasis war vollständig, d.h für alle Konten lagen Daten von mindestens 13 aufeinanderfolgenden Monaten vor, wobei der jüngste Monat dieser Zeitreihe 12 Monate vor dem Monat lag, in dem das gut/schlecht-Kriterium ausgewertet worden war. Konten, die nicht als laufende Konten genutzt wurden, wurden aus der Stichprobe entfernt. Viele der guten Konten wurden kreditorisch

---

[4] Eine Erläuterung des CoC findet sich z.B. in Walker, Haasdijk, Gerret (1995)

geführt, wohingegen schlechte Konten immer debitorisch waren.[5] Damit dies in der Analyse nicht zu der trivialen Lösung "kreditorische Konten sind gut – debitorische Konten sind schlecht" führt, wurden kreditorische Konten aus der Stichprobe entfernt.

Nach diesen Bereinigungen enthielt die Stichprobe 2580 gute Konten und 1019 schlechte Konten, die in eine Lernmenge und eine Testmenge aufgeteilt wurden.

Die Kontokorrentkontoführung ist stark von unsystematischen Schwankungen beeinflußt. Um diese auszugleichen und Trends in der Bonitätsentwicklung erkennen zu können, wurden die Kontodaten geglättet. Dazu wurde eine exponentielle Glättungsfunktion gewählt, d.h.

$$p_{gl}(ti) = (1 - \alpha)\, p\,(ti) + \alpha\, p_{gl}(ti - 1),\ 0 < \alpha < 1 \tag{6}$$

wobei $p(ti)$ ein Kontodatum im Monat ti darstellt und $p_{gl}(ti)$ der geglättete Wert im Monat ti ist. Für den Glättungsparameter α wurde innerhalb einer diskreten Testreihe ein Wert von 0,75 ermittelt, bei dem die Kennzahlen die beste univaritae Trennung aufwiesen. Dieser Wert wurde für die Glättung der Kontodaten verwendet.

Auch komlexere Glättungsverfahren wurden bereits auf die vorliegende Fragestellung der geeigneten Glättung von Kontodaten angewendet.[6] Diese sind jedoch eher für direkte Prognose konzipiert, als zur Durchführung einer Glättung zufälliger Schwankungen.[7]

Aus den geglätten Kontodaten wurden Kennzahlen gebildet, mit dem Ziel, eine Vergleichbarkeit unterschiedlicher Zahlungsströme und Kontoführungs-gewohnheiten herzustellen. Es wurden insgesamt 98 verschiedene Kennzahlen gebildet. Lag der Nenner einer Kennzahl in einer ε-Umgebung von 0, so wurde die Variable im Nenner auf $+\varepsilon$ gesetzt, falls sie positiv war und auf $-\varepsilon$ falls sie negativ war.

Extreme Ausprägungen von Kennzahlen bei einzelnen Konten, können zu starken Verzerrungen bei der Parameterschätzung führen. Neben technischen Gründen wie kleine Beträge im Nenner einer Kennzahl, können auch fachliche Gründe wie die Auszahlung von Darlehen zu solchen Ausreißern führen.[8] Um dies zu verhindern wurde in der Lernmenge mit Hilfe von univariaten Ausreißermaßen jede Kennzahl winsorisiert.[9]

---

[5] Ein debitorisches Konto im Sinne dieses Artikels ist ein Konto, das mindestens ein Kreditlimit von DM 1000 aufweist, oder dessen geglättete Inanspruchnahme im Bewertungsmonat mindestens DM 1000 beträgt.

[6] Siehe Bretzger (1991), S. 46-49

[7] Siehe z.B. Trigg, Leach (1967)

[8] Zur Definition des Ausreißers einer Stichprobe siehe Barnett, Lewis (1978)

[9] Die verwendeten univariaten Ausreißermaße werden in Bretzger (1991), S.65-67 beschrieben.

3 Modellentwicklung

Lineare Diskriminanzanalyse

Für die Parameterschätzung der Linearen Diskriminanzanalyse wurden a priori Wahrscheinlichkeiten von 50% für gute und schlechte Kunden angenommen, da die tatsächlich in der Stichprobe vorliegenden a priori Wahrscheinlichkeiten gemäß Gleichung (2) die Kosten der verschiedenen Gruppen repräsentieren.

Um von den 98 Kennzahlen zu einer der Stichprobengröße angemessenen Anzahl zu kommen, wurden Selektionsverfahren auf Basis des F-Werts durchgeführt:[10]

Bei der Vorwärtsselektion wird sukzessive diejenige Kennzahl zum Modell hinzugenommen, die den größten Beitrag – gemessen am F-Wert – zur Trennung der Gruppen "gut" und "schlecht" leistet. Bei der Rückwärtsselektion wird ausgehend von allen Kennzahlen sukzessive die jenige entfernt, die den geringsten Beitrag zur Trennung der Gruppen liefert, bis alle verbleibenden Variablen ein vorher festgelegtes Signifikanzniveau erfüllen. Ebenfalls angewandt wurde eine Kombination aus beiden Verfahren, bei der Kennzahlen entsprechend der Vorwärtsselektion dem Modell hinzugefügt werden und zusätzlich in jedem Schritt geprüft wird, ob die Kennzahlen des Modells noch das Signifikanzniveau erfüllen. Ist dies für eine Kennzahl nicht der Fall, so wird sie aus dem Modell entfernt.

Mittels dieser Verfahren konte die Anzahl der Kennzahlen auf 21 bis 24 reduziert werden. Aufgrund der geringen Stichprobengröße und hohen Korrelation der Kennzahlen untereinander war eine weitere Reduktion sinvoll. Dazu wurden Korrelationen und der CoC von Kennzahlenpaaren herangezogen. Ziel war eine Reduktion auf 12 Kennzahlen. Das beste so erreichte Modell war LDA1.

Die Lineare Diskriminazanalyse unterstellt, daß das gut/schlecht-Verhältnis eine monotone Funktion der (diskretisierten) Kenzahl ist. Dies ist nicht bei allen Kennzahlen der Fall. Um auch für Verfahren, die komplexere Zusammenhänge abbilden können, eine Benchmark zu bilden, wurden die Kennzahlen so transformiert, daß nach der Transformation diese Bedingung erfüllt war. Dazu wurde eine neue diskrete Kennzahl k' aus k gebildet, indem k diskretisiert wurde und jeder Klasse ihr gut/schlecht-Verhältnis zugeordnet wurde.

Zu Beachten ist hierbei, daß eingängige Interpretationen für Kennzahlen (z.B. "je größer, desto besser") verloren gehen. Um die Transparenz der Wirkungsweise eines Modells der Linearen Diskriminanzanalyse zu erhalten, sollte diese Transformation nur bei solchen Kennzahlen angewendet werden, wo sich aus kreditfachlicher Sicht eine Hypothese für den Zusammenhang zwischen Bonität des Kunden und Kennzahlausprägung formulieren läßt, die dem tatsächlichen gut/schlecht-Verhältnis der Klassen der Kennzahl entspricht. Dies wird an folgendem Beispiel klar: Für die Kennzahl *Umsatz/Durchschnittssaldo* gilt, daß im Verhältnis zum Saldo hohe Umsätze tendenziell als gut zu bewerten sind. Auf Grund des Vorzeichenwechsels des Saldos heißt das, Kennzahlenwerte in der Näche von

---

[10] Eine genaue Beschreibung findet sich in SAS Language and Procedures (1990)

0 stehen für schlechte Bonität, kleinere negative Werte stehen für bessere und hohe positive Werte stehen für gute Bonität (Abbildung 1). Diese Hypothese spiegelt sich im gut/schlecht-Verhältnis der Kennzahlklassen wider, so daß die Transformation die Nachvollziehbarkeit des Modells nicht nur erhält, sondern verbessert.

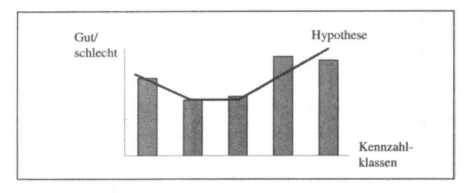

Abbildung 1. Diskretisierung der Kennzahl *Umsatz/Durchschnittssaldo*

Durch Modellbildung auf Basis so transformierter Kennzahlen konnten die Ergebnisse verbessert werden (Modell LDA2).[11]

Genetische Algorithmen
Für die Modellentwicklung mit genetischen Algorithmen wurde die Software OMEGA erwendet.[12] Ein von OMEGA entwickeltes Scoringmodell hat die Struktur eines binären Baums, wobei die Blätter durch die eingehenden Kennzahlen und die Knoten durch binäre Operatoren repräsentiert werden.

Die beiden Operationen des genetischen Algorithmus – Crossing Over und Mutation – wirken auf die Modelle wie folgt:

- Die Mutations-Operation tauscht einen Operator in einem Knoten des Baumes gegen einen anderen Operator aus

- Die Crossing Over Operation tauscht Unterbäume zweier Modelle aus (Abb. 2)

---

[11] Auch mit nicht parametrischen Nächste-Nachbarn-Verfahren wurden Modelle gebildet. Aufgrund des Aufwands beim operativen Einsatz lag der Schwerpunkt jedoch auf anderen Verfahren.
[12] OMEGA basiert auf Barrow (1992)

OMEGA liegt der GAAF-Algorithmus[13] zugrunde, der neben den genetischen Operationen auch andere Techniken der Modellentwicklung wie *Simulated Annealing*[14] und *Steilste-Gradienten-Verfahren* verwendet.

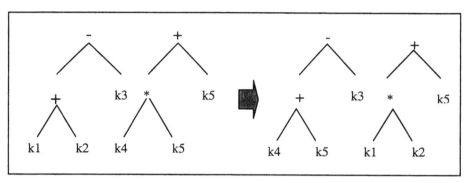

Abbildung 2. Die Crossing Over Operation

Die erste Familie von Modellen wurde auf Basis der durchgeführten univariaten statistischen Analysen sowie der Korrelations und Paaranalysen, mit den am besten trennenden Kennzahlenpaaren gebildet. Kriterium für die Auswahl von Modellen einer Familie für genetische Operationen – und damit der Verbleib eines Modells im Optimierungsprozeß – war der CoC.

Es hat sich gezeigt, daß obwohl die meisten Kennzahlen stetige numerische waren, durch Diskretisieren der Kennzahlen bessere Klassifikationsergebnisse erzielt werden konnten. Die Anzahl der Kennzahlen in einem Modell wurde auf 12 beschränkt.

Neuronale Netze

Für die Modellbildung wurden Backpropagation-Netze mit der Sigmoidfunktion als Schwellenfunktion gewählt. Es wurden ausschließlich Netze mit einer verdeckten Schicht betrachtet, die mit der Eingabeschicht vollständig verbunden war und in der die Anzahl der Neuronen zwischen 2 und 7 variiert wurde.

Zur Verringerung der Kennzahlenmenge wurden eine Logistische Regression verwendet, mit der 30 Kennzahlen ausgewählt wurden. Eine weitere Reduktion wurde dadurch erzielt, daß von den Kennzahlpaaren mit der höchsten Korrelation

---

[13] GAAF: Genetic Algorithm for the Approximation of Formulae. Genetischer Algorithmus, der ein algebraisches Modell entwickelt, das auf Basis einer vorgegebene Menge von Beobachtungen bekannte Ergebnisse prognoziert.

[14] Siehe Press et al. (1992)

24

jeweils eine Kennzahl aus der Kenzahlenmenge entfernt wurde. Das beste so gefundene Modell ist NN1.

Um den Einfluß einer Kennzahl auf den Scorewert eines Modells transparent machen zu können, wurde für jede Kennzahl k eine Funktion $f_{sens}(k)$ wie folgt berechnet: es werden alle Kennzahlen des Modells bis auf k auf ihre Mittelwerte gesetzt. $f_{sens}(k)$ ist für jeden Wert von k als der Scorewert des Modells definiert.[15]

Auf Basis einer Kennzahlenkombination, die für die Linare Diskriminanzanalyse ausgwählt worden war, wurde das Modell NN2 gebildet. Für alle Kennzahlen dieses Modells war f_{sens} streng monoton. Wie das Beispiel der Kennzahl *Scheckeinlösungen/Summe Sollumsätze (k27)* zeigt, gilt dies auch für Kennzahlen, die im Modell NN1 eine nichtmonotone Funktion f_{sens} definieren (Abbildung 3).

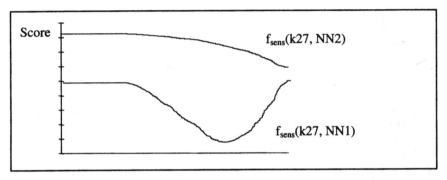

Abbildung 3. Einfluß der Kennzahl *Scheckeinlösungen/Summe Sollumsätze* auf den Scorewert in verschiedenen Modellen

Vor dem Hintergrund der Problemstellung, eine stetige Ausfallwahr-scheinlichkeit zu prognostizieren, wurden zunächst nur solche Netze verwendet, deren Ergebniss ein stetiger Score zwischen 0 und 1 ist. Alternativ dazu wurden Klassifikationsnetze konstruiert, bei denen der Scorewert die Konfidenz für die prognostizierte Klasse war. Es war notwendig, die Stichprobe über Balancingverfahren zu modifizieren, um die durch die Anzahl der Elemente ausgedrückte Kostenfunktion zu berücksichtigen. Die von Klassifikationsnetzen erzielten Ergebnisse reichten nicht an die der anderen Netze heran.

---

[15] Obwohl in dem Raum, der durch die Kennzahlen und den Score aufgespannt wird, nur eine Ebene betrachtet wird, hat sich diese Funktion als wesentlich für das Verständnis in der Kreditabteilung herausgestellt.

Entscheidungsbaumverfahren

Da fast alle Kennzahlen stetig waren und auch der Scorewert eine stetige Ausfall-wahrscheinlichkeit darstellen sollte, wurde Regressionsbäume, die auf dem Verfahren M6 basieren, verwendet.[16] In den Blättern des Baumes wurde der Score-wert durch eine Regressionsfunktion berechnet, wodurch eine glattere Scorever-teilung erzielt wurde.

Die Auswahl der Kennzahl für die nächste Verzweigung erfolgt dabei nach folgendem Entropie-Kriterium: Für jeden Kennzahlwert wird die Standardabwei-chung $\sigma(T_i)$ der beiden entstehenden Teilmengen T_1, T_2 ermittelt. Die durch die Aufspaltung erwartete Reduktion des Fehler ist dann

$$\Delta error = \sigma(T) - \sum_{i=1}^{2} \frac{|T_i|}{|T|}\sigma(T_i) \tag{10}$$

Es sei $\Delta error_{max}$ der derjenige Kennzahlwert, bei dem die Reduktion des Fehlers maximal ist. Die Kennzahl mit dem größten Wert $\Delta error_{max}$ wird für die nächste Verzweigung des Baumes ausgewählt.

Um die Komplexität des Baumes, und damit eine Überanpassung an die Lern-menge, zu verringern, wurde ein Post-Pruning-Verfahren angewendet.[17] Dabei wurden die Fehler für eine Regressionsfunktion in einem internene Knoten des Baumes mit dem Fehler des darunterliegenden Unterbaums verglichen.

Die diesem Pruning-Verfahren zugrundeliegende Idee ist die einer exponenti-ellen Glättung der Klassifikationsfehler, indem bei der Bestimmung des Klassifi-kationsfehlers eines Blatts auch die Klassifikationsfehler der darüberliegenden internen Knoten berücksichtigt werden.

Für Modell EB1 wurde eine Reduktion der ursprünglichen Kennzahlenmenge mittels logistischer Regression durchgeführt. Modell EB2 basiert – analog zu NN2 – auf einer Kennzahlenkombination, die für die Linare Diskriminanzanalyse ge-funden wurde.

4   Vergleich und Auswahl

Der Vergleich der verschiedenen Modelle erfolgte nach den Kriterien:

- Fehler: Definition siehe Gleichung (4)

---

[16] Siehe Quinlan (1986)

[17] Ein Pre-Pruning-Verfahren wurde ebenfalls getestet. *Δerror* wurde dabei um den Faktor *(n+v)/(n-v)* korrigiert (*n* Anzahl Konten, *v* Anzahl Parametert im geschätzten Regressi-onsmodell). Es wurden dann diejenigen Parameter entfert, bei denen der korrigierte Feh-ler nach dem Entfernen niedriger war als vorher.' Die Ergebnisse blieben hinter den mit-tels Post-Prunig erzielten zurück.

- CoC: Definition siehe Gleichung (5)

- Nachvollziehbarkeit der Bewertung: Für alle Kennzahlen läßt sich von Kreditanalysten eine Hypothese über den Zusammenhang der Ausprägung der Kennzahlen und der Bonität des Kunden formulieren. Der Einfluß einer Kennzahl auf den Scorewert wurde als nachvollziehbar definiert, wenn f_{sens} mit dieser Hypothese übereinstimmte. Für die Nachvollziehbarkeit eines Modells wurden folgende Ausprägungen definiert:

Vollständig:	Der Einfluß aller Kennzahlen ist nachvollziehbar
Fast vollständig:	Der Einfluß von ein oder zwei Kennzahlen ist nicht nachvollziehbar
Teilweise:	Der Einfluß von 3 bis 6 Kennzahlen ist nicht nachvollziehbar
Nicht gegeben:	Der Einfluß von mehr als 6 Kennzahlen ist nicht nachvollziehbar

- Kalibrierbarkeit: Die Scoreverteilung wurde dahin überprüft, ob ein 10-stufiges Risikoraster kalibrierbar ist. Es wurden drei Ausprägungen festgelegt:

Gut:	Für alle Rasterklassen unproblematisch
Bedingt:	Für einige Rasterklassen problematisch
Schlecht:	Für die meisten Rasterklassen problematisch

- Kosten Umsetzung und Betrieb: Hier wurden ausschließlich die Programmierung eines Modells, nicht dessen Entwicklung und Auswahl, sowie der laufende Betrieb unter den von der Bank gelieferten Annahmen für Mengen und Kosten bewertet. Dabei wurden die Kosten auf Basis der Kosten bereits im Betrieb befindlicher verwandter Programme indiziert.

- Anpassung: Maßgeblich für die Frequenz einer Modellanpassung ist die Anzahl der geschätzten Parameter und die Auswirkung von strukturellen Veränderungen bei einzelnen Kennzahlen auf die Verteilung des Scorewerts. Diese Auswirkungen können dann gravierend sein, wenn Kennzahlen diskretisiert wurden oder – wie im Falle von Entscheidungsbäumen – nur mit einem Cut-Off-Wert in das Modell eingehen. Auch das für eine Überprüfung und Anpassung benötigte Know-How sowie die Tools wurden bei diesem Kriterium berücksichtigt. Von entscheidender Bedeutung ist, ob bereits Erfahrung mit einer der Methoden im Haus der Bank vorhanden ist.

Für die ersten vier Kriterien ergibt sich folgende Gesamtbewertung:

	LDA1	LDA2	GA1	NN1	NN2	EB1	EB2
Fehlerindex	156,2	148,9	155,1	173,7	157,1	173,7	163,1
CoC	80,52	80,96	80,99	79,53	80,82	77,17	77,2
Nachvoll-ziehbarkeit	Vollst.	Fast vollst.	Teil-weise	Teil-weise	Fast vollst.	Teil-weise	Nicht gegeb.
Kalibrierung	Gut	Gut	Bedingt	Bedingt	Bedingt	Schlecht	Schlecht

Der Fehlerindex ist eine Lineartransformation des Fehlers gemäß Gleichung (4). Die Bewertung für die Kriterien Kosten und Anpassung hängt sehr stark von den Spezifika der Bank ab und läßt deshalb keine Verallgemeinerung zu. In der Gesamtbewertung schneidet Modell LDA2 am besten ab.

5 Ergebniszusammenfassung

• Die meisten Kennzahlen aus Kontodaten stellen monotone, annähernd lineare Zusammenhänge dar.

• Diejenigen Kennzahlen, bei denen dies nicht der Fall ist, lassen sich durch eine einfache Transformation in Kennzahlen überführen, die lineare Zusammen-hänge darstellen, so daß lineare Verfahren gute Ergebnisse liefern.

• Die Kennzahlkombination, die sich für die Lineare Diskriminanzanalyse als optimal herausgestellt hat, liefert auch für maschinelle Lernverfahren sehr gute Ergebnisse.

• In der Gesamtbewertung schneidet die Lineare Diskriminanzanalyse etwas besser ab als andere Verfahren. Vergleiche zwischen Linearer Diskriminanz-analyse und Genetischen Algorithmen von Varetto 1994 sowie zwischen Li-nearer Diskriminanzanalyse und Neuronalen Netzen von Altmann und Varetto 1994 zeigen ein ähnliches Ergebnis.

Literaturverzeichnis
1. Altman, E., Marco, G., Varetto, F. (1994), Corporate distress diagnosis: Comparisons using linear discriminant analysis and neural networks. Journal of Banking and Finance 18, p.505-p.529

2. Anders, U., Szcesny, A. (1996), Prognose von Insolvenzwahrscheinlichkeiten mit Hilfe logistischer neuronaler Netzwerke, Discussion Paper ZEW

3. Barnett, V., Lewis, T. (1978), Outliers in Statistical Data, New York

4. Barrow, D., 1992, Making Money with Genetic Algorithms, Proc. Of the Fifth European Seminar on Neural Networks and Genetic Algorithms, London

5. Bretzger, T. (1991), Die Anwendung statistischer Verfahren zur Risikofrüherkennung bei Dispositionskrediten, Studienreihe der Stiftung Kreditwirtschaft an der Universität Hohenheim, Bd. 9

6. Fahrmeir, L., Hamerle, A. (1984), Multivariate statistische Verfahren, Berlin

7. Fischer, J.H. (1981), Computergestützte Analyse der Kreditwürdigkeit auf Basis der Mustererkennung, Betriebswirtschaftliche Studien zur Unternehmensführung Vol. 23, Düsseldorf

8. Fritz, S., Hosemann, D. (1999), Restructuring the Credit Process: Behaviour Scoring for German Corporates, Journal of Intelligent Systems in Accounting, Finance and Management, Vol.VIII

9. Graf, J., Nakhaeizadeh, G. (1993), Recent Developements in Solving the Credit Scoring Problem, in Plantamura, Soucek, Visagio (Hrsg.), Logistic and Learning for Quality Software, Management and Manufactoring, John Wiley, New York

10. Hofmann, H.-J. (1990), Die Anwendung des CART-Verfahrens zur statistischen Bonitätsanalyse von Konsumentenkrediten, ZfB, 60.Jg., H9, p.941-p.962

11. Hüls, D. (1995), Früherkennung insolvenzgefährdeter Unternehmen, Düsseldorf

12. Integral Solutions Limited (1997), Clementine User Guide, Vers. 4.0, Basingstoke

13. McLachlan, G.J. (1992), Discriminant Analysis and Statistical Pattern Recognition, New York

14. Press, W.H., Teukolsky, S.A., Vetterling, W.T., Flannery, B.P. (1992), Numerical Recipes in C: The Art of Scientific Computing, 2nd Ed., New York

15. Quinlan, J.R. (1986), Induction of Decision Trees, Machine Learning, Vol. I, p.81-p.106

16. Rehkugler, H., Schmidt-von-Rhein, A. (1993), Kreditwürdigkeitsanalyse und –prognose für Privatkundenkredite mittels statistischer Methoden und Künstlicher Neuronaler Netze, Bamberg

17. SAS Institute. (1990), SAS Language and Procedures, Vers.6

18. Trigg, D.W., Leach, A.G. (1967), Exponential Smoothing with an Adaptive Response Rate, Operational Research Quarterly 18, p.53-p.59

19. Yakowitz, S. (1987), Nearest-Neighbour Methods for Time Series Analysis, Journal of Time Series Analysis, 8(2), p.235-p.247

20. Varetto, F. (1998), Genetic algorithms applications in the analysis of insolvency risk, Journal of Banking and Finance 22, p.1421-p.1439

21. Walker, R.F., Haasdijk; E.W., Gerrets, M.C. (1995), Credit Evaluation Using a Genetic Algorithm, Intelligent Systems for Finance and Business, p.39-p.59

Anmerkungen zur Value-at-Risk-Definition

Stefan Huschens

Technische Universität Dresden, D-01062 Dresden

Zusammenfassung: In einfachen Fällen kann der Value-at-Risk (VaR) mit dem p-Quantil einer Verlustverteilung zu einer vorgegebenen Wahrscheinlichkeit p, z. B. $p = 99\%$, identifiziert werden. Für eine allgemeine Definition ist aber zu berücksichtigen, daß das p-Quantil mehrdeutig und in extremen Fällen auch negativ sein kann. Der Beitrag diskutiert alternative Varianten der VaR-Definition und schließt mit einer Definition, die auch in Fällen der Mehrdeutigkeit oder Nichtnegativität des p-Quantils den VaR eindeutig festlegt.

1 Das Value-at-Risk-Konzept

Der *Value-at-Risk* (VaR) ist ein *einseitiges, verlustorientiertes Risikomaß*. Im Unterschied zum beidseitigen Schwankungsrisiko, das durch ein Streuungsmaß wie die Varianz oder die Standardabweichung gemessen werden kann, versucht der VaR, das Risiko von Verlusten zu quantifizieren. Dabei bleiben die den möglichen Verlusten gegenüberstehenden Gewinnchancen unberücksichtigt. Ein ähnliches einseitiges Risikomaß ist die Wahrscheinlichkeit eines vorgegebenen Verlustes, beispielsweise die Bankrottwahrscheinlichkeit. Alternative Bezeichnungen für VaR sind *capital-at-risk* und *money-at-risk*. Ein überzeugender Übersetzungsvorschlag in die deutsche Sprache liegt nicht vor. Durch die deutsche Bankenaufsicht wird der Begriff *potentieller Risikobetrag* als Übersetzung für VaR verwendet. Dieser Vorschlag ist aber wohl eher der Notwendigkeit geschuldet, Deutsch als Amtssprache zu verwenden.

Die sprachliche Herkunft des Begriffes von *to be at risk* (auf dem Spiel stehen, in Gefahr sein) verweist auf zwei weitere Aspekte dieses Risikomaßes. Der *VaR* ist ein *monetäres* und *zukunftsgerichtetes* Risikomaß, das auf einer Wahrscheinlichkeitsverteilung für zukünftige Verluste basiert. Allerdings verbindet sich damit auch die irreführende Assoziation, daß es sich bei dem VaR um den Betrag handele, der "auf dem Spiel steht". Der mögliche Maximalverlust aus einer risikobehafteten Position hat als Risikomaß zwei grundsätzliche Mängel, die durch das VaR-Konzept überwunden werden. Erstens enthält der Maximalverlust keine Information über die zeitliche Dimension des Risikos. So besteht offensichtlich ein grundsätzlicher Unterschied im Ausmaß des Verlustrisikos, ob eine risikobehaftete Position, z. B. in einer Auslandswährung, in einer Aktie usw., für einen Tag, einen Monat oder ein Jahr eingegangen wird, während der Maximalverlust jeweils derselbe ist. Zweitens ist der theoretische Verlust bei Liefer- oder Kaufverpflichtungen häufig unbeschränkt, z. B. bei Fremdwährungspositionen oder als Stillhalter von Optionen, so daß das Konzept des Maximalverlustes nicht anwendbar ist.

Der VaR basiert daher nicht auf dem Maximalverlust, sondern berücksichtigt, daß sehr große Verluste zwar möglich sind, aber nur mit entsprechend kleiner Wahrscheinlichkeit. Das VaR-Konzept basiert auf der Wahrscheinlichkeitsverteilung eines zukünftigen Verlustes. Dabei ergibt sich der Verlust aus dem Vergleich der aktuellen Nettovermögensposition mit der Nettovermögensposition eines zukünftigen Zeitpunktes. Der Verlust hängt also implizit von zwei Zeitpunkten bzw. vom aktuellen Zeitpunkt und einer vorgegebenen Zeitspanne, die den zukünftigen Zeitpunkt bestimmt, ab. Der zweite Baustein für die VaR-Definition ist ein vorgegebenes *Wahrscheinlichkeitsniveau*. Dieses ist eine positive Zahl in der Nähe von Eins. Typische Wahrscheinlichkeitsniveaus sind 99% oder 95%. Das vorgegebene Wahrscheinlichkeitsniveau wird – in einer leicht mißbräuchlichen Verwendung eines statistischen Fachterminus – auch als *Konfidenzniveau* bezeichnet.

Die Grundidee des VaR zum Wahrscheinlichkeitsniveau 99% ist die, nur die 99% kleinsten Verluste zu berücksichtigen und den VaR als maximalen dieser Verluste zu bestimmen. Dadurch werden die größten Verluste, die nur mit der kleinen Wahrscheinlichkeit von 1% auftreten, vernachlässigt. Der VaR ist also kein Maximalverlust, sondern eine Verlustschranke, die höchstens mit der Wahrscheinlichkeit 1% überschritten wird. Falls im Extremfall Verluste so unwahrscheinlich sind, daß sie überhaupt nur mit einer Wahrscheinlichkeit von weniger als 1% auftreten, hat VaR den Wert Null. Wenn man das Risiko der nichtberücksichtigten größten Verluste als Restrisiko bezeichnet, ist der VaR gerade die Trennlinie zwischen Normalrisiko und Restrisiko, d. h. die Untergrenze des Restrisikos oder die Obergrenze des Normalrisikos.

Eine zentrale Anwendung des VaR-Konzeptes ist die Quantifizierung des sogenannten Marktrisikos im Bereich der Kreditinstitute mit Hilfe von Risikomodellen. "Risikomodelle sind zeitbezogene stochastische Darstellungen der Veränderungen von Marktkursen, - preisen oder - zinssätzen und ihrer Auswirkungen auf den Marktwert einzelner Finanzinstrumente oder Gruppen von Finanzinstrumenten ..." [1, § 32]. "Im Mittelpunkt eines eigenen Risikomodells steht die Kennzahl des *Value at Risk*, (VaR, gelegentlich auch *Money at Risk*, o. ä. genannt), die der Grundsatz I als *potentiellen Risikobetrag* bezeichnet. [...] indem der *Value at Risk* eine Schranke für potentielle Verluste zwischen zwei vorgegebenen Zeitpunkten angibt, die mit einer vorgegebenen Wahrscheinlichkeit nicht überschritten wird" [2, S. 170, Erläuterungen zu § 32].

2 Formale Aspekte der VaR-Definition

Eine formale Definition des VaR sollte drei Eigenschaften garantieren: die *Quantileigenschaft*, die den Bezug zum vorgegebenen Wahrscheinlichkeitsniveau herstellt, die *Eindeutigkeit* für jede vorgegebene Wahrscheinlichkeitsverteilung des potentiellen Verlustes und die *Nichtnegativität*, die für die Interpretation als monetäres Risikomaß erforderlich ist.

Zunächst werden Fälle betrachtet, bei denen die Eindeutigkeit und die Nichtnegativität automatisch erfüllt sind. In einem zweiten Unterabschnitt wird das Problem der Eindeutigkeit diskutiert, wobei die Nichtnegativität weiterhin vorausgesetzt wird. Schließlich wird die Definition so verallgemeinert, daß auch in allgemeineren Fällen die Nichtnegativität gewährleistet ist.

Die Zufallsvariable L bezeichne den *potentiellen Verlust* am Ende einer vorgegebenen Zeitspanne, z. B. am Ende eines Tages oder einer Zeitspanne von zehn Tagen. Die Wahrscheinlichkeitsverteilung von L wird im folgenden kurz als *Verlustverteilung* bezeichnet. Außerdem bezeichne p ein vorgegebenes Wahrscheinlichkeitsniveau, z. B. $p = 95\%$ oder $p = 99\%$. Der VaR zum vorgegebenen Wahrscheinlichkeitsniveau p wird im folgenden mit VaR(p) bezeichnet. Es wird in der Notation also weder der Zeitpunkt gekennzeichnet, zu dem der VaR berechnet wird, noch die Zeitspanne, auf die sich die Verlustfunktion bezieht. Diese beiden Parameter werden im folgenden als gegeben unterstellt. Sie sind implizit in der Festlegung der Verlustverteilung enthalten, da sich diese sowohl im Zeitablauf als auch bei Veränderung der betrachteten Zeitspanne ändert. In den beiden folgenden Abschnitten 2.1 und 2.2 wird grundsätzlich unterstellt, daß die Wahrscheinlichkeit von Verlusten mindestens $1 - p$ ist,

$$\Pr(L > 0) \geq 1 - p.$$

2.1 VaR als eindeutiges Quantil der Verlustverteilung

Zunächst soll angenommen werden, daß L normalverteilt ist mit dem Erwartungswert Null und positiver Varianz, $\mathbf{var}(L) = \sigma^2 > 0$,

$$L \sim \mathcal{N}(0, \sigma^2). \tag{1}$$

In diesem Fall ist das *p-Quantil* (oder *p*-Fraktil) zur vorgegebenen Wahrscheinlichkeit p die eindeutige Stelle l_p mit

$$\Pr(L \leq l_p) = p \tag{2}$$

bzw. $\Pr(L > l_p) = 1 - p$. Wegen der Symmetrie zu Null ist l_p positiv für $p > 0.5$. Da Nichtnegativität und Eindeutigkeit in diesem Fall gewährleistet sind, kann der VaR zum Wahrscheinlichkeitsniveau p als p-Quantil der Verlustverteilung definiert werden.

Da (2) das p-Quantil eindeutig festlegt, kann der VaR in diesem Fall implizit durch die Gleichung

$$\Pr(L \leq \mathrm{VaR}(p)) = p \tag{3}$$

oder explizit durch

$$\mathrm{VaR}(p) = l_p \tag{4}$$

definiert werden, wobei l_p das p-Quantil der Verlustverteilung bezeichnet.

Üblich ist auch eine Darstellung mit Hilfe der Verteilungsfunktion von L, d. h. der Funktion $F_L(x) = \Pr(L \le x)$. Mit Hilfe der Verteilungsfunktion ergibt sich die zu (4) äquivalente implizite Charakterisierung

$$F_L(\mathrm{VaR}(p)) = p. \tag{5}$$

Diese kann mit Hilfe der Dichtefunktion f_L auch als

$$\int_{-\infty}^{\mathrm{VaR}(p)} f_L(x)\, dx = p \tag{6}$$

geschrieben werden.

Da F_L im Fall der Normalverteilung streng monoton ist, existiert zu F_L die Umkehrfunktion F_L^{-1}. Dabei gilt $F_L^{-1}(F_L(x)) = x$ für reellwertige x und $F_L(F_L^{-1}(p)) = p$ für $0 < p < 1$. Für (4) ergibt sich die äquivalente Darstellung

$$\mathrm{VaR}(p) = F_L^{-1}(p). \tag{7}$$

Zwischen l_p, dem p-Quantil der Verlustverteilung, und $z_p = \Phi^{-1}(p)$, dem p-Quantil der Standardnormalverteilung, besteht der Zusammenhang

$$l_p = z_p \sigma.$$

Dabei bezeichnet Φ die Verteilungsfunktion der Standardnormalverteilung. Aus Annahme (1) ergibt sich daher

$$\mathrm{VaR}(p) = z_p \sigma.$$

Für $p = 99\%$ ist $z_p = 2.33$. Abbildung 1 verdeutlicht für diesen Fall graphisch den Zusammenhang zwischen der Verteilungsfunktion, der Dichtefunktion und dem p-Quantil für $p = 99\%$.

Wenn keine Normalverteilung vorliegt, aber die Verteilungsfunktion invertierbar ist, kann (7) analog zur Definition des VaR verwendet werden. Es gibt zwei grundsätzliche Fälle, bei denen die Gleichung (2) zur Charakterisierung eines p-Quantils nicht ausreichend ist bzw. (7) nicht verwendet werden kann, da die inverse Verteilungsfunktion an der Stelle p nicht existiert. Wenn die Verteilungsfunktion in einem Teilstück waagerecht verläuft und dort den Funktionswert p hat, so führt dies zur Mehrdeutigkeit des Quantils bzw. dazu, daß die Verteilungsfunktion an der Stelle p nicht invertierbar ist. Dieser Fall wird im nächsten Abschnitt 2.2 behandelt. Der zweite Fall liegt vor, wenn die Verteilungsfunktion eine Sprungstelle besitzt, die gerade den Funktionswert p überspringt. In diesem zweiten Fall gibt es keine Stelle l_p, die zu vorgegebenem p die Gleichung (2) erfüllt.

Zu diesem zweiten Fall sei als Beispiel eine Verlustverteilung mit folgenden Eigenschaften betrachtet, vgl. Abbildung 2:

$$\Pr(L \le 900) = 98.5\%, \quad \Pr(L = 1000) = \Pr(L = 1100) = 0.75\%.$$

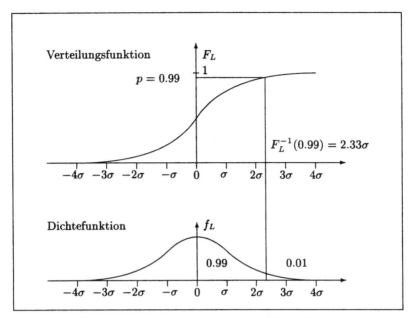

Abbildung 1. VaR bei normalverteiltem Verlust

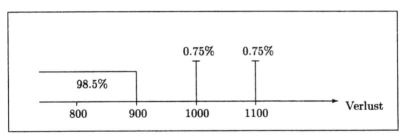

Abbildung 2. Verlustverteilung mit VaR = 1000 für $p = 99\%$

Dabei ist für die folgenden Ausführungen unerheblich, auf welche Art die Wahrscheinlichkeitsmasse 98.5 % im Bereich $(-\infty, 900]$ verteilt ist; entscheidend ist nur, daß die beiden Stellen 1000 und 1100 jeweils die Wahrscheinlichkeit 0.75% besitzen. In diesem Beispiel gibt es offenbar keine Zahl l mit der Eigenschaft $\Pr(L \leq l) = 99\%$. Dennoch ist es sinnvoll, im Beispiel die Stelle 1000 als 99%-Quantil der Verlustverteilung aufzufassen, da simultan die beiden Ungleichungen $\Pr(L \leq 1000) \geq 99\%$ und $\Pr(L \geq 1000) \geq 1\%$ erfüllt sind.

Eine allgemeine Definition von p-Quantilen, die den oben angegebenen Fall umfaßt, ist folgende:

Definition 1: Für $p \in (0,1)$ ist ein *p-Quantil* der Wahrscheinlichkeitsverteilung einer Zufallsvariablen X jede Zahl x_p, welche die Bedingung

$$\Pr(X < x_p) \leq p \leq \Pr(X \leq x_p) \tag{8}$$

erfüllt.

Äquivalent zur doppelten Ungleichung (8) ist die gleichzeitige Erfüllung der beiden Ungleichungen

$$\Pr(X \leq x_p) \geq p \quad \text{und} \quad \Pr(X \geq x_p) \geq 1-p. \tag{9}$$

Eine weitere äquivalente Charakterisierung eines p-Quantils ist durch die beiden Ungleichungen

$$\Pr(X < x_p) \leq p \quad \text{und} \quad \Pr(X > x_p) \leq 1-p \tag{10}$$

gegeben.

Im Fall der Gleichheit von $\Pr(X < x_p)$ und $\Pr(X \leq x_p)$, die z. B. bei einer stetigen Zufallsvariablen gegeben ist, spezialisiert sich (8) zu

$$\Pr(X \leq x_p) = p.$$

Im Kontext des VaR-Konzeptes erhält man mit (4) das zu (10) analoge Ungleichungspaar

$$\Pr(L < \text{VaR}(p)) \leq p \quad \text{und} \quad \Pr(L > \text{VaR}(p)) \leq 1-p.$$

Diese Ungleichungen sind leicht zu interpretieren, da sie z. B. für $p = 99\%$ unmittelbar zum Ausdruck bringen, daß höchstens 99% der Verluste kleiner als VaR und höchstens 1% der Verluste größer als VaR sind.

Wird das oben behandelte Beispiel so modifiziert, daß der größte Verlust 5000 anstatt 1100 ist, so ändert sich der VaR zum Wahrscheinlichkeitsniveau 99% nicht, vgl. Abbildung 3.

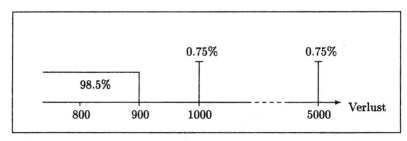

Abbildung 3. Eine alternative Verlustverteilung mit VaR = 1000 für $p = 99\%$

Dieses Beispiel verdeutlicht eindringlich, wie irreführend es wäre, dem VaR intuitiv ähnliche Eigenschaften wie dem möglichen Maximalverlust zuzuschreiben.

2.2 VaR-Definition bei mehrdeutigem Quantil

Durch Definition 1 ist zu jeder vorgegebenen Verlustverteilung und zu jedem vorgegebenen Wahrscheinlichkeitsniveau p mindestens ein p-Quantil festgelegt. Die Eindeutigkeit des Quantils ist aber nicht gewährleistet.

Die Mehrdeutigkeit soll am Beispiel einer Verlustverteilung mit folgenden Eigenschaften erläutert werden:

$$\Pr(L \leq 900) = 98.5\%,$$

$$\Pr(L = 1000) = \Pr(L = 1100) = \Pr(L = 1200) = 0.5\%.$$

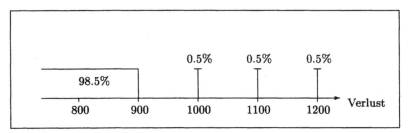

Abbildung 4. Verlustverteilung mit mehrdeutigem 99%-Quantil

Jeder Wert im Intervall $[1000, 1100]$ einschließlich der beiden Endpunkte ist ein 99%-Quantil der Verlustverteilung. Kumuliert man die Wahrscheinlichkeitsmasse von links kommend, so ist 1000 die erste Stelle, an der die Wahrscheinlichkeit 99% erreicht wird. Kumuliert man die Wahrscheinlichkeitsmasse von rechts kommend, so wird die Wahrscheinlichkeitsmasse 1% an der Stelle 1100 erreicht. Sollte in diesem Fall der VaR eher mit 1000 oder mit 1100 identifiziert werden? Dieses Problem der Mehrdeutigkeit des p-Quantils kann nicht nur bei diskreten Wahrscheinlichkeitsverteilungen auftreten, sondern grundsätzlich auch dann, wenn eine stetige Verteilungsfunktion ein waagerechtes Teilstück besitzt.

Die Frage, ob in einem solchen Fall der VaR eher mit dem größten oder dem kleinsten p-Quantil identifiziert werden soll, ist kein formales Problem, sondern eine inhaltliche Frage, die vom Verwendungszweck des VaR abhängt.

Eine übliche inhaltliche Interpretation des VaR ist folgende. Die Verlustverteilung beschreibt die möglichen monetären Ergebnisse einer finanziellen Investition am Ende eines vorgegebenen Zeitabschnittes. Der VaR zu einem vorgegebenen Wahrscheinlichkeitsniveau p soll dann denjenigen Kapitalbetrag beschreiben, der erforderlich ist, um am Ende dieses Zeitabschnittes die entstehenden Verluste mit einer Wahrscheinlichkeit von 99% abzudecken. Dadurch kommt es nur mit einer Wahrscheinlichkeit von höchstens einem Prozent zu Verlusten, die nicht durch den Kapitalbetrag gedeckt sind. Legt man diese Interpretation zugrunde, so ist der VaR als das kleinste 99%-Quantil zu interpretieren; im Beispiel ist der VaR also mit der Zahl 1000 zu identifizieren.

Eine Möglichkeit, um im Falle der Mehrdeutigkeit von Quantilen den VaR eindeutig zu definieren, basiert auf der verallgemeinerten inversen Verteilungsfunktion.

Definition 2: X sei eine Zufallsvariable mit der Verteilungsfunktion $F_X(x) = \Pr(X \leq x)$. Dann heißt die durch

$$F_X^{-1}(p) := \inf\{x \mid F_X(x) \geq p\} \tag{11}$$

für $p \in (0,1)$ definierte Funktion die *verallgemeinerte inverse Verteilungsfunktion*.

Während F_X eine rechtsseitig stetige Funktion ist, ist die Funktion F_X^{-1} linksseitig stetig. Es gilt $F_X^{-1}(F_X(x)) \leq x$ für alle x mit $0 < F_X(x) < 1$ und $F_X(F_X^{-1}(p)) \geq p$ für $0 < p < 1$. Falls die inverse Verteilungsfunktion im gewöhnlichen Sinne existiert, fällt F_X^{-1} mit dieser zusammen und es gilt sogar $F_X^{-1}(F_X(x)) = x$ für alle x mit $0 < F_X(x) < 1$ und $F_X(F_X^{-1}(p)) = p$ für $0 < p < 1$.

Die verallgemeinerte inverse Verteilungsfunktion wird auch *Quantilsfunktion* genannt, da $F_X^{-1}(p)$ für jedes $p \in (0,1)$ ein p-Quantil im Sinne von Definition 1 ist. Offenbar ist $F_X^{-1}(p)$ das kleinste der p-Quantile im Falle der Mehrdeutigkeit.

Die verallgemeinerte inverse Verteilungsfunktion kann verwendet werden, um den VaR zu vorgegebenem Wahrscheinlichkeitsniveau p durch (7) auch für Fälle eindeutig festzulegen, bei denen die gewöhnliche inverse Verteilungsfunktion nicht existiert.

Im Bereich der Marktrisikomessung wird der VaR häufig nicht auf der Basis der Verlustverteilung, sondern auf der Basis der Gewinnverteilung bestimmt, bei der Gewinne durch positive Zahlen und Verluste durch negative Zahlen repräsentiert sind. Die Gewinnverteilung ist die Verteilung der Zufallsvariablen $G = -L$. Bei der Beurteilung von potentiellen Wertänderungen eines Portfolios wird die Gewinnverteilung auch als P&L-Verteilung – profit & loss – oder als Verteilung der Wertänderungen bezeichnet.

Bei Verwendung der Gewinnverteilung interessieren nicht die Quantile zu der in der Nähe von Eins befindlichen großen Wahrscheinlichkeit p, sondern die Quantile zu der kleinen Komplementärwahrscheinlichkeit

$$\alpha := 1 - p.$$

Zur Illustration wird das weiter oben durch die Verlustverteilung angegebene Beispiel äquivalent durch die Gewinnverteilung dargestellt.

$$\Pr(G \geq -900) = 98.5\%,$$

$$\Pr(G = -1200) = \Pr(G = -1100) = \Pr(G = -1000) = 0.5\%.$$

Die 1% größten Verluste hängen jetzt mit dem 1%-Quantil der Gewinnverteilung zusammen.

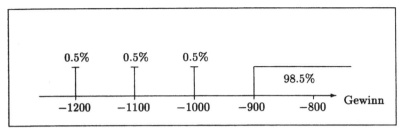

Abbildung 5. Gewinnverteilung mit mehrdeutigem 1%-Quantil

Wenn das p-Quantil der Verlustverteilung eindeutig ist, so ist auch das entsprechende α-Quantil der Gewinnverteilung eindeutig und zwischen $l_p = F_L^{-1}(p)$ und $g_\alpha = F_G^{-1}(\alpha)$ besteht der Zusammenhang

$$l_p = -g_\alpha.$$

Dabei ist g_α in der Regel eine negative Zahl, so daß der VaR durch $-g_\alpha$ definiert werden kann.

Im Fall der Mehrdeutigkeit des p-Quantils der Verlustverteilung ist auch das α-Quantil der Gewinnverteilung mehrdeutig. Die zur Verteilungsfunktion $F_G(x) = \Pr(G \leq x)$ gehörige verallgemeinerte inverse Verteilungsfunktion F_G^{-1} kann verwendet werden, um den VaR zu vorgegebenem Wahrscheinlichkeitsniveau p durch $\text{VaR}(p) = -F_G^{-1}(\alpha)$ zu definieren. Dabei ist zu beachten, daß $F_G^{-1}(\alpha)$ das *kleinste* α-Quantil der Gewinnverteilung ist. Daher führt $-F_G^{-1}(\alpha)$ zum *größten* p-Quantil der Verlustverteilung, während $F_L^{-1}(p)$ das *kleinste* p-Quantil der Verlustverteilung ist.

Im Beispiel ergibt sich $-F_G^{-1}(0.01) = 1100$ im Unterschied zu $F_L^{-1}(0.99) = 1000$. Eine Definition des VaR über $-F_G^{-1}(\alpha)$ findet sich z. B. in [12].

Zu beachten ist auch, daß teilweise in der wahrscheinlichkeitstheoretischen und mathematisch-statistischen Literatur bezüglich der Definition einer Verteilungsfunktion eine abweichende Konvention herrscht, z. B. [6,11]. Dieser folgend wird die Verteilungsfunktion von X durch $F_X(x) = \Pr(X < x)$ definiert. Die so definierte Verteilungsfunktion ist linksseitig stetig. Die zugehörige verallgemeinerte inverse Verteilungsfunktion wird abweichend von Definition 2 durch $F_X^{-1}(p) := \sup\{x \mid F(x) \leq p\}$ definiert und ist rechtsseitig stetig. Wiederum ist $F_X^{-1}(p)$ ein p-Quantil der Wahrscheinlichkeitsverteilung von X, allerdings nun das größte der p-Quantile.

2.3 Nichtnegativität des VaR

Im Fall (1) ergibt sich die Nichtnegativität des VaR aus der Symmetrie der Dichtefunktion zu Null und der Voraussetzung $p > 0.5$. Die letzte Voraussetzung wird im folgenden beibehalten, da der VaR typischerweise für Wahrscheinlichkeitsniveaus $p \in (0.5, 1)$ berechnet wird. Dagegen wird (1) so verallgemeinert, daß auch ein von Null verschiedener Erwartungswert $\mathbf{E}(L) = \mu$

zugelassen wird. Inhaltlich bedeuten die Fälle $\mu > 0$ und $\mu < 0$, daß im ersten Fall durchschnittlich Verluste in der Höhe von μ und im zweiten Fall durchschnittlich Gewinne in der Höhe von $-\mu$ zu erwarten sind. Unter der Annahme

$$L \sim \mathcal{N}(\mu, \sigma^2) \tag{12}$$

bestimmt sich das p-Quantil der Verteilung von L als

$$l_p = \mu + z_p \sigma.$$

Für Konstellationen der Parameter μ und σ, bei denen μ negativ und hinreichend klein ist, kann l_p negativ werden, auch dann, wenn p nahe bei Eins liegt. Eine solche Parameterkonstellation liegt beispielsweise für $p = 0.99$, $\mu = -3$ und $\sigma = 1$ vor. Durch die Verschiebung der Verlustverteilung um

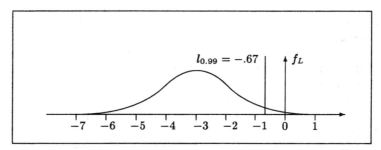

Abbildung 6. Dichtefunktion von $L \sim \mathcal{N}(-3, 1)$ und VaR $= 0$

drei Einheiten nach links in den Bereich der Gewinne werden Verluste so unwahrscheinlich, daß das 99%-Quantil der Verlustverteilung negativ wird. Wegen $z_{0.99} = 2.33$ gilt $l_{0.99} = -0.67$, während sich ein VaR von Null ergibt. In diesem Fall kann der VaR nicht ohne weiteres mit dem p-Quantil der Verlustverteilung identifiziert werden, sondern es ist die modifizierte Definition

$$\text{VaR}(p) = \max\{0, l_p\} \tag{13}$$

erforderlich.

Das Beispiel zeigt auch, daß es falsch ist, die Nichtnegativität definitorisch zu erzwingen, indem man den VaR als den Betrag von l_p definiert. Im angegebenen Beispiel mit $l_{0.99} = -0.67$ gilt $|l_{0.99}| = 0.67$. Diese positive Zahl kann nicht als VaR zum Wahrscheinlichkeitsniveau 99% interpretiert werden, da im Beispiel die Wahrscheinlichkeit eines Gewinnes größer als 99% und die Wahrscheinlichkeit eines Verlustes kleiner als 1% ist.

Bei Verwendung der Gewinnverteilung lautet die entsprechende Definition

$$\text{VaR}(p) = \max\{0, -g_{1-p}\}. \tag{14}$$

Die teilweise zu findende Definition des VaR durch $|g_{1-p}|$, z. B. [4], ist ungenau, da sie nur im Fall $g_{1-p} \leq 0$, der allerdings in der Regel vorliegt, zum richtigen VaR führt. In Fällen, in denen g_{1-p} positiv ist, wird ein positiver VaR berechnet, obwohl die Wahrscheinlichkeit, überhaupt Verluste zu realisieren, kleiner als $1 - p$ ist.

Eine von der bisherigen Darstellung abweichende und eher ungewöhnliche Definition des VaR findet sich in [12]. Dort wird der VaR als negative Zahl definiert, nämlich als das Quantil g_{1-p} der Verteilung der Wertänderungen eines Portfolios. Allerdings wird in [12] angenommen, daß g_{1-p} negativ ist. Außerdem wird betont, daß als Risikomaß nicht g_{1-p}, sondern $-g_{1-p}$ zu verwenden ist, so daß auf inhaltlicher Ebene kein Widerspruch zur üblichen VaR-Definition besteht.

Abweichend von Definition 1, die eine Mehrdeutigkeit des p-Quantils zuläßt und beispielsweise in [6,11] zu finden ist, wird manchmal in der Literatur die Eindeutigkeit eines p-Quantils definitorisch erzwungen, z. B. indem es als Funktionswert der verallgemeinerten inversen Verteilungsfunktion an der Stelle p definiert wird, vgl. [9]. Bei diesem Vorgehen wird aber eine willkürliche Entscheidung zugunsten des kleinsten p-Quantils getroffen. Beispielsweise ist nach dieser Definition das 0.5-Quantil – der Median – der diskreten Verteilung

$$\Pr(X = -20) = \Pr(X = -10) = \Pr(X = 10) = \Pr(X = 20) = 0.25$$

der Wert -10. Dadurch ist das Quantil zwar eindeutig, aber kaum überzeugend festgelegt.

2.4 Eine allgemeine VaR-Definition

Die folgende Definition ist für ein beliebige Verlustverteilung gültig und berücksichtigt sowohl die mögliche Mehrdeutigkeit des p-Quantils als auch die Möglichkeit eines negativen p-Quantils.

Definition 3: Der VaR zu gegebener Verlustverteilung und zu vorgegebenem Wahrscheinlichkeitsniveau $p \in (0, 1)$ ist durch

$$\text{VaR}(p) = \max\{0, \min\{x \mid \Pr(L \leq x) \geq p\}\} \tag{15}$$

definiert.

Den Kern dieser Definition bildet die Menge

$$\mathcal{L}_p := \{x \mid \Pr(L \leq x) \geq p\} = \{x \mid \Pr(L > x) \leq 1 - p\}.$$

$\mathcal{L}_p$ ist die Menge aller Schranken, die durch den zufälligen Verlust L mindestens mit der Wahrscheinlichkeit p nicht überschritten werden bzw. höchstens mit der Wahrscheinlichkeit $1-p$ überschritten werden. Für jedes vorgegebene $p \in (0, 1)$ ist $\mathcal{L}_p$ nicht-leer. Aus der rechtsseitigen Stetigkeit der Verteilungsfunktion ergibt sich, daß $\mathcal{L}_p$ ein links abgeschlossenes und rechts offenes Intervall der Form $[y, \infty)$ ist. Da das Infimum von $\mathcal{L}_p$ in $\mathcal{L}_p$ enthalten ist, ist es gerechtfertigt in Definition 3 min anstatt inf zu schreiben.

Für eine verbale Umschreibung der Definition ist die folgende zu (15) äquivalente Definition geeigneter.

Definition 4: Der VaR zu gegebener Verlustverteilung und zu vorgegebenem Wahrscheinlichkeitsniveau $p \in (0,1)$ ist durch

$$\text{VaR}(p) = \min\{x \mid x \geq 0, \Pr(L \leq x) \geq p\} \tag{16}$$

definiert.

Die Äquivalenz der Definitionen 3 und 4 ergibt sich aus

$$\min([0,\infty) \cap [y,\infty)) = \max\{0,y\}.$$

Gleichung (16) rechtfertigt die folgende verbale Charakterisierung:
Der VaR ist die *kleinste nichtnegative* Schranke für potentielle Verluste, die mit der vorgegebenen *Mindestwahrscheinlichkeit* p nicht überschritten wird.

Wenn das p-Quantil eindeutig ist, wie z. B. im Falle eines normalverteilten Verlustes, kann die Einschränkung *kleinste* entfallen und das Wort *Mindestwahrscheinlichkeit* kann durch *Wahrscheinlichkeit* ersetzt werden. Wenn zusätzlich die Nichtnegativität des p-Quantil garantiert ist, wie z. B. im Falle eines normalverteilten Verlustes mit dem Erwartungswert Null und für $p > 0.5$, kann der VaR als Schranke für potentielle Verluste charakterisiert werden, die mit der vorgegebenen Wahrscheinlichkeit p nicht überschritten wird.

Literatur

1. Bundesaufsichtsamt für das Kreditwesen: Bekanntmachung über die Änderung und Ergänzung der Grundsätze über das Eigenkapital und die Liquidität der Kreditinstitute vom 29. Oktober 1997.
2. Bundesaufsichtsamt für das Kreditwesen: Erläuterungen zur Bekanntmachung über die Änderung und Ergänzung der Grundsätze über das Eigenkapital und die Liquidität der Kreditinstitute vom 29. Oktober 1997.
3. Bühler, W., Korn, O., Schmidt, A.: Ermittlung von Eigenkapitalanforderungen mit Internen Modellen. DBW 58 (1998), 64-85.
4. Deutsche Bundesbank: Bankinterne Risikosteuerungsmodelle und deren bankaufsichtliche Eignung. Monatsbericht der Deutschen Bundesbank, Oktober 1998, 69-84.
5. Dowd, K.: Beyond Value at Risk: the New Science of Risk Management. Chichester: Wiley, 1998.
6. Eberl, W., Moeschlin, O.: Mathematische Statistik. Berlin: Walter de Gruyter, 1982.
7. Johanning, L.: Value-at-Risk zur Marktrisikosteuerung und Eigenkapitallokation. Bad Soden: Uhlenbruch, 1998.
8. Jorion, P.: Value at Risk: The New Benchmark for Controlling Market Risk. Chicago: Irwin, 1997.
9. Mood, A. M., Graybill, F. A., Boes, D. C.: Introduction to the Theory of Statistics. Third Edition. Auckland: McGraw-Hill, 1974.

10. J.P. Morgan/Reuters (Hrsg.): RiskMetrics–Technical Document. Fourth ed., New York, 1996, 284 S.

11. Müller, P. H. (Hrsg.): Wahrscheinlichkeitsrechnung und mathematische Statistik – Lexikon der Stochastik. Berlin: Akademie Verlag, 1991.

12. Read, O.: Parametrische Modelle zur Ermittlung des Value-at-Risk. Inauguraldissertation, Wirtschafts- und Sozialwissenschaftliche Fakultät der Universität zu Köln, 1998.

„Country Risk-Indicator.
An Option Based Evaluation"
Implicit Default Probabilities of Foreign USD
Bonds

Alexander Karmann and Mike Plate

Dresden University of Technology, D-01062 Dresden

1 Motivation

The interest rates of USD bonds issued by risky debtor nations such as Brazil are much higher than those issued by solvent countries such as the USA. The spread - the difference between the risky interest rate and the secure interest rate - is widely interpreted as a measure of the risk or the probability that the debtor nation will not be able to repay the debt. Usually high spread indicates high risk. But the measurement of default risk of a particular bond is only valid in relation to the spreads of other debtor nations. There can only be made qualitative statements as *„nation A is more risky than nation B"*.

In the ideal world of risk neutrality the spread is equal to the expected value of losses of one unit of credit. Thus, if the loss distribution is known it is possible to compute the default probability directly using the spread. However, risk neutral markets do not exist in the world. Thus, the spread includes the aspect of expected losses as well as an additional risk premium. In order to compute the default probabilities in the risk averse markets, the loss distributions and the utility functions of the participants in the markets must be known. But this is a rather unrealistic assumption as the assumption of risk neutrality is. That means that an exact measurement of default risk based solely on the spreads is not possible in a direct way.

In this paper we use an option pricing model in combination with basic economic data of a debtor nation to develop a model for computing the default risk. Our model clearly shows that high spreads do not necessarily mean high default risks.

2 The Model

2.1 Concept

The Arbitrage Pricing Theory predicts that if it were possible to create secure portfolios the earnings of those secure portfolios would be equal to the riskless interest rate. If there would exist an insurance against default of one unit of risiky bond, it is clear that a portfolio including both, one risky bond and one insurance contract of the above type, would generate the same earnings as the riskless bond would do – otherwise arbitrage would be possible. In the case of a zero bond this would mean that the difference of the bond prices would have to be equal to the price of the insurance contract P_{ins} against the default risk. This is satisfied by equation (1):

$$B_{riskless}^{zero} - B_{risky}^{zero} = P_{ins} \qquad (1)$$

When a nation is able to repay its debt only when its central bank owns a suffecent amount of foreign currency reserves, a put option on the reserves of the foreign currency K can be used to insure the investor against default of a risky bond. As we are interested only in repay abilities at the expiration date of the risky bond, we consider here an European style put option having the same expiration date t* as the risky bond. The strike price S of the put option must be the cumulative repayment requirement of the debtor nation until the expiration date of the bond.[1] We write $Put(K^{t^*}, S)$ for the value of this option. It insures the sum of all foreign debts of the nation with same or earlier expiration date against default but the buyer of one bond owns only a part α of the foreign debts. Therefore, a buyer has to hold only the part α of the put option. Now equation (1) can be written as

$$B_{riskless}^{zero} - B_{risky}^{zero} = \alpha \cdot Put\left(K^{t^*}, S\right) \quad \text{with} \quad \alpha = \frac{B_{risky}^{zero} \cdot \left(1 + r_{risky}^{eff}\right)}{\sum Debts^{t \leq t^*}} \qquad (2)$$

The price of the put option is computed by the put option formula[2] which is analogeous to the call formula of the Black-Scholes model:

---

[1] The strike price should be increased by the minimum reserves the nation needs for survival (for imports of oil, food, medicine) as the debtor nation will not spend all of its reserves for credit repayment in the case of default.

[2] Derivation of equation (3) is possible in two alternative ways. Derivation analogous to the derivation of the call option price formula of Black-Schooles or the derivation that uses the call option pricing formula of Black-Scholes and the put call parity theorem.

$$Put = e^{-i \cdot t} \cdot S \cdot N\left(\frac{\ln\left(\frac{S}{K^0}\right) - \left(i - \frac{\sigma^2}{2}\right) \cdot t}{\sigma\sqrt{t}} \right) - K^0 \cdot N\left(\frac{\ln\left(\frac{S}{K^0}\right) - \left(i + \frac{\sigma^2}{2}\right) \cdot t}{\sigma\sqrt{t}} \right) \quad (3)$$

with S = sum of the foreign debts with same or ealier expiration[3]
K^0 = foreign currency reserves of a debtor nation
i = interest rate (in logarithmic form) of the riskless bond with the same maturity
t = time until maturity of the bond in years
σ = implicit volatility of the foreign currency of a debtor nation (endogeneously determinated by relation (3))

Now we have two formulas to compute the price of the put option: the market price of equation (2) and the price of the option model of equation (3). Since the price of the put option in equations (2) and (3) is the same, we can use these equations to compute the implicit volatility σ of the debtor nation's foreign currency reserves. Since the inverse function of the density function of the normal distribution is unknown, the computation of σ is possible through approximation only, using an iteration algorithm.In the world of the Black-Scholes model, the parameter μ, which is the mean rate (in logarithmic form) of the underlying's growth, has no influence on the option price.[4] Due to this, the spread between the riskless and the risky bond must be independent of the parameter μ. Thus, the spread measures only the volatility σ of the reserves of foreign currency, or more generally, the volatility of the debtor nation's ability to repay the bond. The spread is not able to measure the risk of the bond in the sense of a default probability. In order to be able to compute the default probability we need to know the parameter μ as well.

Foreign currency reserves in the future are equal to today's reserves plus exports (EX) minus imports (IM).[5] Thus we can compute the mean of foreign currency reserves[6] using the expected exports[7] and imports:

---

[3] including debt repayments and interest payments

[4] Due to Ito's lemma the stochastic process in the hedge portfolio is cancelled out to create a secure portfolio. This causes the loss of information on μ because μ is cancelled out. The information on σ remains because σ is part of the partial derivatives of the option price.

[5] In addition, one has to account for net capital inflows. As our empirical application will focus on emerging markets, net capital imports are set equal to zero, which reflects high capital mobility in the countries under consideration.

[6] The interest payments and the debt repayment are not part of the mean of the reserves as they have already been included in the strike-price S.

[7] For practical use some banks take only the worst case E(EX) = 0 as does Polanski (forthcoming).

$$E(K^t) = K^0 + E(EX) - E(IM) \tag{4}$$

The world of the Black-Scholes model implies that the reserves are distributed log-normally. Therefor we can compute the mean as:

$$K^0 + E(EX) - E(IM) = E(K^0 \cdot e^x) \quad \text{with } x \sim N(\mu, \sigma^2) \tag{5}$$

Using the mean of the log-normal distribution we can write equation (5) as:

$$K^0 + E(EX) - E(IM) = K^0 \cdot e^{\mu + \frac{\sigma^2}{2}} \tag{6}$$

As we already have computed σ as the implicit volatility we can solve equation (6) and compute μ as:

$$\mu = \ln\left(\frac{K^0 + E(EX) - E(IM)}{K^0}\right) - \frac{\sigma^2}{2} \tag{7}$$

Knowing the parameter μ and σ of the distribution we can compute the probability that the debtor nation will not own a suffcent amount of foreign currency to repay its debts:

$$P(K^t < S) = P(K^0 \cdot e^x < S) \qquad \text{with } x \sim N(\mu, \sigma^2) \tag{8}$$

This can be simplified to

$$P(K^t < S) = P\left(x < \frac{\ln\left(\frac{S}{K^0}\right) - \mu}{\sigma}\right) \qquad \text{with } x \sim N(0, 1^2) \tag{9}$$

Equation (9) represents the market´s perception on the default probability of the debtor nation.

2.2 Standardization

The ability to compute the default probability of only one debtor nation does not deliver much new information. More interesting for an investor is to be able to compare the default probabilities of different debtor nations. In order to be able to do this, the USD bonds of the nations the investor is interested in must have the same expiration date. But this will almost never be the case: for a great number of nations, there exists just one issue of USD bonds. In order to be able to compare different debtor nations we normalize the default probabilities to a one year horizon. Now we can compare the probabilities that the debtor nations default within the next year, using the assumption that the risk premium – measured as spread of the riskless and risky bond with the same maturity[8] – is independent of the time until the bond expires. This allows to transform the bonds into artificial zero bonds with the same effective interest rate i^{eff} as the original bonds, thereby having a one-year time maturity period and a repayment value of one USD. To account for the expiration date of one year, equation (1) must be rewritten as:

$$Put\left(\frac{K^0}{S}, 1\right) = \exp\left(-\ln\left(1 + i^{eff}_{secure}\right)\right) - \exp\left(-\ln\left(1 + i^{eff}_{risky}\right)\right) \tag{10}$$

We set t equal to one in all equations used. Due to the standardization to one year and one USD repayment value the relevant part α of foreign debt ist equal to 1/S. The price to insure all outstanding debt S of same or earlier expiration dates, is equal to the price of the put option on one USD multiplied by S.

$$Put\left(K^0, S\right) = S \cdot Put\left(\frac{K^0}{S}, 1\right) \tag{11}$$

2.3 An Example

The workings of the model will now be demonstrated drawing on an example of USD bonds issued by Argentina (ID#: 004785428) and by Ecuador (ID#:

---

[8] The assumption of equal expiration dates of the risky and the riskless bond eliminates problems caused by the term structure of interest rates.

007562128). We use the rates of 01/19/1999 as a convenient date where shocks have been absent.

The data of the bonds and the basic economic data of both nations are as follows:

	Argentina	Ecuador
Coupon	8.75	11.25
market price	90.0844	77.5000
Maturity	12/20/2003	02/25/2002
i^{eff}_{risky}	11.04 %	21.18 %
i^{eff}_{secure}	4.58 %	4.58 %
Foreign debt	104,539 Mio. USD	15,941 Mio. USD
dept repayment	6,969 Mio. USD	638 Mio. USD
Interest payment	6,454 Mio. USD	703 Mio. USD
total payment S	13,416 Mio. USD	1,341 Mio. USD
Reserves of foreign currency K^0	25,470 Mio. USD	1,743 Mio. USD
Exports	29,318 Mio. USD	5,700 Mio. USD
Imports	34,899 Mio. USD	5,510 Mio. USD

The difference of the riskless and the risky one-year-zero bonds with a face value of one USD, has to be equal to the price of the put option on one USD foreign debt (see eq. (10)), which results in:

$$Put_{Argentina}\left(\frac{K^0}{S},1\right) = \exp(-\ln(1+4,58\%)) - \exp(-\ln(1+11,04\%)) \quad = 0.0556$$

$$Put_{Ecuador}\left(\frac{K^0}{S},1\right) = \exp(-\ln(1+4,58\%)) - \exp(-\ln(1+21,18\%)) \quad = 0.1311$$

The price of the put option on the total foreign debt that has to be repaid within the next year is (see eq. (11)):

$$Put_{Argentina}(K^0, S) = 0.0556*13,416 \text{ Mio. USD} \qquad = 746 \text{ Mio. USD}$$

$$Put_{Ecuador}(K^0, S) = 0.1311* 1,341 \text{ Mio. USD} \qquad = 176 \text{ Mio. USD}$$

The prices of the put options in equation (3) are equal to the observed market prices if the volatilities satisfy:

$$\sigma_{Argentina} = \mathbf{56.17\ \%} \qquad\qquad \sigma_{Ecuador} = \mathbf{61.10\ \%}$$

The parameters μ in equation (6) can be computed as:

$$\mu_{Argentina} = \ln\left(\frac{25{,}470 + 29{,}318 - 34{,}899}{25{,}470}\right) - \frac{0.5617^2}{2} \qquad = \qquad \underline{\textbf{- 43.84 \%}}$$

$$\mu_{Ecuador} = \ln\left(\frac{1{,}743 + 5{,}700 - 5{,}510}{1{,}743}\right) - \frac{0.6110^2}{2} \qquad = \qquad \underline{\textbf{- 8.32 \%}}$$

The probabilities that the debtor nations will not have sufficient foreign reserves to repay their foreign debts can be computed by using equation (8):

$$P\left(K^t < S\right)_{Argentina} = P\left(x < \frac{\ln\left(\dfrac{13{,}416}{25{,}470}\right) - 0.4384}{0.5617}\right) = \qquad \underline{\textbf{43.52 \%}}$$

$$P\left(K^t < S\right)_{Ecuador} = P\left(x < \frac{\ln\left(\dfrac{1{,}341}{1{,}743}\right) - 0.0832}{0.6110}\right) = \qquad \underline{\textbf{38.46 \%}}$$

3 Conclusion

The model clearly shows that the difference between the risky and the secure interest rate is not a relyable indicator of a bond´s default risk. In our example, the bond of Ecuador has a spread that is more than twice as high as the spread of the bond of Argentina. Nevertheless, the bond of Ecuador has a more than 10 % lower default risk.

In the option-based model, the spreads indicate only the volatility of the foreign currency reserves, but not the default risk. Ecuador is a less developed economy with few, although diversified exports (food, fruits, bananas, minerals, oil). Due to the small size of its economy Ecuador is exposed to a higher risk than Argentina. The experiences of the last decade (decrease of the oil-price, boycott of Ecuadorian bananas by the EC) seem to have forced the government of Ecuador to insure against such external risks in form of high foreign currency reserves. Ecuador owns – as percentage of GNP - about 30 % more foreign reserves than Argentina. This decreases the default risk of the foreign debt of Ecuador to a lower level than the corresponding risk for Argentina despite of higher volatility.

Our model, of course, is only valid if the Black-Scholes formula is applicable for computing the true option price. Mistakes will arise when the parameter μ is found to have an influence on the option price or when the option price bears a risk premium. The latter may arise in cases where the Delta-arbitrage process is not performed due to lack of profitability. But, both cases are thought of as highly implausible by almost all participants in the option markets.

References

1. Banco Central de Ecuador (01/21/1999): Principales cuentas del balance, in: Boletín Coyuntura. http://www.bce/fin.ec/
2. Banco Central de la republica Argentina (01/21/1999): Información Estadística: Reservas Internacionales del Sistema Financiero y Pasivos Financieros. http://www.bcra.gov.ar/
3. Black, F. and Scholes, M. (1973): The Pricing of Options and Corporate Liabilities. Journal of Political Economy 81, 637-654
4. Klein, M. (1991): Bewertung von Länderrisiken durch Optionspreismodelle. Kredit und Kapital 24, 484-507
5. Merton, R. C. (1973): A Theory of Rational Option Pricing. Bell Journal of Economics and Management Science 4, 141-183
6. Polanski, Z. (forthcoming): Poland and the International Financial Turbulences of the Second Half of the 1990's. Hölscher, J. (Ed.): Financial Turbulences and Capital Markets in Transition Countries. Macmillan, New York

A New Framework for the Evaluation of Market and Credit Risk

Philip Kokic, Jens Breckling and Ernst Eberlein

Insiders GmbH Wissensbasierte Systeme, Wilhelm-Theodor-Römheld-Straße 32, D-55130 Mainz

Abstract: Modern statistical methods are introduced for the accurate forecasting of the profit and loss distribution that is associated with a given financial instrument portfolio and a set time horizon. These methods provide a theoretically consistent approach to the evaluation of market risk and can be used in such a way as to improve the bottom line of the firm. Based on backtesting, a new and powerful technique of model assessment is presented. It is further shown how credit risk can also be incorporated in this framework. Finally, by relating the P&L distribution to the common chance and risk paradigm it is demonstrated how the concept extends to portfolio management.

Keywords: hyperbolic model, market risk, credit risk, hedging, portfolio management

1 Introduction

In recent years the need to quantifying risk has become increasingly important to financial institutions for a number of reasons:

- necessity of a more efficient controlling due to globalisation and sharply increased trading volumes

- management of new financial derivatives and structured products

- enforced legislation setting out the capital requirements for trading activities

As mentioned in Ridder (1998), „the idea of 'Value at Risk' (*VaR*) reflects the industry's efforts to develop new methods in financial risk management that take into account available knowledge in financial engineering, mathematics and statistics".

Three standard methods are currently used to evaluate market risk: historical simulation, which in principle is a bootstrap approach, the variance-covariance approach, that is also called 'delta normal method' and Monte Carlo simulation. For an in-depth presentation of these techniques the reader is referred to Jorion (1998) and Dowd (1998). More recent results are presented in various journals, in particular in the newly founded 'Journal of Risk'.

Risk, however, is multifaceted, and it has been shown elsewhere (e.g. Artzner, Delbaen, Eber, Heath (1997 and 1998)) that *VaR* alone can be deficient in certain regards. A natural property a risk measure is expected to satisfy is subadditivity: the risk of a portfolio should be smaller than the sum of risks associated with its subportfolios. This can also be expressed in that it should not be possible to reduce the observed risk by dividing a given portfolio into subportfolios. In this sense, *VaR* is not subadditive. For this reason other definitions of risk can and should be used depending on the circumstances.

In the following sections a unified approach to defining risk in terms of the entire profit and loss (P&L) distribution function is introduced. All standard risk measures like *VaR* are simple functions of this distribution function. Furthermore, and especially in the context of portfolio management, it is equally important to also look at the chance side of the return distribution. Changing a portfolio in order to alter its risk exposure will typically affect the chances as well.

2 The Profit & Loss Distribution as Key Concept

The entire stochastic uncertainty that is associated with a particular book or portfolio and a set time horizon is encapsulated within its P&L distribution. Hence, each book can be characterised by its P&L distribution $F(x)$ as sketched in figure 1. For any profit x the function $F(x)$ gives the probability of obtaining no greater profit than x over the set time period. Using this terminology negative profits are simply to be interpreted as losses. The cumulative distribution function thus increases from a zero probability for very large losses to a probability of 100 per cent for achieving anything up to very large profits. Hence, the most desirable distribution functions are those which increase most slowly and consequently are depicted below all other curves that represent alternative books.

In figure 1, a loss of $100,000 (or more) has a probability of 0.30. Equivalently, in 70 per cent of all cases the loss will not exceed $100,000.

VaR can be determined directly from the profit and loss function by reading the appropriate quantile value. On the other hand, there are alternative measures of risk that could and should be considered, for example the volatility of a portfolio which can also be determined from the P&L distribution. In fact, it can be seen that most risk measures of interest are just specific functions of the P&L distribution. The advantage of this approach is that for certain operations of a financial institution risk should be measured one way, but for other operations it should be measured in another.

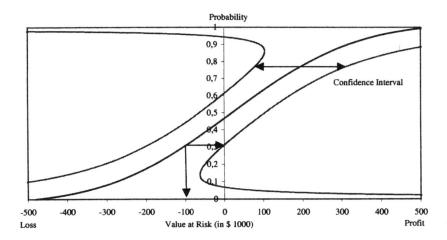

Figure 1. Profit and loss distribution function

At the same time, chance is usually defined as the mean value of the P&L distribution but other measures of chance could also be defined and used, for example the median value that is far more robust than the mean.

3 Advantages of the Proposed Risk Management Approach

Existing risk methodology is often deficient in several regards:

- No recognition of the fact that risk assessment actually amounts to a forecasting problem; and, rather than explicitly forecasting the entire P&L distribution, current methodology often concentrates on just a few statistics, such as *VaR*. As a result the extent to which risk analysis and portfolio management can be performed is severely limited. Another consequence is an inefficient or even incorrect assessment of the 'goodness-of-fit' of the underlying model.

- Due to the assumption of a symmetric P&L distribution, only inadequate account of fundamental and derivative securities within the same book can be made.

- No explicit account of inter-market dependencies, implying that conditional risk assessment cannot be made (e.g. what would happen to risk if the US dollar was to rise by 1 per cent).

- No suggestion of optimal hedge portfolios on the basis of an 'on-the-fly' specified hedge universe. This, at the same time, would define a neat bridge to the area of portfolio management.

- No decomposition of time series into independent components, such as an ordinary, a periodic and an outlier component.

- No risk assessment in real time.

In the following sections a variety of powerful statistical techniques for forecasting the P&L distribution are introduced. A great advantage of some of these approaches over more conventional methods is that they no longer depend on symmetry assumptions. This makes it possible to embed all derivatives such as futures, options, swaps etc. in the same framework and analyse them simultaneously. By taking all statistical and functional relationships between markets into account, different risk profiles compared with the conventional approaches emerge, giving rise to a much more realistic risk assessment and to more efficient hedging techniques.

By concentrating on the tails of the distribution function, it becomes apparent how the ideas presented above could be extended to areas such as portfolio insurance, underwriting policy and possibly even debt default and debt management.

In summary, the proposed approach to risk analysis enables one to meet risk limit requirements, to make informed transaction decisions for hedging purposes, and to perform chance/risk optimisation using the preferred definitions of chance and risk. Position risk can be decomposed into its risk element constituents, and amongst all permissible transactions the best possible combination that yields the greatest risk reduction can be determined. Furthermore, an optimal hedge portfolio can be suggested using only selected instruments and, at the same time, satisfying pre-specified constraints.

4 Mathematical Definition of the Profit and Loss Distribution

Before these methods can be explained, some notation needs to be introduced. Here the notation developed by Ridder (1998) is closely followed.

Let V_t be the market value of a portfolio at time t. Assume that the portfolio consists of J financial instruments and let ω_j, $j = 1, \ldots, J$, be their corresponding weights, or exposures, in the portfolio. In order to obtain a correct risk analysis of the portfolio in its time t state, these weights are held constant throughout the analysis at their time t values.

The stochastic behaviour of the portfolio is determined by the instrument prices P_j, $j = 1,...,J$, which in turn depend on the stochastic behaviour of various underlying risk factors $\mathbf{R}_t = (R_{t1},...,R_{tK})$, where $K > 0$ is the number of risk factors covered by the portfolio. For example, these factors could include the prices of underlyings, exchange rates or interest rates amongst others. The instrument prices and hence the portfolio can be viewed as functions of these risk factors:

$$V_t(\mathbf{R}_t) = \sum_{j=1}^{J} \omega_j P_j(\mathbf{R}_t).$$

Initially it is assumed that the log-returns

$$\mathbf{X}_{t+1} = (X_{t+1,1},...,X_{t+1,K}) = (ln(R_{t+1,1}/R_{t,1}),....,ln(R_{t+1,K}/R_{t,K}))$$

of the risk factors are statistically independent and identically distributed, although it is possible to weaken this condition. Essentially risk arises in the portfolio through adverse movements of the risk factors over time. This results in a change in the value of the portfolio from one time point to the next as given by the one-period profit function:

$$\pi_t(\mathbf{R}_t, \mathbf{X}_{t+1}) = V_{t+1}(\mathbf{R}_{t+1}) - V_t(\mathbf{R}_t) = V_{t+1}(\mathbf{R}_t * exp(\mathbf{X}_{t+1})) - V_t(\mathbf{R}_t),$$

where the * operator denotes element-wise multiplication of vectors. For determining profit it is also possible to consider different time horizons other than one, but for simplicity of presentation this restriction has been made here.

The conditional distribution of π_t, given all information up to and including time t, is called the P&L-distribution:

$$F_t(x) = \text{Prob}(\pi_t(\mathbf{R}_t, \mathbf{X}_{t+1}) \le x \mid \mathbf{R}_t, \mathbf{R}_{t-1},...).$$

The purpose of risk analysis is to measure the *probability and extent* of unfavourable outcomes; in particular outcomes resulting in losses or negative values of π_t. For example, the *Value at Risk* $VaR_t(p)$, is the limit which is exceeded by π_t (in the negative direction) with given probability p:

$$P\{\pi_t(\mathbf{R}_t, \mathbf{X}_{t+1}) \le VaR_t(p) \mid \mathbf{R}_t = \mathbf{r}_t\} = P\{\pi_t(\mathbf{r}_t, \mathbf{X}_{t+1}) \le VaR_t(p)\} = p.$$

Here $\mathbf{r}_t$ denotes the realized outcome of $\mathbf{R}_t$ at time t. In practice the computation of $VaR_t(p)$ is usually performed for $p = 0.01$ and repeated anew each time period. Note that at each time point these computations are performed using the time t set of instruments weights $\{\omega_j\}$.

An alternative formulation of *VaR* is as the pth quantile of the conditional P&L distribution:

$$VaR_t(p) = F_t^{-1}(p) = \inf\{x \in I\!R : F_t(x) \geq p\},$$

where F_t^{-1} denotes the inverse P&L distribution function. The true distribution function F_t is usually unknown and needs to be estimated (forecasted), in particular to obtain an estimate of *VaR*. This can be done by a variety of methods as outlined below.

5 Some Methods for Estimating the P&L Distribution

Ordinary least squares regression methods are suitable for predicting the mean response of a variable based on the values of auxiliary information. Once the auxiliary information has been taken into account in the regression model, it may be more appropriate to make the assumption that the distribution of the residual error term is constant over time rather than to make the corresponding assumption for F_t itself. Furthermore, in order to estimate *VaR*, it is necessary to assume that the residual has a specific distribution. Usually a normal distribution is assumed.

Since predicting the distribution F_t is a forecast problem, it is necessary to make assumptions like the two mentioned in the previous paragraph in order to proceed. That is, one needs to model how both the mean and variance depend on time, and to assume normality, in order to forecast the conditional distribution of profit and loss.

Non-parametric methods do not require a specific assumption about the distributional class to which F_t belongs. Since this class is in general unknown, any particular assumption about the family of distributions may result in misspecification producing systematic estimation bias and 'out-of-kilter' risk assessment.

Suppose that the $\{\mathbf{X}_t\}$ are identically distributed and their historical values can be observed. Provided that this is the case, even if the true P&L distribution is not known, samples from it can be constructed provided that the price functions $P_j(.)$ are known (cf. Ridder, 1998). What is obtained are historical values of the one-period profit series $\{\pi_t\}$ based on the observed history of risk factors and the current portfolio position. The VaR is then estimated as the pth quantile of the empirical distribution function of these values. Given its close connection with the actual observed history, this method is usually referred to as *historical simulation*.

Kernel smoothing techniques are one way to partly overcome this shortcoming. In this approach, rather than using the empirical quantiles to estimate *VaR(p)* a weighted average of quantiles in the neighbourhood of p is being used. Provided an appropriate band of values around p is chosen, a more precise estimate of *VaR* will result. It turns out that the kernel estimator may also be regarded as a linear combination of order statistics.

A shortcoming of both these methods is that they do not allow one to easily incorporate exogenous factors, e.g. a change in the value of the US dollar. What is required are non-parametric methods which adjust to the changing shape of the distribution F_t which may vary over time and through dependence on external auxiliary information.

Quantile regression, and more generally *M-quantile regression* (Breckling and Chambers (1988)), are techniques that not only allow the incorporation of auxiliary information, but avoid the need to make any particular kind of assumption about the shape of the residual distribution and the need to model variances directly.

So far the modelling and forecasting of the P&L distribution itself was discussed, and the more complicated issue of modelling the interdependencies of the prices or the individual risk factors themselves was essentially ignored. In a fully-operational risk management system it would also be necessary to account for these interdependencies.

In the *variance-covariance* (RiskMetrics (1996)) approach these interdependencies are taken into account by measuring the risk in terms of the portfolio's standard deviation, rather than *VaR* or other measures of risk. The association between instruments is reduced to a linear relationship and measured by covariances. In the more general situation it is necessary to model either the distributional relationships of the prices of each instrument, $P_{jt} = P_j(\mathbf{R}_t)$, or preferably the distributional relationships of the individual risk factors themselves. The former approach would rely on using market price data, and the latter would rely on knowing the functional form of each individual $P_j(.)$ precisely. Ultimately, it is planned to redevelop the price formulae taking into account market dependencies between the risk factors. However, it should be noted that an almost identical methodology can be used to model the prices instead.

It has previously been observed in other studies that model estimates of variances and covariances can potentially be quite unstable. This can create significant problems when trying to optimise a portfolio, or at least when trying to obtain an optimal hedge portfolio.

Eberlein and Prause (1998) have proposed an alternative class of distribution functions for modelling the stochastic properties of the risk factors (see also Eberlein, Keller and Prause (1998)). The model is based on the *generalized hyperbolic density function*. These densities form a rich class of distributions, which includes the normal as a limiting case. In particular, there is an allowance for skewness in the underlying distribution and for significantly heavier tails than is the case for a normal distribution. Furthermore, this model includes the adaptation of derivative pricing formulae to the more general hyperbolic framework, and in the process avoids the deficiencies often observed in practice with the corresponding Black-Scholes formulae.

The 'general' version of the *proposed approach* is based on a non-parametric transformation of each individual risk factor to a standard normal distribution. Dependencies between risk factors are then accounted for by the correlation structure of the transformed variables.

The main advantage of a non-parametric approach in this situation is that the risk can also be assessed if financial instruments of different types such as fundamentals and derivatives (e.g. futures and options) are included in the same portfolio.

There are several methods of constructing the transformations. *M*-quantile technique can be used to create these in a non-parametric fashion. Although highly flexible, there may be a price to pay in terms of precision, particularly when the structure of the time series evolves rapidly, and so highly flexible parametric transformations should also be considered.

For reasons of stability referred to above a 'simplified' approach has been suggested, which turns out to be a special case of the general mathematical framework presented above. In outline, the method is to construct a portfolio price series by weighting together historic prices using the current set of portfolio weights. Analysis is then performed on this univariate price series using the various methodologies described above rather than the more sophisticated method of jointly modelling the underlying risk factors themselves. A second advantage of this approach is that it is possible to produce a direct estimate of the P&L distribution rather than using less efficient simulation techniques.

The advantage of this 'simplified' approach is that it avoids the need to model correlations at all, but the price one may pay is less precision in forecasting because knowledge of the exact functional form of price functions is not employed in this step. The approach is mentioned here as it will be used in the initial implementation of the risk management system.

6 Measures of Chance and Risk

In addition to subadditivity, which allows for decentralized risk calculation, three further properties which risk measures should satisfy can be identified (see Artzner, Delbaen, Eber and Heath (1997)):

- translation invariance

- positive homogeneity

- monotonicity

The first ensures that adding (resp. subtracting) an amount α invested in a riskless security to the initial position, will decrease (resp. increase) the risk by α. Positive homogeneity guarantees that any linear change of the position (e.g. doubling the size) will have the same consequence for the measured risk.

Finally monotonicity is the most obvious requirement to pose. If the value of a position Y is higher than the value of a position X whatever the circumstances are, it is clear that the risk resulting from X is bigger than that from Y.

Although *VaR* is one way of measuring the 'risk' of a portfolio, it is by no means the only method. For example in the classical capital asset pricing approach (Huang and Litzenberger (1988, p98)) risk is measured in terms of the standard deviation (or volatility) of a portfolio. Either definition is valid and has its benefits. For example, *VaR* can be seen to be more practically applicable, not only because it is set out as the standard measure of risk to be used by financial institutions in the '6. KWG-Novelle, Grundsatz 1' requirements, but also because it has the direct and meaningful interpretation as the amount of liquid capital to be set aside to cover a worst-case scenario (with a given level of probability). However, *VaR* depicts one part of the P&L distribution only, that is a given quantile of the distribution. In this regard, volatility is a more useful *overall* summary of risk.

It is clear from the presentation in the previous subsections that once the P&L-distribution function, F_t, has been forecasted, risk can be defined in an arbitrary manner as a function of F_t. Thus a fully-fledged risk management system should allow for both these possible definitions of risk, but it should also allow the user to define risk as an almost arbitrary function of F_t.

Rather than focussing on risk alone, it is more useful to consider it in relation to chance. Thus, to this end, there is also a need to define chance. The most common measure used in financial analysis is the expected return from a portfolio over a given time frame, which can also be expressed in terms of the forecast P&L distribution function.

In general, other possibilities may be contemplated, and one appropriate definition adopted from economic theory is the expected utility of profit. That is, for example, a risk-averse individual would adopt a concave utility function, a risk-neutral individual would use a linear utility function, and a risk-taking individual would employ a convex utility function.

7 How Well Does the Approach Conform with Reality

Backtesting is assessing how well the model can predict historical information when the true outcomes of loss and profit are known exactly. In the '6. KWG-Novelle, Grundsatz 1' requirements a more restricted idea of backtesting is proposed where values greater than the $VaR(\ p = 0.01\ )$ predicted by the model must not be exceeded in more than a predefined number of times over a one-year time period. Clearly, when a portfolio manager needs to base his decisions on good forecasts, then the model must perform well under our more general definition of backtesting. In particular, it is of significant importance that *the model predicts profitable outcomes accurately as well as the non-profitable outcomes* specifically referred to by the requirements.

For most models currently in the market it is impossible to perform backtesting correctly because only a single point is forecasted rather than the entire distribution, or where distributions are forecasted restrictive and often unwarranted assumptions are made about its shape. Thus, for example, when the predicted value differs from the outcome, it is unclear how significant the difference actually is.

The advantage of forecasting an entire distribution is that it is possible to correctly compare the forecast with the outcome using standard statistical tests. One such approach is the following. Over a given time frame where real outcomes are known let $\hat{\pi}_t$ denote the actual outcome of profit/loss at time $t+1$, and let $\hat{p}_t = \hat{F}_t(\hat{\pi}_t)$ be the percentile corresponding to this value, where $\hat{F}_t$ is the forecasted P&L distribution. If the model is correct, then the $\hat{p}_t$ should be uniformly distributed on the unit interval. Various powerful tests exist for testing whether a sample is uniformly distributed. In fact, the '6. KWG-Novelle, Grundsatz 1' requirements correspond to assessing whether the proportion of $\hat{p}_t$ values below 0.01 is close to 1 per cent, which is clearly much weaker than testing of the whole $\hat{p}_t$ distribution.

8 Optimal Hedging and Portfolio Management

Within the domain of portfolio risk management, one is primarily attempting to control the level of risk for a given level of chance. Such an arrangement can be well illustrated in the common risk-chance diagram (cf. figure 2). As already mentioned, in the standard variance-covariance approach risk is defined as volatility and chance as the expected return of a portfolio whereas in the proposed approach a completely general definition of both risk and chance is being adopted.

Figure 2 illustrates a number of important aspects which will subsequently be explained. Firstly any given portfolio has a certain level of risk and a certain level of chance. The pair of values for risk and chance in this figure represents a typical value combination that may be encountered for a given portfolio. This value pair must lie below the efficiency frontier which represents for a given level of risk (and investment) the greatest level of chance that can be achieved, or visa-versa for a given level of chance, the least value of risk that can be achieved.

Closed formulae for the frontier can only be determined in special cases such as for the capital asset pricing model. In general, numerical algorithms will have to be used instead.

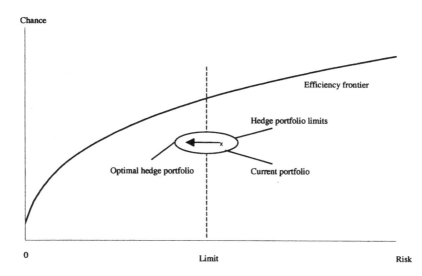

Figure 2. Example of the current portfolio's forecasted risk and chance with respect to the efficiency frontier and how optimal hedging may be performed

The risk manager will always try to choose portfolio weights such that the portfolio will be as close to the frontier as possible. However, this may in practice be difficult to achieve since the frontier will itself change over time because the underlying distributions of the risk factors also vary.

Another way the frontier can be affected is by the introduction of portfolio constraints. Typical constraints may be that the current value of all options in the portfolio does not exceed a predefined percentage of the total value of the portfolio. Naturally the constrained frontier will be bounded by the unconstrained frontier.

Loosely define a strategy as a set of rules for adjusting the portfolio weights over time and for including or removing instruments from the portfolio. A portfolio manager's task is to develop a strategy that ensures, for a given level of chance, that the risk remains as close as possible to the efficiency frontier. The aim therefore is to provide the risk manager with an appropriate set of tools to assist in developing such a strategy.

A simple strategy is to neither change the weights at all nor add or remove any instrument. If such a strategy is adopted, eventually a situation like in figure 2 may arise, where the portfolio's risk exceeds the predefined limit, the level below which risk must be maintained with a given probability. If the limit will be exceeded at time $t + 1$, action must be taken to prevent this from occurring. In order to reduce the risk of the portfolio, either the weights of some of the instruments must be changed, or new instruments added.

However, only some of the assets will be liquid at time t, including futures and other derivatives, and only these may be used to reduce the risk, or equivalently, to hedge the portfolio. Subject to such a *technical constraint* set, reflecting the amount of liquid financial instruments that are available, it is possible to adjust risk and chance within a certain sub-region as illustrated in figure 2. The optimal hedge portfolio leads to an adjusted portfolio which minimises risk subject to maintaining the forecasted level of chance and subject to the liquid asset constraint. Of course, other types of portfolio constraints, such as the *principal constraints* mentioned above, may be imposed at the same time.

9 Incorporation of Credit Risk

The inclusion of credit risk in a risk management systems has become an increasingly important issue for financial institutions in recent time. However, because of the relatively rare nature of loan defaults, any departure from the normal distribution assumption of the underlying risk factors can have an even greater impact than in the case of market risk. For this reason the framework of non-normal modelling presented above is highly relevant to the situation of modelling credit risk.

In the approach presented above it is assumed that for each instrument, j, there exists a (complete) price series (P_{jt}). That is, there are no missing values. For market risk this is largely true, and where holes in the data do occur, it is possible to fill in the missing gaps using reliable pricing formulae, or by imputation methodology.

On the other hand, for credit risk this is generally not the case. Typically the (market) price of a loan is known at the time it is issued, but thereafter it is not and a price must be imputed by some means (note that a loan can be viewed as a defaultable bond). This can be done using the yield-to-price relationship:

$$P_{jt} = \sum_k \frac{c_j(\tau_{jk})}{(1+\gamma_j(\tau_{jk}))^{\tau_{jk}}} , \tag{1}$$

where $c_j(\tau_{jk})$ denotes the cash flows for loan j, τ_{jk} the time (ahead) that the cash flow occurs, and $\gamma_j(\tau)$ is the interest rate of a zero-coupon version of loan j maturing at time τ. (Common practice is to base the price on a nominal face value of $\$ 100$). The fair price of the loan at the time the loan is taken out is the net present value of a risk-free investment of the same amount, which by definition is $\$ 100$, plus a premium to compensate for the chance of default during the loan period, plus a risk premium as reflected in the corresponding chance/risk diagram. The price of the loan in the case of a default is $100 \times R_{jt}$, where R_{jt} is the recovery rate for loan j at time t.

Typically the yield curve for loans is not known, which makes continuous pricing difficult. The way that is often employed is that borrowers are categorised by some means and the yield curve for each category is determined on the basis of an assumed stochastic structure for the transition of a loan from one category to another, on default and recovery rates in the case of default as well as on an (excess chance) amount for the extra risk.

To determine a credit portfolio's P&L distribution, there are at least two approaches that may be used: the simulation approach and the imputation approach.

The simulation approach relies on first building a stochastic model of the situation. Risk is then assessed on the basis of simulations made from this model. CreditMetrics (1997), for example, uses this approach. In their model one needs to specify the risk categories (including a default category), term structures for each category, transition probabilities, a correlation matrix which describes the joint chance of transition between categories, and finally a recovery rate distribution.

The imputation approach is based on reconstructing the historical price time series for each credit instrument. Rather than using a model as in the simulation approach the actual transition outcomes for each loan are observed. The appropriate yield-to-maturity for instrument j is determined (or obtained from a database) at each point in time t and then, using formula (1) above, the price for the instrument, P_{jt}, is constructed. In the case of default the observed recovery rate is used in determining the price of the instrument, and once the loan is paid-off or recovery on a default is completed, then the price for the instrument is zero. If all price series are reconstructed, then it is possible to apply standard market risk techniques to estimate the P&L distribution even for a portfolio containing a mixture of loans, credit and market instruments.

Table 1 summarises the advantages and disadvantages of each approach. It is clear from this summary that the imputation approach is the preferable one.

Table 1. Comparison of the simulation and imputation approaches

	Simulation approach	Imputation approach
Modelling assumptions required	Often considerable, and sometimes difficult to justify. This approach is highly parametric and, in certain regards, artificial (see below)	Modelling of term structure spreads is required, but otherwise the approach is close to being non-parametric
Data requirements	Large amount of data required to estimate parameters	Appropriate historical loan information required (e.g. actual category transitions, actual recovery rates, etc.); historical term structures are also required
Temporal variation of term structures	Usually not taken into account, e.g. Credit-Metrics approach does not	Automatically taken into account
Categorisation	Assumes that borrowers belong to predefined categories	Assumes that borrowers belong to predefined categories, although the yield model relaxes this assumption
Dependencies between instruments	Usually introduced by artificial and sometimes unrealistic means	Since imputed prices incorporate full historic information, dependencies can be more accurately and realistically modelled as is the case for market instruments
Default and recovery	Handled by assuming a certain type of recovery distribution	Non-parametric in its approach. Uses the recoveries that actually occur
Integration with market risk	One needs to make the assumption of independence between the market and credit portfolios in order to proceed	Natural dependencies between market and credit risk are automatically accounted for.
Consistency with our Market-risk approach	Methodology appears to be inconsistent with the market risk approach	Once price imputation is performed, the methodology is entirely consistent with the market risk approach

10 An Example Analysis Using the Hyperbolic Model

As an illustration of the techniques described in this paper a comparison will be made between the normal model which is commonly used in most commercially available risk management software, and the normal inverse Gaussian model which is a specific member of the generalized hyperbolic family.

In this example a portfolio will be analysed that has price behaviour identical to the German REX index. Since the REX index is a weighted average of a large number of synthetic market instrument prices, it can be assumed that the structure of the portfolio is identical to the composition of hypothetical financial instruments in the REX. In other words, the portfolio will be large, and hence, a log-normal model might be suspected to work well.

However, if one computes the log-returns of the REX index and fits various distributions to these data, it can readily be seen that there is significant departure from normality. Figure 3 shows three distributions fitted to the log-returns of daily REX data between 01.01.1995 and 31.12.1998 (i.e. approximately 1000 observations). In this figure the empirical distribution is obtained using a kernel smoother with a fixed bandwidth equal to one fifth of the inter-quartile range. Both, the normal distribution and normal inverse Gaussian distribution are fitted by maximum likelihood methods. Clearly, both these distributions fit well towards the centre of the data; however, for small values the normal inverse Gaussian distribution yields a considerably better fit. In other words, the normal inverse Gaussian distribution is able to readily adapt to the left skewness of the data, whereas the normal distribution is not. Such a feature is likely to be crucial for an accurate computation of *VaR* and other 'downside' risk measures.

To examine this point in detail, consider two portfolios with identical (log-returns) behaviour to the REX, one with a current value of $ 1,000,000, which will be referred to as the 'standard' portfolio, and a second one with a current value of $ 1,213,800, which will be referred to as the 'expanded' portfolio. Table 2 shows the results of a risk analysis of these two portfolios using both the normal and the normal inverse Gaussian models. *VaR* has been estimated at the 1 per cent quantile level, with *VaR* being the negative of the quantile value itself. The last column in the table is the actual proportion of observations that are less than the estimated 1 per cent quantile value.

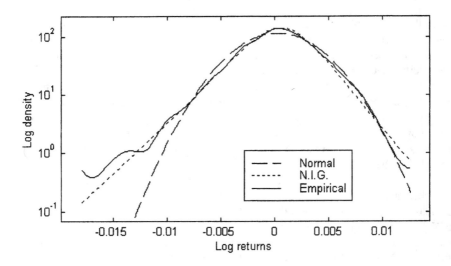

Figure 3: Estimated density functions for the log-returns of daily REX data between 01.01.1995 and 31.12.1998

Suppose now that a *VaR* limit of $ 9458 for 1 per cent has been set on a particular portfolio. If the portfolio manager uses the normal model to compute *VaR*, he would assume that the limit is far from being exceeded and thus expand the portfolio until the risk limit is met, thereby switching from the 'standard' to the 'expanded' portfolio. However, whereas the 'standard' portfolio falls within the limit, the 'expanded' portfolio can be expected to incur a loss of more than $ 9458 in 2 per cent of all cases, i.e. twice as often as allowed. The normal model thus gives an incorrect measure of risk which may lead the portfolio manager into a situ-

Table 2. Risk values for the two portfolios according to the two models

Portfolio	Model	Value ($)	VaR ($)	True chance of exceeding VaR (%)
Standard	Normal	1,000,000	7792	2.0
	Hyperbolic	1,000,000	9458	1.0
Expanded	Normal	1,213,800	9458	2.0
	Hyperbolic	1,213,800	11,480	1.0

situation where he makes the wrong choice and unwittingly exposes the portfolio to a significantly greater risk than realised. On the other hand, had the portfolio manager used the normal inverse Gaussian model to estimate risk, this error would not have occurred.

References

1. Artzner, P., and Delbaen, F., and Eber, J.-M., and Heath, D. (1997). Thinking coherently. RISK 10, No. 11, November, 68-71.
2. Artzner, P., and Delbaen, F., and Eber, J.-M., and Heath, D. (1998). Coherent measures of risk. Preprint.
3. Breckling, J. and Chambers, R. (1988). M–quantiles. *Biometrika 75*, 761–71.
4. CreditMetrics (1997). Introduction to CreditMetrics™ – technical document. J. P. Morgan & Co. Inc.
5. Dowd, K. (1998). *Beyond Value At Risk: The New Science of Risk Mana-gement.* Wiley & Sons.
6. Eberlein, E. and Prause, K. (1998). The generalized hyperbolic model: financial derivatives and risk measures. Report Nr. 56, Institut für Mathematische Stochastik und Freiburger Zentrum für Datenanalyse und Modellbildung, Universität Freiburg i. Br., Germany.
7. Eberlein, E., Keller, U. and Prause, K. (1998). New insights into smile, mispricing and value at risk: the hypebolic model. *Journal of Business 71*, 371-406.
8. Huang, Chi-fu and Litzenberger, R. H. (1988). *Foundations for financial economics.* North-Holland: New York.
9. Jorion, P. (1997). *Value at Risk: The New Benchmark for Controlling Derivatives Risk.* McGraw-Hill: New York.
10. Ridder, T. (1998). Basics of Statistical VaR-Estimation. In Bol, G., Nakhaeizadeh, G. and Vollmer, K.H. (eds.): *Risk measurement, econometrics and neural networks.* Physica-Verlag: Heidelberg; New York.
11. RiskMetrics (1996). RiskMetrics™ – technical document, 4th edition. J. P. Morgan/Reuters.

Subordinated Stock Price Models: Heavy Tails and Long–Range Dependence in the High–frequency Deutsche Bank Price Record

Carlo Marinelli[1], Svetlozar T. Rachev[2], Richard Roll[3], and Hermann Göppl[4]

[1] Department of Electronics and Computer Science
University of Padova, Italy
[2] Institute of Statistics and Mathematical Economics
University of Karlsruhe, Germany
[3] Anderson School of Management
University of California, Los Angeles
[4] Institute for Decision Theory and Management Research
University of Karlsruhe, Germany

Abstract. Following a previous study on subordinated exchange rate models, we investigate the main properties of the high–frequency Deutsche Bank price record in the setting of stochastic subordination and stable modeling, focusing on heavy-tailedness and long memory, together with their dependence on the sampling period. We find that the market time process has increments described well by Gamma distributions, and that the log price process in intrinsic time can be approximated, at different time scales, by α–stable Lévy processes. Most importantly, long–range dependence with strong intensity is present in the market time process, with an estimated Hurst index $H \approx 0.9$. Finally, the stable domain of attraction offers a good fit of the returns in physical time, which display weak long memory. As a consequence, we propose as a realistic model for the stock prices a process $Z(t)$ subordinated to an α-stable Lévy motion $S(t)$ by a long–memory intrinsic time process $T(t)$ with Gamma–distributed increments.

1 Introduction

As a follow–up paper to our study Marinelli, Rachev and Roll (1999), we investigate the probabilistic structure of the Deutsche Bank price record at very short time scales (high–frequency data) in the setting of stochastic subordination[1], i.e. we model the log price process in physical time as a compound process $Z(t) = S(T(t))$, where $S(t)$ is a stochastic process indexed on a stochastically "deformed" time scale represented by a process $T(t)$. In this setting, $T(t)$ models the market activity, which changes over time, as it is well known, and $S(t)$ is the stock (log) price process in market time.

---

[1] See Bertoin (1998) for an introduction to the theory of subordinated processes, and Hurst, Platen and Rachev (1997, 1999) for a discussion of their adoption in financial modeling.

We focus on the properties of heavy tailedness and long–range dependence[2], studying their behavior with respect to the time lag, for all the processes involved in the setting of subordination.

From the statistical study of the observed increments of the market time process, we find empirical evidence of strong long memory in the underlying process $T(t)$, while the returns in intrinsic time, i.e. the increments of $S(t)$, appear not to posses long memory. These features of $T(t)$ and $S(t)$ characterized the corresponding processes for USD–CHF exchange rates, where we found that long memory in $S(t)$, if present, had very low intensity. Moreover, it results from our data set that intra–daily returns are heavy tailed, and appear to be in the domain of attraction of a stable law[3] with characteristic exponent $\alpha < 1.5$. We also find evidence, although not conclusive, of the presence of long–range dependence structures of weak intensity in the return process in physical time.

The outcome of our analysis for stock prices is consistent with our previous results on exchange rates. In fact, we shall see that the three processes $T(t)$, $S(t)$ and $Z(t)$ for USD–CHF exchange rate and Deutsche Bank stock price share most of their features.

Based on our empirical findings, we introduce a model of the temporal evolution of stock prices based on the hypothesis that the log price process is driven by a stable process[4] in the market time, subordinated by a long–range dependent stochastic process (indexed on the physical time), with Gamma-distributed increments.

The presented empirical findings show that asset returns are in a completely different class than that predicted by the classical model driven by geometric Brownian motion: most notably, returns are heavy tailed and long-range dependent. As a consequence, derivative pricing and other theories based on distributional assumptions, like value–at–risk and portfolio theory, have to be reviewed to take into account the higher risk involved with returns strongly deviating from gaussianity.

2 The data set

We consider the high–frequency Deutsche Bank price record registered at the Frankfurt Stock Exchange from May 1, 1996 to April 30, 1998. The data set consists of 66255 observations for a total of 498 business days, so we have an average of around 133 ticks per day. In the period of our records, the business hours of the Frankfurt Stock Market were from 10:30am to 1:30pm,

---

[2] See Beran (1994) for an introduction to the theory of long–range dependence and for a survey of the available statistical methods.

[3] For the definition and basic properties of stable laws, we refer to Samorodnitsky and Taqqu (1994). A survey of their applications in financial modeling can be found in Mittnik, Rachev and Paolella (1998).

[4] See Samorodnitsky and Taqqu (1994) for a treatise on stable processes.

while they were extended to 8:30am to 4:30pm only on July 1, 1998. We have therefore approximately 44 quotes an hour, or equivalently one quote every 1.35 minutes. Figure 1 displays the empirical paths of the processes $S(t)$, $T(t)$ and $Z(t)$ for our data set.

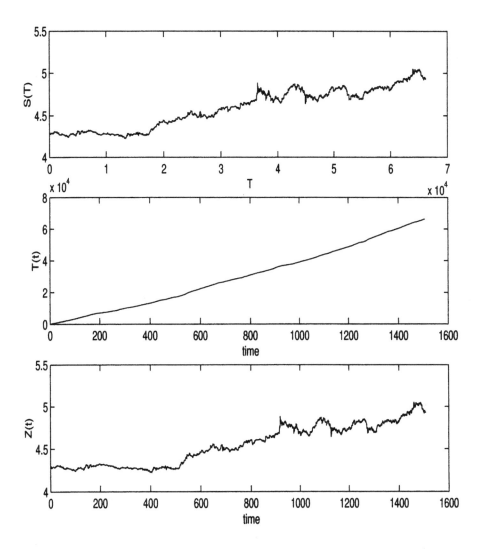

Fig. 1. Tick–by–tick logarithmic price levels, trace of the trading time $T(t)$, and log price levels in physical time for the Deutsche Bank stock, from top to bottom. Times are expressed in hours.

We have obtained this data set from the Karlsruher Kapitalmarktdaten-bank, which collects a great variety of financial data for the German market.[5]

3 Statistical analysis of the market time process

We define the market time (also called *trading time* or *intrinsic time*) as

$T(t) = \{\text{Number of transactions up to time } t\}$,

and we model it as an increasing $\mathbb{R}_0^+$–valued stochastic process defined on $\mathbb{R}_0^+$, and such that $T(0) = 0$. The trading time can be considered as a measure of market activity, and it is introduced to explain the empirical observation that price changes are higher when market activity is more intense. For further details on the application of stochastic subordination to the modeling of financial prices, see Clark (1973), Ghysels, Gouriéroux and Jasiak (1995), and Hurst, Platen and Rachev (1997, 1999). Mandelbrot, Fisher and Calvet (1997) have proposed recently, in the context of their Multifractal Model of Asset Returns, to model the market time with the cumulative distribution function of a multifractal measure.

The properties of the market time in the study of high–frequency financial data are closely related to the notions of *quote time* (see Evertsz (1995)) and of *tick frequency* (see Guillaume et al. (1997)). Quote time consists in the mapping of the times $\{t_i\}_{i=1,\ldots,N}$ at which the stock price is registered to the set $\{1,\ldots,N\}$, i.e. prices in quote time coincide, in our settings, with prices in intrinsic time. Tick frequency at time t is defined as

$$f(t; \Delta t) = \frac{1}{\Delta t}\text{card}\Big\{x(t_j) \,|\, t_j \in (t - \Delta t, t]\Big\},$$

where t_j are the times at which the quotes are registered, and $x(t_j)$ are the corresponding prices. The tick frequency is often considered a proxy to the transaction volume. In the setting of subordination, it holds

$$f(t; \Delta t) = \frac{T(t) - T(t - \Delta t)}{\Delta t}.$$

In this section we investigate the probabilistic structure of the increments of the trading time process $T(t)$ for different lags, and we look for the presence of long–range dependence structures.

3.1 Probabilistic structure

A natural choice of underlying distributions for the increments of the intrinsic time process $T(t)$ is the family of infinitely divisible distributions.[6] Here we

---

[5] See Appendix A for more details on the format of the data, and Lüdecke (1997) for informations on the data bank.

[6] For the definition and basic properties of infinitely divisible laws, see Feller (1971), Section 6.3 or Janicki and Weron (1994), Section 4.4.

consider only exponential, Gamma, lognormal laws and stable subordinators (i.e. maximally skewed α-stable laws with $\alpha < 1$), together with Weibull law (which is not infinitely divisible, but as we will see, provides a good fit).

For increments of $T(t)$ with a sampling period $\Delta t = 2,\ 5,\ 15,\ 30$ minutes, 1 hour and 1 day, i.e. for

$$\Delta T(t) = T(t) - T(t - \Delta t),$$

we obtain the following descriptive statistical data

	2 min	5 min	15 min	30 min	1 h	1 day
$\hat{\mu}$	1.4644	3.6612	10.9836	21.9671	43.9343	133.0422
$\hat{\sigma}$	1.0060	2.0881	5.1872	9.4774	17.4650	46.9927
$\hat{\beta}$	1.1231	0.8723	0.7652	0.7684	0.7332	0.6021
$\hat{\kappa}$	4.4089	3.9521	3.8329	4.0429	4.2443	4.0642

where μ is the mean, σ the standard deviation, β the skewness, and κ the kurtosis. Recall that β is a measure of the asymmetry of the distribution, and κ of the tail thickness. Note that the value of the sample kurtosis $\hat{\kappa}$ suggests that the increments of $T(t)$ have light tails. In fact, this empirical observation is supported, as we shall see, by the likelihood ratio test, which indicates as best fit of the increments at different time lags a distribution with finite moments of all orders.

Table 1 shows the values of the parameter estimates and of the logarithmic likelihood for all chosen fits of the 2–minute increments. Moreover, we report in Table 2 the likelihood values $(-\log \mathcal{L})$ of all parametrizations for time lags of 2, 5, 15, 30 minutes and 1 hour, while full tables with parameter estimates can be found in the Appendix. Note that the Gamma distribution offers the best fit in all cases, except for $\Delta t = 5$ and 10 minutes, for which the Weibull distribution performs slightly better. Moreover, the Weibull distribution proves to be inadequate as a model for daily increments of $T(t)$. In fact, its likelihood value "explodes", a phenomenon that we already encountered in the fit of weekly increments of $T(t)$ for the USD–CHF exchange rate (see Marinelli, Rachev and Roll (1999)).

Figure 2 displays the empirical PDFs of the increments of $T(t)$ and their best two fits (i.e., Gamma and Weibull) for sampling periods from 2 to 30 minutes.

The probabilistic structure of the increments of $T(t)$, as we have already pointed out, is in agreement with the low value of their sample kurtosis, since both Gamma and Weibull laws admit finite moments of every order. However, in contrast with the Gamma distribution, Weibull law unfortunately does not belong to the class of infinitely divisible distributions.

Moreover, due to the fact that the empirical kurtosis of the increments of $T(t)$ is very low, and that the family of stable subordinators performs poorly in comparison to the other fits, we are lead to exclude an underlyng distribution with heavy tails.

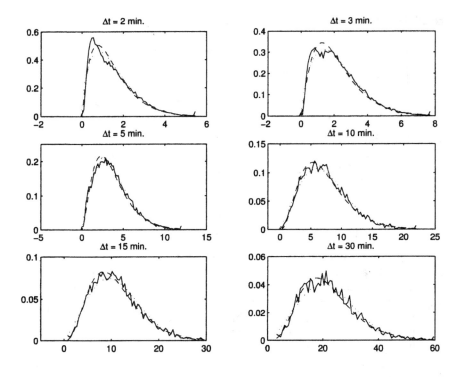

Fig. 2. Empirical PDF (solid) of the increments of the market times process $T(t)$ for different time lags, together with Gamma (dashed) and Weibull fit (dotted).

It is evident, from both the likelihood scores and the empirical fits, how the Gamma law consistently provides an accurate fit. In our previous study on exchange rates, we found that the Weibul distribution provides the best fit, with Gamma law approaching the Weibull likelihood score with increasing time lags.

The whole picture is then complicated by the fact that, as we show in the following, the increments of $T(t)$ cannot be assumed to be independent. In fact, both classical R/S analysis and Lo's modified R/S statistics favor the hypothesis that long–range dependence structures are present in the market time process $T(t)$.

3.2 Long–range dependence in $T(t)$

Classical R/S analysis applied to the increments of $T(t)$ strongly evidences the presence of long memory in the data. In fact, the estimated Hurst index H belongs to the range $0.8 - 0.9$ for all considered time lags. In the following table, we summarize our findings:

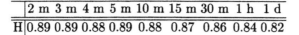

	2 m	3 m	4 m	5 m	10 m	15 m	30 m	1 h	1 d
H	0.89	0.89	0.88	0.89	0.88	0.87	0.86	0.84	0.82

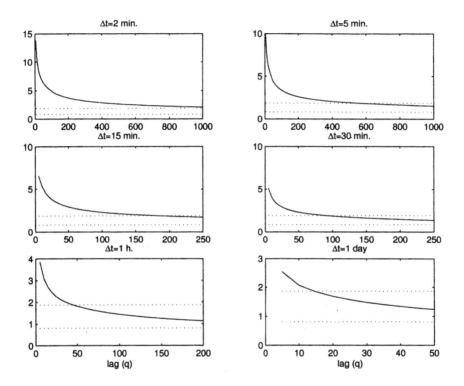

Fig. 3. Graphs of the Lo's statistic $V_N(q)$ against q (the lag) for the increments of $T(t)$ at different sampling periods. Between dotted lines is the 95% confidence region of Lo's test.

Note that the intra–hourly estimates of H are almost equal, while they tend to slightly decrease at lower frequencies (i.e., for longer sampling periods), as it is reasonable to expect. Since R/S analysis is sensitive to the presence of short–range dependence, the small variation in H might also be seen as a "weakening" of the effects of short memory as the time lags increases.

We have also applied Lo's test to the increments of $T(t)$, and a plot of the modified R/S statistic $V_N(q)$ against q for different choices of the sampling period is given in Figure 3. The values of the lag q beyond which $V_N(q)$ enters the confidence region of Lo's test are quite large compared to the sizes of the corresponding time series, so this behavior is not to be considered in contradiction with the estimates of H obtained through classical

R/S analysis. For more details, see Lo (1991) and Teverovsky, Taqqu and Willinger (1998, 1999).

The plots also show a behavior of $V_N(q)$ consistent with that of fractional ARIMA (see Teverovsky, Taqqu and Willinger (1998)), which suggests, at a level of qualitative analysis, that the increments of $T(t)$ could possibly be generated by a FARIMA process with Gamma distributed innovations.

4 Statistical analysis of the tick–by–tick price process

In this section we study the probabilistic structure at different time scales of the price process in intrinsic time $S(t)$. Recall that, having defined $T(t)$ as the number of transactions up to time t, then the tick–by–tick price record can be viewed as a sample path of the process $S(t)$.

4.1 Probabilistic structure

The 1–quote returns (i.e., in our setting, the increments of $S(t)$ with unit sampling period) are clearly not drawn from a stable random variable, as it can be inferred by the shape of their empirical PDF displayed in Figure 4. One should also note that kernel probability density estimation has smoothing effects that could hide multimodality in the underlying distribution, with two local maxima besides the central peak of the PDF.

The stable law offers a reasonably good fit of the central portion of the density, but unfortunately it cannot fully explain the shape of the empirical PDF, and of a possible multimodality: in fact, the stable distribution is unimodal (for a proof, see Yamazato (1978) and Zolotarev (1986)).

The estimated index of stability α is fairly "stationary" for sampling periods up to 4 quotes, while it decreases to approximately 1.3 and 1.2 for sampling periods of 8 and 16 quotes. However, there is no reason to believe that α would be constant for tick–by–tick data at the shortest time scales, nor that it would decrease for longer sampling periods. Moreover, we observed a similar phenomenon in the study of the tick–by–tick returns of the USD–CHF exchange rate. The variability of the index of stability α might be due to the fact that the increments of the process $S(t)$ are in fact not independent, or that they are not identically distributed, or that the underlying distribution is not purely stable, but instead could be a mixture with, speaking loosely, a dominant stable component. We shall see, however, that long memory in $S(t)$, if present, is very weak. It is also interesting to note that the estimated skewness parameter β is very close to zero independently of the sampling period, meaning that, in the setting of stable modeling, the tick–by–tick returns are almost perfectly symmetrically distributed even at different time scales.

Table 1. Fits of the 2–minute increments of the market time process $T(t)$

Distribution	Parameter estimates	$-\log \mathcal{L}$
Exponential	$\hat{\alpha} = 1.464434$	$6.2500 \cdot 10^4$
Gamma	$\hat{a} = 2.073898$ $\hat{b} = 0.706131$	$5.6772 \cdot 10^4$
Lognormal	$\hat{\mu} = 0.121410$ $\hat{\sigma} = 0.774806$	$5.8144 \cdot 10^4$
Stable	$\hat{\alpha} = 0.9993$ $\hat{\beta} = 1$ $\hat{\sigma} = 0.4684$ $\hat{\mu} = -399.326$	$6.1146 \cdot 10^4$
Weibull	$\hat{a} = 0.475704$ $\hat{b} = 1.519623$	$5.7065 \cdot 10^4$

Table 2. Negative log likelihood values for the fits of the increments of $T(t)$ at time lags up to 1 hour.

Distribution	2 m	3 m	5 m	10 m	15 m	30 m	1 h
Exponential	62500	53895	41580	27061	20487	12334	7212
Gamma	56772	48989	37554	24163	18205	10937	6399
Lognormal	58144	50421	38668	24709	18529	11081	6453
Stable	61146	–	–	–	–	–	–
Weibull	57065	49006	37463	24138	18212	10964	6421

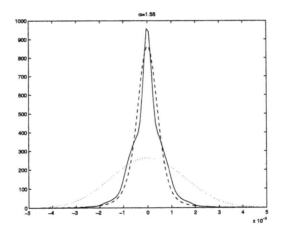

Fig. 4. Empirical PDF (solid) of the 1–quote returns, together with stable (dashed) and normal fit (dotted).

Table 3. Stable fits of the increments of $S(t)$ for different sampling periods

Lag	$\hat{\alpha}$	$\hat{\beta}$	$\hat{\sigma}$	$\hat{\mu}$
1	1.55	$-9.91 \cdot 10^{-2}$	$3.64 \cdot 10^{-4}$	$-2.66 \cdot 10^{-5}$
2	1.54	$6.78 \cdot 10^{-2}$	$5.09 \cdot 10^{-4}$	$1.58 \cdot 10^{-5}$
4	1.46	$6.48 \cdot 10^{-2}$	$7.01 \cdot 10^{-4}$	$2.05 \cdot 10^{-5}$
8	1.31	$7.24 \cdot 10^{-2}$	$9.98 \cdot 10^{-4}$	$7.81 \cdot 10^{-5}$
16	1.22	$8.67 \cdot 10^{-2}$	$1.47 \cdot 10^{-3}$	$2.96 \cdot 10^{-4}$

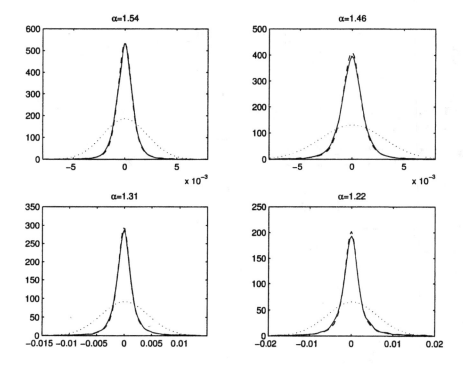

Fig. 5. Empirical PDF (solid) of the 2, 4, 8 and 16–quote returns (in left–right, top–down order), together with stable (dashed) and normal fit (dotted).

4.2 Long–range dependence

The estimated values of the Hurst index for the increments of $S(t)$ at all considered sampling periods are very close to the theoretical value $H_0 = 0.5$ distinguishing processes with no long memory: namely, they are in the range $0.52 - 0.53$. Recall that the classical R/S method is robust with respect to heavy–tailed time series: in fact, $R(n)$ asymptotically behaves like $n^H = n^{d+1/\alpha}$, and $S(n)$ like $n^{1/\alpha-1/2}$, hence $R/S(n)$ asymptotically behaves like $n^{d+1/2}$, independently of the value of α. What we actually estimate with the classical R/S method is therefore $d + 1/2$, and not the self–similarity index H.[7] Since $d = 0$ distinguishes processes with no long memory, the obtained values suggest that long–range dependence, if at all present, has very weak intensity.

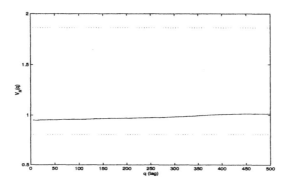

Fig. 6. Lo's statistic $V_N(q)$ versus q for the 1–quote increments of the tick–by–tick price record.

Moreover, Lo's modified R/S statistic $V_N(q)$ falls inside the acceptance region for rejecting long memory for all values of the lag q, even for very small ones, as evidenced in Figures 6 and 7. However, since Lo's $V_N(q)$ statistics implicitly requires the existence of the second moment of the distribution generating the data, Lo's test might not be robust with respect to heavy–tailed time series, even if a small simulation study suggests that it provides useful results when applied to stable noise (see Marinelli, Rachev and Roll (1999)).

On the basis of the fact that stable laws offers a very good fit of the increments of $S(t)$, and that there is strong evidence for rejecting the hypothesis of long–range dependence in the underlying generating process, we are led to propose as a suitable model for the log price in market time, on a first level of approximation, an α–stable Lévy process. The clearest limitation of this model is that it does not allow the stability index α of the increments to change with respect to the time scale. A possible explanation of this behavior is that the there could be other components in the dynamics of tick–by–tick prices that "add up" to the stable component. Another suggestive hypothesis could be that the underlying process is in fact a GARCH process with stable innovations.[8]

---

[7] See Mandelbrot and Taqqu (1979) and Taqqu and Teverovsky (1998).

[8] For an account of the theory of stable–GARCH processes and of their applications in financial modeling see Panorska, Rachev and Mittnik (1995) and Mittnik, Paolella and Rachev (1997).

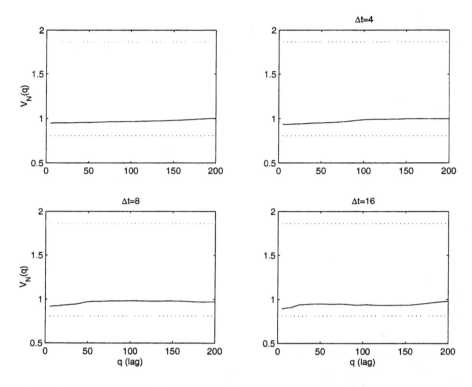

Fig. 7. Lo's statistic $V_N(q)$ versus q for the increments of the tick–by–tick price record: sampling periods of 2, 4, 8 and 16 quotes, in left to right, top–down order.

5 Statistical analysis of the price process in physical time

In this section we investigate what probabilistic structure have the increments of the compound process $Z(t) = S \circ T(t) = S(T(t))$, which describes the log price in physical time. Since we have seen that $S(t)$ and $T(t)$ are properly approximated by, respectively, an α–stable Lévy process and a process with Gamma distributed increments, we would expect the subordinated process $Z(t)$ to have increments in the domain of attraction of stable laws. In fact, a stable process subordinated to an intrinsic time process with Gamma distributed increments has ν–stable distributed increments (see Klebanov and Rachev (1996)). Moreover, if $S(t)_{t \geq 0}$ is an α–stable process and $T(t)$ has Weibull distributed increments, then one can prove easily that the subordinated process $Z(t) = S(T(t))$ has marginal distributions that are in the domain of attraction of an α–stable law (see also Marinelli (1999)).

5.1 Probabilistic structure

As expected, the stable domain of attraction offers a good description of the increments of the compound process $Z(t) = S(T(t))$, as evidenced by Figures 8 and 9.

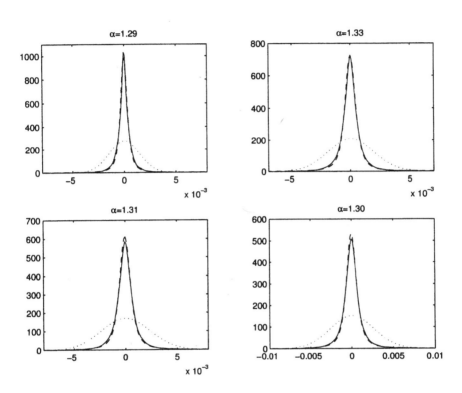

Fig. 8. Empirical PDF (solid) of the 2, 3, 4 and 5–minute returns (in left–right, top–down order), together with stable (dashed) and normal fit (dotted).

The estimated index of stability is close to 1.3 for time lags of 2, 3, 4 and 5 minutes, while it decreases to about 1.2 for lags of 10 and 15 minutes, and to about 1.15 for lags of 30 minutes and 1 hour. Similarly to our analysis of USD–CHF exchange rates, the estimated indices of stability α of $S(t)$ and $Z(t)$ are different. We conjecture that the increase in tail thickness from $S(t)$ to $Z(t)$ is induced by the long–range dependence structures of the intrinsic time process $T(t)$. Moreover, we cannot exclude the presence of explicit dependece between the processes $T(t)$ and $S(t)$, that in our setting are assumed to be independent.

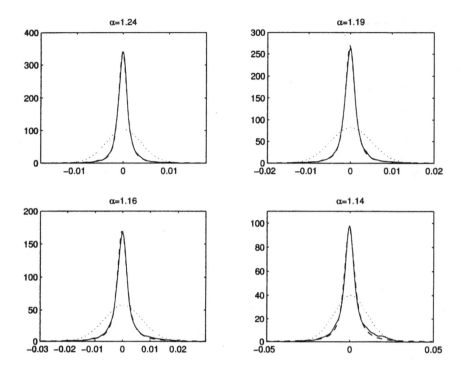

Fig. 9. Empirical PDF (solid) of the 10, 15, 30 and 60–minute returns (in left–right, top–down order), together with stable (dashed) and normal fit (dotted).

5.2 Long–range dependence

The estimated Hurst index $H = d + 1/2$ is almost constantly equal to 0.58, and to 0.61 for daily returns. This indicates the possible presence of long–range dependence, although of weak intensity. On the other hand, Lo's test consistently favors the hypothesis of absence of long memory, as evidences by Figure 10. In essence, there is no conclusive evidence of presence or absence of dependece structures in the underlying generating process, but we can safely assert that long memory is weak, but stronger than that of $S(t)$. This is most likely due to the fact that $Z(t)$ "inherits" long range dependence structures from both $S(t)$ and $T(t)$, the latter of which was found to have strongly dependent increments.

6 Daily data

We collect in a separate section the results for daily data, since we have only about 500 samples, significantly less than the sizes of the other time series we have studied in this paper.

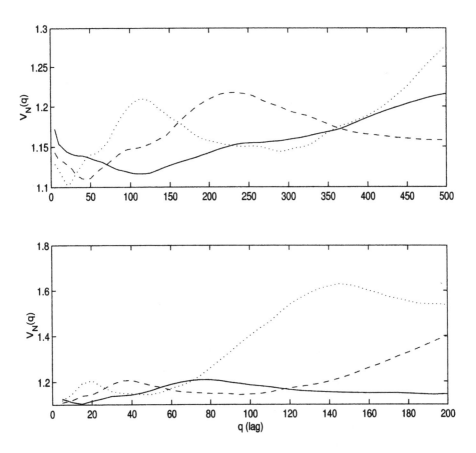

Fig. 10. Lo's statistic $V_N(q)$ versus q for the increments of the price record in physical time $Z(t)$. In the top panel, for sampling periods of 2, 5, and 10 minutes (solid, dashed, and dotted respectively). In the bottom panel, for sampling periods of 15, 30, and 60 minutes (same graphical conventions).

Note that the estimated index of stability $\alpha = 1.64$ for daily returns is greater than the estimates at shorter time scales, an expected behavior that was observed in our previous study on exchange rates as well.

The classical R/S estimate $H = 0.61$ (corresponding to $d = 0.11$), however, is in line with the results obtained at higher frequencies, showing that long–range dependence, even if of weak intensity, is persistent over different business days.

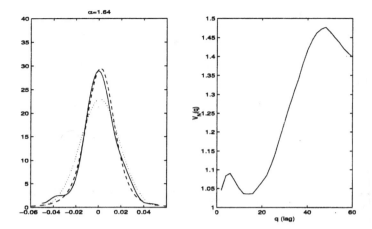

Fig. 11. Left panel: empirical PDF of the daily increments of $Z(t)$, with stable (dashed) and normal fit (dotted). Right panel: Lo's statistic $V_N(q)$ against q for the the daily increments of $Z(t)$.

7 Conclusions

We have investigated the probability structure and the presence of long–range dependence in a data set of high–frequency financial data, proposing interpretations of the observed phenomena, in the setting of stochastic deformation of the physical time (stochastic subordination). We have shown that the trading time $T(t)$ has increments described very well by a Gamma distribution, and that there is strong empirical evidence for the presence of long–range dependence structures in the market time process. Moreover, stable laws offer very good fits of returns both in intrinsic time and physical time, for different sampling periods. While Lo's test categorically excludes the presence of long memory in the increments of $S(t)$, classical R/S analysis provides estimates of d very close to zero, hence practically rejecting hypothesis that long–range dependence is present in the tick–by–tick returns.

These empirical findings suggest that a reasonable model for the description of stock prices is an α-stable Lévy motion subordinated by a long–range dependent intrinsic time process with Hurst index $H \approx 0.9$ and Gamma distributed increments.

In our previous study of high–frequency exchange rates, we obtained very similar results: in particular, we found $S(t)$ to be well approximated by an α-stable process, possibly fractionally stable, and the market time $T(t)$ to be a process with strongly dependent increments, well fit by the Gamma distribution (although it was outperformed by the Weibull law). These characteristics seem therefore to be of general nature, and not only peculiar features of the time series we have considered. We have not given formal explanations of why, for instance, the intrinsic time $T(t)$ has strong long range dependent increments, but we conjecture that, under the point of view of stochastic subordinated models, heavy tailedness comes from the price process in intrinsic time, and long–range dependence has its origin in the market time process.

Moreover, models of the type we have discussed, which account for the presence of long–range dependence and heavy–tailed distributions in financial data, should be used as more realistic base for risk management (value–at–risk), derivative pricing, and portfolio theory.

Appendix

A   The Karlsruher Kapitalmarktdatenbank

The tick-by-tick data set we study is part of the database called "Fortlaufende Kurse + Umsatzdaten", available from the Karlsruher Kapitalmarktdatenbank (KKMDB). More informations are available at the Internet URL

$$\texttt{http://finance.wiwi.uni-kalrsruhe.de/kkmdb.}$$

Each record in the database consists of 7 fields, i.e.

1. Security code (e.g., 804010 in the case of Deutsche Bank).
2. The date.
3. The stock market where the record was registered (in our case, it is always the Frankfurt Stock Exchange).
4. The transaction time, in the format hh:mm:ss.ss.
5. A flag, taking a value of either E, V or S, where E denotes an opening price, V a variable intra–day price, and S a closing price.
6. The transaction price in DEM, with an accuracy of 4 decimal digits.
7. The transaction volume.

B   Tables

Table 4. Fits of the 3–minute increments of the market time process $T(t)$

DISTRIBUTION	PARAMETER ESTIMATES	$-\log \mathcal{L}$
Exponential	$\hat{\alpha} = 2.1967$	53896
Gamma	$\hat{a} = 2.3280$ $\hat{b} = 0.9436$	48989
Lognormal	$\hat{\mu} = 0.5570$ $\hat{\sigma} = 0.7377$	50421
Weibull	$\hat{a} = 0.2274$ $\hat{b} = 1.6444$	49006

Table 5. Fits of the 5–minute increments of the market time process $T(t)$

DISTRIBUTION	PARAMETER ESTIMATES	$-\log \mathcal{L}$
Exponential	$\hat{\alpha} = 3.6611$	41581
Gamma	$\hat{a} = 2.7733$ $\hat{b} = 1.3201$	37555
Lognormal	$\hat{\mu} = 1.1068$ $\hat{\sigma} = 0.6778$	38668
Weibull	$\hat{a} = 0.07482$ $\hat{b} = 1.8296$	37463

Table 6. Fits of the 10–minute increments of the market time process $T(t)$

DISTRIBUTION	PARAMETER ESTIMATES	$-\log \mathcal{L}$
Exponential	$\hat{\alpha} = 7.3224$	27062
Gamma	$\hat{a} = 3.5967$ $\hat{b} = 2.0358$	24163
Lognormal	$\hat{\mu} = 1.8455$ $\hat{\sigma} = 0.5866$	24710
Weibull	$\hat{a} = 0.01208$ $\hat{b} = 2.0898$	24138

Table 7. Fits of the 15–minute increments of the market time process $T(t)$

DISTRIBUTION	PARAMETER ESTIMATES	$-\log \mathcal{L}$
Exponential	$\hat{\alpha} = 10.9836$	20487
Gamma	$\hat{a} = 4.1542$ $\hat{b} = 2.6439$	18205
Lognormal	$\hat{\mu} = 2.2712$ $\hat{\sigma} = 0.5389$	18529
Weibull	$\hat{a} = 3.554 \cdot 10^{-3}$ $\hat{b} = 2.2391$	18212

Table 8. Fits of the 30–minute increments of the market time process $T(t)$

DISTRIBUTION	PARAMETER ESTIMATES	$-\log \mathcal{L}$
Exponential	$\hat{\alpha} = 21.9671$	12334
Gamma	$\hat{a} = 5.0868$ $\hat{b} = 4.3184$	10937
Lognormal	$\hat{\mu} = 2.9880$ $\hat{\sigma} = 0.4806$	11081
Weibull	$\hat{a} = 3.81 \cdot 10^{-4}$ $\hat{b} = 2.4525$	10964

Table 9. Fits of the hourly increments of the market time process $T(t)$

DISTRIBUTION	PARAMETER ESTIMATES	$-\log \mathcal{L}$
Exponential	$\hat{\alpha} = 43.9343$	7212
Gamma	$\hat{a} = 6.0628$ $\hat{b} = 7.2465$	6399
Lognormal	$\hat{\mu} = 3.6980$ $\hat{\sigma} = 0.4330$	6453
Weibull	$\hat{a} = 3.122 \cdot 10^{-5}$ $\hat{b} = 2.6602$	6420

References

1. Aaronson, J. and Denker, M. (1998). Characteristic functions of random variables attracted to 1–stable laws. *Annals of Probability*, 26, 399–415.
2. Adler, R., Feldman, R., and Taqqu, M., editors (1998). *A Practical Guide to Heavy Tails - Statistical Techniques and Applications*. Birkäuser, Boston.
3. Akgiray, V. and Lamoureux, C. G. (1989). Estimation of stable-law parameters: A comparative study. *Journal of Business and Economic Statistics*, **7**, 85–93.
4. Annis, A. A. and Lloyd, E. H. (1976). The expected value of the adjusted rescaled Hurst range of independent normal summands. *Biometrika*, **73**, 111–116.
5. Bachelier, L. (1900). Théorie de la Spéculation. *Annales de l'Ecole Normale Supérieure*, **3**. English translation in Cootner (1964).
6. Baillie, B. T. (1996). Long memory processes and fractional integration in econometrics. *Journal of Econometrics*, **73**, 5–59.
7. Baillie, B. T. and King, M. L., editors (1996). Fractional differencing and long memory processes. *Journal of Econometrics*, **73**. Special issue.
8. Beirlant, J., Vynckier, P., and Teugels, J. L. (1996). Tail Index Estimation, Pareto Quantile Plots, and Regression Diagnostics. *Journal of the American Statistical Association*, **91**, 1659–1667.
9. Beran, J. (1994). *Statistics for Long–Memory Processes*. Chapman and Hall, New York.
10. Bertoin, J. (1998). *Lévy Processes*. Number 121 in Cambridge Tracts in Mathematics. Cambridge UP.
11. Billingsley, P. (1968). *Convergence of Probability Measures*. Wiley & Sons, New York.
12. Black, F. and Scholes, M. (1973). The pricing of options and corporate liabilities. *Journal of Political Economics*, **3**, 637–654.

13. Bochner, S. (1955). *Harmonic analysis and the theory of probability.* University of California Press, Berkeley.

14. Bollerslev, T., Chou, R., and Kroner, K. (1992). ARCH Modeling in Finance: A Review of Theory and Empirical Evidence. *Journal of Econometrics,* **52**, 5–59.

15. Borodin, A. N. and Ibragimov, I. A. (1995). *Limit Theorems for Functionals of Random Walks,* volume 195 of *Proceedings of the Steklov Institute of Mathematics.* American Mathematical Society.

16. Bouleau, N. and Lépingle, D. (1994). *Numerical Methods for Stochastic Processes.* Wiley & Sons, New York.

17. Brachet, M., Taflin, E., and Tcheou, J. M. (1997). Scaling transformation and probability distributions for financial time series. Technical report, Laboratoire de Physique Statistique, CNRS URA 1306, France.

18. Brockwell, P. J. and Davis, R. A. (1991). *Time Series: Theory and Methods.* Springer, New York, 2 edition.

19. Buckle, D. J. (1995). Bayesian Inference for Stable Distributions. *Journal of the American Statistical Association,* **90**, 605–613.

20. Bunde, A. and Havlin, S. (1991). *Fractals and Disordered Systems.* Springer, Berlin.

21. Campbell, J. Y., Lo, A. W., and MacKinlay, A. C. (1997). *The Econometrics of Financial Markets.* Princeton UP, Princeton, NJ.

22. Chamberlain, G. (1983). A Characterization of the Distributions that Imply Mean Variance Utility Functions. *Journal of Economic Theory,* **29**, 985–988.

23. Chambers, J. M., Mallows, C. L., and Stuck, B. W. (1976). A Method for Simulating Stable Random Variables. *Journal of the American Statistical Association,* **71**, 340–344.

24. Cheng, B. N. and Rachev, S. T. (1995). Multivariate Stable Future Prices. *Mathematical Finance,* **5**, 133–153.

25. Cootner, P. (1964). *The Random Character of Stock Market Prices.* MIT Press, Cambridge, MA.

26. Cutland, N. J., Kopp, P. E., and Willinger, W. (1995). Stock price returns and the Joseph effect: a fractional version of the Black–Scholes model. In Bolthausen, E., Dozzi, M., and Russo, F., editors, *Seminar on Stochastic Analysis, Random Fields, and Applications,* pages 327–351, Boston. Birkäuser.

27. Daníelsson, J. and de Vries, C. G. (1997). Tail index and quantile estimation with very high frequency data. *Journal of Empirical Finance,* **4**, 241–257.

28. Devroye, L. (1986). *Non-uniform Random Variate Generation.* Springer, New York.

29. Dhrymes, P. J. (1989). *Topics in Advanced Econometrics.* Springer, New York.

30. Duffie, D. (1996). *Dynamic Asset Pricing Theory.* Princeton UP, Princeton, NJ.

31. DuMouchel, W. H. (1971). *Stable distributions in statistical inference.* PhD thesis, University of Ann Arbor, Ann Arbor, MI.

32. DuMouchel, W. H. (1973). On the Asymptotic Normality of the Maximum–Likelihood Estimate when Sampling from a Stable Distribution. *Annals of Statistics,* **1**, 948–957.

33. DuMouchel, W. H. (1975). Stable Distributions in Statistical Inference 2: Information From Stably Distributed Samples. *Journal of the American Statistical Association,* **70**, 386–393.

34. DuMouchel, W. H. (1983). Estimating the stable index α in order to measure tail thickness: a critique. *Annals of Statistics*, **11**, 1019–1031.

35. Evertsz, C. J. G. (1995). Fractal geometry of financial time series. *Fractals*, **3**, 609–616.

36. Falconer, K. J. (1990). *Fractal Geometry: Mathematical Foundations and Applications*. Wiley & Sons, New York.

37. Fama, E. (1965). The behavior of stock market prices. *Journal of Business*, **38**, 34–105.

38. Fama, E. (1970). Risk, Return and Equilibrium. *Journal of Political Economy*, **78**, 30–55.

39. Fama, E. and Roll, R. (1968). Some Properties of Symmetric Stable Distributions. *Journal of the American Statistical Association*, **63**, 817–836.

40. Fama, E. and Roll, R. (1971). Parameter Estimates for Symmetric Stable Distributions. *Journal of the American Statistical Association*, **66**, 331–339.

41. Feller, W. (1971). *An Introduction to Probability Theory and Its Applications*, volume 2nd. Wiley, New York, 2nd edition.

42. Fofack, H. and Nolan, J. P. (1998). Tail Behavior, Modes and Other Characteristics of Stable Distributions. Preprint.

43. Gamrowski, B. and Rachev, S. T. (1994). Stable Models in Testable Asset Pricing. In *Approximation, Probability and Related Fields*, pages 315–320. Plenum Press, New York.

44. Gamrowski, B. and Rachev, S. T. (1995). Financial Models Using Stable Laws. In Prohorov, Y. V., editor, *Applied and Industrial Mathematics*, pages 556–604.

45. Gardiner, C. W. (1983). *Handbook of stochastic methods*. Springer, New York.

46. Geman, H. and Ané, T. (1996). Stochastic Subordination. *Risk*, **9**, 146–149.

47. Ghashgaie, S., Breymann, W., Peinke, J., Talkner, P., and Dodge, Y. (1996). Turbulent cascades in foreign exchange markets. *Nature*, **381**, 767–770.

48. Ghysels, E., Gouriéroux, C., and Jasiak, J. (1995). Market Time and Asset Price Movements: Theory and Estimation. Technical report, CIRANO and CREST.

49. Gnedenko, B. V. and Kolmogorov, A. N. (1954). *Limit Distributions for Sum of Independent Random Variables*. Addison–Wesley, Reading, MA.

50. Gouriéroux, C. (1997). *ARCH Models and Financial Applications*. Springer, New York.

51. Guillaume, D. M., Dacorogna, M. M., Davé, R. R., Müller, U. A., Olsen, R. B., and Pictet, O. V. (1997). From the bird's eye to the microscope: A survey of new stylized fact of the intra-daily foreign exchange markets. *Finance and Stochastics*, **1**, 95–129.

52. Harrison, J. M. and Pliska, S. R. (1981). Martingales and Stochastic Integrals in the Theory of Continuous Trading. *Stochastic Processes and their Applications*, **11**, 215–260.

53. Haslett, J. and Raftery, A. E. (1989). Space–time modelling with long–memory dependence: assessing ireland's wind power resource. *Applied Statistics*, **38**, 1–50.

54. Higuchi, T. (1988). Approach to an irregular time series on the basis of the fractal theory. *Physica D*, **31**, 277–283.

55. Hill, B. M. (1975). A Simple General Approach about the Tail of a Distribution. *Annals of Statistics*, **3**, 1163–1174.

56. Hull, J. (1997). *Option, Futures, and Other Derivatives*. Prentice Hall, 3rd edition.

57. Hurst, H. E. (1951). Long–term storage capacity of reservoirs. *Transactions of the American Society of Civil Engineers*, **116**, 770–808.

58. Hurst, S. R., Platen, E., and Rachev, S. T. (1997). Subordinated Market Index Models: A Comparison. *Finan. Engin. Japan. Markets*, **4**, 97–124.

59. Hurst, S. R., Platen, E., and Rachev, S. T. (1999). Option Pricing for a Logstable Asset Price Model. In Mittnik, S. and Rachev, S. T., editors, *Stable Models in Finance*. Pergamon Press.

60. Janicki, A. and Weron, A. (1994). *Simulation and Chaotic Behavior of α-stable Stochastic Processes*. Marcel Dekker, New York.

61. Jansen, D. W. and de Vries, C. G. (1983). On the Frequency of Large Stock Returns: Putting Booms and Busts into Perspective. *Review of Economics and Statistics*, **73**, 18–24.

62. Kadlec, G. B. and Patterson, D. M. (1998). A Transactions Data Analysis of Nonsynchronous Trading. Technical report, Pamplin College of Business, Virginia Polytechnic Institute.

63. Karandikar, R. L. and Rachev, S. T. (1995). A Generalized Binomial Model and Option Formulae for Subordinated Stock–Price Processes. *Probability and Mathematical Statistics*, **15**, 427–446.

64. Karandikar, R. L. and Rachev, S. T. (1997). A Generalized Binomial Model and Option Formulae for Subordinated Stock Price Processes. *Probability and Mathematical Statistics*, **15**, 427–446.

65. Khinchin, A. Y. (1938). *Limit Laws for Sums of Independent Random Variables*. ONTI, Moscow.

66. Kim, J. R., Mittnik, S., and Rachev, S. T. (1997). Econometric Modelling in the presence of heavy–tailed innovations. *Communications in Statistics – Stochastic Models*, **13**, 841–886.

67. Klebanov, L. and Rachev, S. T. (1996). Integral and asymptotic representations of geo–stable densities. *Applied Mathematics Letters*, **9**, 37–40.

68. Kon, S. J. (1984). Models of Stock Returns: A Comparison. *Journal of Finance*, **39**, 147–165.

69. Kwapień, S. and Woycziński, W. A. (1992). *Random Series and Stochastic Integrals – Single and Multiple*. Springer, New York.

70. Lee, M. L. T., Rachev, S. T., and Samorodnitsky, G. (1993). Dependence of Stable Random Variables. In *Stochastic Inequalities*, IMS Lecture Notes 22, pages 219–234.

71. Lévy-Vehel, J. (1995). Fractal Approaches in Signal Processing. *Fractals*, **3**, 755–775.

72. Lo, A. (1991). Long-term memory in stock market prices. *Econometrica*, **59**, 1279–1313.

73. Lüdecke, T. (1997). The Karlsruher Kapitalmarktdatenbank. Technical Report 190, Institut für Entscheidungstheorie und Unternehmensforschung, Universität Karlsruhe.

74. Mandelbrot, B., Fisher, A., and Calvet, L. (1997). A Multifractal Model of Asset Returns. Technical Report 1164, Cowles Foundation.

75. Mandelbrot, B. B. (1963). The Variation of Certain Speculative Prices. *Journal of Business*, **26**, 394–419.

76. Mandelbrot, B. B. and Taqqu, M. S. (1979). Robust R/S analysis of long-run serial correlation. *Bulletin of the International Statistical Institute*, **48**, 69–104.

77. Mandelbrot, B. B. and van Ness, J. W. (1968). Fractional Brownian motions, fractional noises and applications. *SIAM Review*, **10**(4), 422–437.

78. Mandelbrot, B. B. and Wallis, J. R. (1969). Robustness of the rescaled range R/S in the measurement of noncyclic long–run statistical dependence. *Water Resources Res.*, **5**, 967–988.

79. Mantegna, R. N. and Stanley, H. E. (1995). Scaling behavior in the dynamics of an economic index. *Nature*, **376**, 46–49.

80. Marinelli, C., Rachev, S. T., and Roll, R. (1999). Subordinated Exchange Rate Models: Evidence for Heavy Tailed Distributions and Long–Range Dependence. In Mittnik, S. and Rachev, S. T., editors, *Stable Models in Finance*. Pergamon, New York.

81. McCulloch, J. H. (1986). Simple consistent estimators of stable distribution parameters. *Commun. Statist. - Simula.*, **15**, 1109–1136.

82. Merton, R. (1973). An Intertemporal Capital Asset Pricing Model. *Econometrica*, **41**, 967–986.

83. Merton, R. (1976). Option Pricing when Underlying Stock Returns Are Discontinuous. *Journal of Financial Economics*, **3**, 125–144.

84. Mijnheer, J. L. (1975). *Sample path properties of Stable Processes*. Mathematical Centre Tracts. Mathematical Centrum, Amsterdam.

85. Mittnik, S., Paolella, M. S., and Rachev, S. T. (1997). Modeling the Persistence of Conditional Volatilities with GARCH–stable Processes. Technical report, University of California, Santa Barbara.

86. Mittnik, S. and Rachev, S. T. (1991). Alternative Multivariate Stable Distributions and Their Applications to Financial Modeling. In Cambanis, S., editor, *Stable Processes and Related Topics*, pages 107–119. Birkäuser, Boston.

87. Mittnik, S. and Rachev, S. T. (1993). Modeling Asset Returns with Alternative Stable Distributions. *Econometric Review*, **12**, 261–330.

88. Mittnik, S. and Rachev, S. T. (1996). Tail Estimation of the Stable Index α. *Applied Mathematics Letters*, **9**, 53–56.

89. Mittnik, S., Rachev, S. T., and Samorodnitsky, G. (1998). Testing for Structural Breaks in Time Series Regressions with Heavy–tailed Disturbances. Technical report, Department of Statistics and Mathematical Economics, University of Karlsruhe.

90. Nikias, C. L. and Shao, M. (1996). *Signal Processing with Alpha-Stable Distributions*. Wiley.

91. Nolan, J. P. (1997). Numerical calculation of stable densities. *Stochastic Models*, **4**, 759–774.

92. Nolan, J. P. (1998). Parametrizations and modes of stable distributions. *Statistics and Probability Letters*, **38**, 187–195.

93. Panorska, A. K., Mittnik, S., and Rachev, S. T. (1995). Stable GARCH models for Financial Time Series. *Applied Mathematics Letters*, **8**, 33–37.

94. Paxson, V. (1997). Fast, Approximate Synthesis of Fractional Gaussian Noise for Generating Self-Similar Network Traffic. *Computer Communication Review*, **27**, 5–18.

95. Peters, E. E. (1991). *Chaos and Order in the Capital Markets*. Wiley & Sons, New York.

96. Petrov, V. V. (1995). *Limit Theorems of Probability Theory.* Oxford UP, Oxford.

97. Pollard, D. (1984). *Convergence of Stochastic Processes.* Springer, New York.

98. Press, W. H., Teukolsky, S. A., Vetterling, W. T., and Flannery, B. P. (1992). *Numerical recipes in C.* Cambridge UP.

99. Protter, P. (1990). *Stochastic Integration and Differential Equations – A New Approach.* Springer, New York.

100. Rachev, S. T. and Samorodnitsky, G. (1993). Option Pricing Formulae for Speculative Prices Modelled by Subordinated Stochastic Processes. *Pliska,* **19,** 175–190.

101. Rachev, S. T. and Xin, H. (1993). Test on Association of Random Variables in the Domain of Attraction of Multivariate Stable Law. *Probability and Mathematical Statistics,* **14,** 125–141.

102. Rogers, L. C. G. (1997). Arbitrage with fractional Brownian motion. *Mathematical Finance,* **7,** 95–105.

103. Ross, S. A. (1976). The Arbitrage Theory of Capital Asset Pricing. *Journal of Economic Theory,* **13,** 341–360.

104. Rossi, P. E., editor (1996). *Modelling Stock Market Volatility – Bridging the Gap to Continuous Time.* Academic Press, New York.

105. Samorodnitsky, G. and Taqqu, M. S. (1994). *Stable non-Gaussian Random Processes: Stochastic Models with Infinite Variance.* Chapman and Hall, New York.

106. Shao, M. and Nikias, C. L. (1993). Signal Processing with fractional lower order moments: stable processes and applications. *Proceedings of the IEEE,* **81,** 984–1010.

107. Silverman, B. W. (1986). *Density Estimation for Statistics and Data Analysis.* Chapman and Hall, New York.

108. Stock, J. (1988). Estimating Continuous Time Processes subject to Time Deformation. *Journal of the American Statistical Association,* **83,** 77–84.

109. Tapia, R. A. and Thompson, J. R. (1978). *Nonparametric Probability Density Estimation.* Johns Hopkins UP.

110. Tapia, R. A. and Thompson, J. R. (1990). *Nonparametric Function Estimation, Modelling, and Simulation.* SIAM, Philadelphia.

111. Taqqu, M. S. and Teverovsky, V. (1997). Robustness of Whittle–type estimates for time series with long–range dependence. *Stochastic Models,* **13,** 723–757.

112. Taqqu, M. S. and Teverovsky, V. (1998). On Estimating the Intensity of Long–Range Dependence in Finite and Infinite Variance Time Series. In Adler, R. J., Feldman, R. E., and Taqqu, M. S., editors, *A Practical Guide to Heavy Tails.* Birkäser, Boston.

113. Taylor, S. J. (1986). *Modelling Financial Time Series.* Wiley & Sons, Chichester.

114. Weron, R. (1996). On the Chambers–Mallows–Stuck method for simulating skewed stable random variables. *Statistics and Probability Letters,* **28,** 165–171.

115. Willinger, W., Taqqu, M. S., and Teverovsky, V. (1999). Stock market prices and long–range dependence. *Finance and Stochastics,* **3,** 1–13.

116. Wintner, A. (1936). On a class of Fourier transforms. *American Journal of Mathematics,* **58,** 45–90.

117. Yamazato, M. (1978). Unimodality of infinitely divisible distributions of class L. *Annals of Probability,* **6,** 523–531.

118. Ziemba, W. T. (1974). Choosing investment portfolios when the returns have stable distributions. In Hammer, P. L. and Zoulendijl, G., editors, *Mathematical Programming in Theory and Practice*, pages 443–482. North-Holland.

119. Zolotarev, V. M. (1966). On representation of stable laws by integrals. *Selected Translations in Mathematical Statistics and Probability*, **6**, 84–88.

120. Zolotarev, V. M. (1986). *One-dimensional stable distributions*. American Mathematical Society, Providence, RI.

Neuronale Netze zur Prognose von Finanzzeitreihen und Absatzzahlen

Wolfram Menzel

Institut für Logik, Komplexität und Deduktionssysteme, Universität Karlsruhe, Kaiserstr. 12, D-76128 Karlsruhe

Zusammenfassung Results are reported on applying neural networks to tasks of predicting economic data. These are, on the one hand, stock prices or foreign exchange rates and, on the other hand, the daily numbers of sales of a German newspaper.

Starting from our network "George", which very successfully traded at New York stock exchange for nearly two years, our methods of evolving neural networks for forecasting tasks have been refined and substantiated in various aspects. The main points of emphasis have been Bayesian optimization, input compression, and multitasking. The networks obtained have been applied to several markets.

Experiences with predicting sales numbers of a specific product are relatively new. The situation differs essentially from that one concerning prices or exchange rates, but the results are equally convincing.

1 Prognose durch neuronale Netze

Seit annähernd einem Jahrzehnt werden neuronale Netze eingesetzt, um Daten der Wirtschaft vorherzusagen. Es liegt nahe, eine Bilanz zu versuchen und zu fragen, welchen Nutzen diese Technologie gebracht hat. Wie aber mißt man diesen Nutzen? Als ein einfaches Maß drängt sich der erwirtschaftete Gewinn auf, oder die eingesparten Kosten. Doch wer Prognosenetze einsetzt oder erstellt, weiß, wie schwer sich dieses Kriterium anwenden läßt. Selbst bei bestgestaltetem Training kann ein Netz in späterer Zukunft plötzlich über Wochen Verlust produzieren, um sich dann doch wieder zu "fangen" und durch langandauernden Gewinn zu versöhnen. Und leider kommt auch das Umgekehrte vor. Wann und weshalb verliert ein Netz die erlernte "Erfassung" eines Markts oder Wirtschaftsvorgangs? Wie "robust" und "zuverlässig" kann man es gestalten? Woran erkennt man, daß man es aus dem Handel nehmen sollte, und wie sieht die fällige Restauration aus?

Fragen dieser Art kennzeichnen derzeit die Arbeit der Gruppe Neuroinformatik des Autors, über die hier berichtet werden soll.

Von einem sehr schönen Erfolg konnte unsere heutige Arbeit ihren Ausgang nehmen, wie er der frühen Phase der Entwicklung von Prognosenetzen entsprach: jener Phase, in der auf der Basis menschlicher Einsicht in das Problem, Entwicklungserfahrung und von sehr viel Simulationen und Validierungen eben "direkt" Netze trainiert wurden. Abbildung 1 zeigt den Handelserfolg des Netzes "George" an der New Yorker Börse. George sagt den

Dollarkurs des jeweils nächsten Tages voraus und wurde für unseren Kooperationspartner, die Landesbank Hessen-Thüringen, entwickelt [9], [7], [10].
Man erkennt, daß George im abgebildeten Zeitraum eine jährliche Rendite
von 11 bis 12% erwirtschaftet und die Wegstrecke sich auf einen schönen Wert
eingependelt hat. (Nicht Testläufe sind abgebildet, sondern realer Handel.)

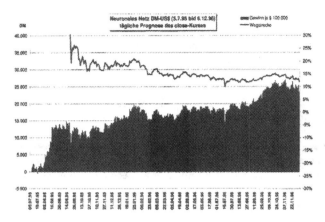

Abbildung 1. Leistungsbilanz des Netzes "George" im Dollar-Handel an der New
Yorker Börse

Worauf beruhte George's Erfolg? Statistische Voruntersuchungen ergaben,
daß schwache nichtlineare Abhängigkeiten zwischen den täglichen Kursände-
rungen bestehen, diese aber von starkem nichtstationärem Rauschen überla-
gert sind. Will man mit Erfolg ein Prognosenetz trainieren, so sollte man sich
die Trainingsdaten von "aussagekräftigen" Tagen holen: Solchen, an denen die
Varianz des Rauschens gering ist. Da, natürlich, diese Tage unbekannt sind,
wurde in Tests nach Kriterien gesucht, die solche "guten" Tage auszeichnen.
Das empirisch beste solche Kriterium wurde zur Auswahl der Trainingsdaten
verwendet, und das Training mit diesen (sowie weitere, mehr standardmäßige
Entwurfsentscheidungen) brachte den geschilderten Erfolg.

Man wird mit dieser Art Erfolg nicht zufrieden sein. Wie abhängig war
unser Selektionskriterium davon, daß es sich um den Dollarmarkt der frühen
neunziger Jahre handelte? Wie ließe sich zumindest ein Stück an theoretischer Absicherung für die Auswahl der Trainingsdaten erhalten? Nachdem
George's Handel in New York (aus organisatorischen Gründen) beendet war,
war nicht mehr protokolliert, wie sein weiteres Schicksal gewesen wäre. Doch
hätte wohl auf jeden Fall ein genaueres Verstehen des Entwurfsvorgangs zu
einer besseren Absicherung der Entscheidungen und zu einem noch stabileren
Prognoseverhalten geführt.

2 Wie entsteht ein Prognosenetz?

Wir verwenden Netze von einem sehr einfachen Typ: vorwärtsgerichtete Netze mit wenigen verborgenen Schichten (meist nur einer) und auch insgesamt eher wenig Verarbeitungseinheiten, "Neuronen" (Bild 2). Wie sich zeigen wird, ist gerade dieses Einfachhalten der Struktur von entscheidender Bedeutung für die Prognoseleistung. Die Neuronen sind von der bekannten einfachen Art: entweder Eingabeneuronen (die nur den Eingabewert weitertransportieren) oder solche, i, die aus den Werten s_j der nach i hin verknüpften Neuronen bilden $s_i = h_i(\sum_j w_{ij} s_j - \theta_i)$ und diesen Wert weitergeben bzw. ausgeben; dabei ist w_{ij} das *Gewicht* der Verbindung von j nach i, θ_i die *Schwelle* in Neuron i und h_i die *Aktivierungsfunktion* für i. Für die letztere werden Funktionen üblicher Art verwendet (sigmoide, Stufenfunktionen, auch lineare Funktionen). Als *Lernverfahren* – um mittels einer ausgesuchten Menge von Trainingsbeispielen die w_{ij} und θ_i einzustellen – verwenden wir RProp [15], [14].

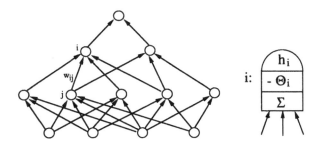

Abbildung 2. Ein typisches vorwärtsgerichtetes neuronales Netz

Dieses "Lernen" freilich ist nur ein sehr kleiner Teil der insgesamt notwendigen Findungsarbeit, es bedarf seinerseits einer Reihe geeigneter Vorgaben, wenn es Erfolg haben soll. Dies sind Festlegungen etwa zu

Netztopologie (Anzahl und Verbindungsstruktur der Neuronen)
Granularität der Ausgabe ("fein" versus "grob")
Regularisierungsterme (s.u.)
Auswahl Trainingsdaten
Auswahl Validierungsdaten
Merkmalsfindung, Kodierung der Eingabe
Teams
Multitasking

und anderem mehr. *Parametrisieren und Optimieren im Bereich solcher Vorgaben ist die heute aktuelle Zielsetzung beim Entwickeln von Prognosenetzen.*

Um von den "Parametern" des Netzes (die einfach die Gewichte/Schwellen sind) zu unterscheiden, nennt man Variable zur Beschreibung solcher Vorgaben auch *Hyperparameter*. Es soll nun an ausgewählten Punkten gezeigt werden, daß und wie eine Analyse der Gesetzmäßigkeit von Hyperparametern zu besser und stabiler prognostizierenden Netzen führt. Ausgewählt wurden insbesondere die *Regularisierung* in der Form des *weight decay* sowie Fragen der *Kodierung der Eingabe*. Angewandte Verfahren sind vor allem das *Bayes'sche Optimieren* sowie *multi-tasking*.

Unter *Regularisierung* faßt man Maßnahmen zusammen, die im folgenden Sinne die *Generalisierungsfähigkeit* des Netzes erhöhen. Tatsächlich will man ja gar nicht die vorliegenden Daten möglichst gut nachbilden, sondern die "hinter" ihnen stehende Gesetzmäßigkeit gut wiedergeben. Die Daten könnten verrauscht sein oder einer Funktion entstammen, die ohnehin nicht zur Klasse der vom Netz fehlerfrei realisierbaren gehört, und das allzu genaue Sichausrichten an den Daten kann dann die Konvergenz zu einer guten Approximation der Zielfunktion gerade verhindern. Man begegnet diesem *Overfitting* durch die Verwendung von Korrekturtermen in der Fehlerfunktion (die zunächst einmal die Güte der Wiedergabe der Trainingsdaten mißt). Etwa bestraft das im folgenden noch genauer behandelte *weight decay* die Größe von Gewichten und wirkt so einem zu frühen "Einrasten" bei der Datenanpassung entgegen. Statt lediglich den Fehler E_D auf den Trainingsdaten zu betrachten, nimmt man $E = E_D + \lambda E_W$, etwa mit $E_W = \sum_{i,j} w_{ij}^2$. Der weight decay-Faktor λ ist ein Hyperparameter.

3 Bayes'sches Optimieren

Ausgangspunkt für diese Methodik, den besten Wert eines Hyperparameters zu finden, ist eine Änderung des Blickwinkels. Wir stellen uns jetzt nicht mehr vor, daß wir einfach *ein* neuronales Netz entwickeln möchten, sondern daß wir durch Verarbeitung der Trainingsdaten *unser Wissen darüber, wie gut ein je gegebenes Netz das vorgelegte Problem löst, verändern* [1]. (Im vorliegenden Netz selber hat sich nur, als in einem einzelnen Exemplar, dieses Wissen "manifestiert".) Man hat dann also solches Wissen erstens *vor* und zweitens *nach* Verarbeiten der Daten. Anzusetzen sind zwei Verteilungen über Netze, die a priori-Verteilung, kurz der *Prior*, und die a posteriori-Verteilung, der *Posterior* (und letzterer sollte deterministischer, "spitzer" sein als der erste). Im Prior kommt allgemeines Problemwissen zum Ausdruck, das unabhängig von den Daten vorliegt. Gesetzt nun, man weiß, wie das Berücksichtigen der Daten sich auswirkt, d.h. man kennt den Posterior. Man wird dann ein solches Netz als Resultat wählen, welches maximale a posteriori-Wahrscheinlichkeit (das Problem zu lösen) besitzt.

(Hier eine kleine Warnung. Es ist zuzugeben, daß in die Modellierung der Verteilungen in aller Regel "Ansätze" miteingehen: Annahmen, die für den gegebenen Fall plausibel erscheinen oder einfach das Rechnen erleichtern;

war das dann zu idealisiert, muß man eben nachbessern. Man hat hier eine Vorzugsstelle, wo wieder neue Hyperparameter zutagetreten, mit neuer Erklärungskraft, aber auch neuer Vereinfachungsgefahr.)

Ist θ ein zu schätzender Parameter, so bezeichne $p(\theta)$ bzw. $p(\theta|D)$ die a priori- bzw. a posteriori-Wahrscheinlichkeit für das Vorliegen (jeweils eines bestimmten Werts) von θ im Netz. D sind die Daten. Also: Würde man $p(\theta|D)$ kennen, dann würde ein Netz mit einem θ^* gewählt werden, so daß $p(\theta^*|D)$ maximal ist. Um $p(\theta|D)$ zu bestimmen, bedient man sich der Bayes'schen Formel

$$p(\theta|D) = \frac{p(D|\theta) \cdot p(\theta)}{p(D)},$$

weil nämlich in der Regel $p(D|\theta)$ und $p(\theta)$ besser aus Problemwissen oder einem naheliegenden Ansatz erhältlich sind als $p(\theta|D)$ direkt, und $p(D)$ als konstant bzgl. der Maximierung in θ weggelassen werden kann. $p(D|\theta)$ (als Funktion von θ) ist die *Likelihood* von θ. Es ist diese Verwendung der Bayes-Formel, die der Methode ihren Namen gegeben hat.

Wählt man als θ etwa den Gewichtsvektor w, so ist ein naheliegender Ansatz, $p(w)$ als eine Normalverteilung um 0 zu wählen, und die Likelihood aus der Interpretation unserer Aufgabe als eines Regressionsproblems für die durch verrauschte Daten gegebene unbekannte Funktion zu bestimmen. Dabei bleiben die Varianzen $\frac{1}{\alpha}$, $\frac{1}{\beta}$ der angesetzten Gauß-Verteilungen noch offen und gehen als zusätzlich bedingende Zufallsvariable in die Festlegungen ein. Mit $w_q = w_{ij}$ und $Q =$ Anzahl der Gewichte, ferner der (nicht gerade unschuldigen) Annahme, daß die Gewichte a priori unabhängig voneinander seien, hat man für den Prior:

$$p(w|\alpha) = \Pi_{q=1}^{Q} p(w_q|\alpha)$$

$$= \frac{1}{\left(\frac{2\pi}{\alpha}\right)^{\frac{Q}{2}}} \exp\left(-\frac{\alpha}{2} \sum_{q=1}^{Q} w_q^2\right)$$

$$= \frac{1}{Z_W(\alpha)} \exp(-\alpha E_W).$$

Für die Likelihood:

$$p(D|w,\beta) = \frac{1}{\left(\frac{2\pi}{\beta}\right)^{\frac{M}{2}}} \exp\left(-\frac{\beta}{2} \sum_{\mu-1}^{M} (y^\mu - F(w, x^\mu))\right)^2$$

$$= \frac{1}{Z_D(\beta)} \exp(-\beta E_D),$$

wobei (x^μ, y^μ), $\mu = 1, \ldots, M$, die Trainingsdaten sind und F die vom Netz realisierte Funktion ist. Es ist jetzt $p(D|w, \beta)\,p(w|\alpha)$ zu maximieren, d.h. $\beta E_D + \alpha E_W$ bzw. $E_D + \frac{\alpha}{\beta} E_W$ zu minimieren. Das aber entspricht genau der im weight decay-Ansatz vorgenommenen Aufteilung der Fehlerfunktion, wenn der Fehler auf den Daten durch die quadratische Abweichung vom Sollwert gemessen wird. D.h. man hat jetzt die Fehleraufteilung des weight decay aus einem recht allgemeinen Ansatz zurückgewonnen und sieht zugleich, welche stochastischen Annahmen dem zugrundeliegen.

Um nun α und β, bzw. $\lambda = \frac{\alpha}{\beta}$, zu optimieren verfährt man entsprechend. In

$$p(\alpha, \beta|D) = \frac{p(D|\alpha, \beta) \cdot p(\alpha, \beta)}{p(D)}$$

könnte man etwa $p(\alpha, \beta)$ als konstant ansetzen[1] (ignorierend, daß es sich um eine Dichte handelt), und für $p(D|\alpha, \beta)$ hat man

$$p(D|\alpha, \beta) = \int p(D|w, \alpha, \beta) p(w|\alpha, \beta) dw$$
$$= \int p(D|w, \beta) p(w|\alpha) dw,$$

wo wir die obigen Ausdrücke für $p(D|w, \beta)$ und $p(w|\alpha)$ einsetzen können. Das Integral ist nicht geschlossen auswertbar. Um das Gesamtoptimum (w^*, α^*, β^*) sowohl für w als auch α, β zu erhalten, arbeitet man mit einer Taylor-Approximation des Exponenten in der zu integrierenden Funktion und, auf dieser Basis, einer verzahnten Berechnung der Optima: Jeweils des optimalen w bei festen α, β und wiederum optimaler α, β bei festem w. In der Praxis führt das dazu, daß sich bei verschiedener Initialisierung verschiedene Näherungen an (w^*, α^*, β^*) ergeben.

Die "Likelihood" der Hyperparameter α, β, $V(\alpha, \beta) = p(D|\alpha, \beta)$, heißt die *Evidenz* von α, β. Wegen der genannten Notwendigkeit, sich mit einer Approximation zufriedenzugeben, hängt der praktisch für sie errechnete Wert von einem optimalen ("Stütz-") Gewichtsvektor ab. Gemäß obigen Überlegungen gibt die Evidenz, die ja proportional zum Posterior der Hyperparameter α, β ist, die Generalisierungsfähigkeit des jeweils mit bestimmten Werten für α, β trainierten Netzes wieder. (Der Posterior von α, β ist die Wahrscheinlichkeit, daß unter Berücksichtigung sowohl der Daten als auch des Regularisierungsgesichtspunkts mit diesen Werten α, β ein gut problemlösendes Netz erhalten wird.) Man besitzt mit der Evidenz also (zumindest prinzipiell) eine Möglichkeit, *allein auf der Basis der Trainingsmenge*, d.h. *ohne daß eine Testmenge nötig wäre*, die Generalisierungsfähigkeit eines Netzes zu schätzen.

---

[1] Kritik hieran ist angebracht und Verbesserungen sind möglich, siehe [5]

Gerade für Prognoseaufgaben ist das von extremer Wichtigkeit: Man kann jetzt die Trainingsmenge laufend "nachführen", d.h. bis zum Prognosezeitpunkt heranreichen lassen.

Die Abbildungen 3, 4 zeigen am Beispiel einer Prognose des Future des US Treasury Bond, daß die Auswahl eines Netzes, die auf der Basis der Evidenz erfolgte, hervorragend mit der auf der Basis einer Testmenge übereinstimmt. Man erkennt: In etwa 1800 Handelstagen ergibt sich ein Gewinn von 120 Basispunkten.

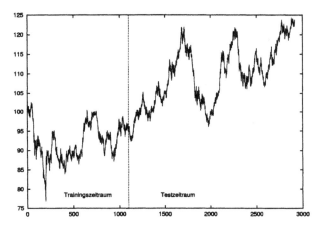

Abbildung 3. Kursverlauf des Tbond-Future

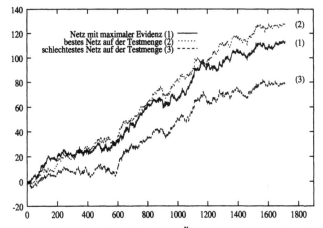

Abbildung 4. Prognose des Tbond-Future, Übereinstimmung der Kriterien "Evidenz" und "Auswahl auf der Basis einer Testmenge". Aufgetragen ist der Gewinn (in Basispunkten) über einem fortlaufenden Zeitraum von Handelstagen

4 Automatic Relevance Determination

Weight decay ist ein wirksames Mittel, um die Generalisierungsfähigkeit eines Netzes zu steigern. Doch ein gleichmäßiges weight decay, wie bisher behandelt, hat einen gravierenden Nachteil. Im Prinzip sollten sich ja durchaus auch starke Unterschiede in der Wichtigkeit von Verbindungen zwischen Neuronen – oder von "Blöcken" solcher Verbindungen – während des Lernens herausbilden und enstprechend zu sehr unterschiedlichen Gewichten führen. Die gleichmäßige Dämpfung des weight decay mit einem "globalen" λ wirkt dem entgegen. Als Gegenmaßnahme bietet sich an, *Gewichtsgruppen* voneinander abzugrenzen, die jeweils mit einem eigenen weight decay-Parameter versehen sind, und diese Parameter getrennt zu optimieren. Die Festlegung der Gruppen kann dabei sowohl aufgrund allgemeiner methodischer Überlegungen als auch aus speziellem Problemwissen heraus erfolgen (und natürlich stoßen wir hier wieder auf Hyperparameter). Geht man etwa davon aus, daß die Schichten in einem Netz einer Hierarchisierung beim Ausbilden "zur Lösung führender Gesichtspunkte" entspricht, so liegt nahe, (zunächst einmal grob) die Gewichte in die Klassen der je von einer Schicht zur nächsten führenden einzuteilen.

Setzt man die Gewichtsgruppen als anfangs unabhängig voneinander an, so ergibt sich bei G Gewichtsgruppen (entsprechend zum früheren Fall einer einzigen Gewichtsgruppe) als a priori-Wahrscheinlichkeit:

$$p(\boldsymbol{w}|\alpha_1,\ldots,\alpha_G) = \Pi_{k=1}^{G} \frac{1}{Z_W(\alpha_k)} \exp(-\alpha_k E_{W_k}).$$

Eine besonders wichtige Art der Gewichtsgruppenbildung hängt mit einer anderen Vorgabe für das Training zusammen, die in ganz besonderem Maße erfolgsentscheidend ist: der Kodierung der Eingabe. Wie man einigermaßen allgemein eine Transformation des Eingaberaums von der Art findet, daß "sprunghaft" die Lösung besser (oder überhaupt erst) erlernbar wird, ist ein noch wenig aufgearbeiteter Bereich, und die heute erfolgreich eingesetzten neuronalen Netze beziehen diesen Erfolg oft weitgehend daher, daß *der Mensch* aus seinem Problemverständnis heraus angegeben hat, was besonders wichtige Merkmale sind. (Zwei Beispiele. Wie wäre ein allgemeines Verfahren, das beim Erlernen einer Gewinnstrategie für das Brettspiel "Mühle" das Merkmal "offene Mühle" aus einer puren Feld-Stein-Zuordnung als besonders wichtig herstellen könnte [3], [2]? Wie kommt man beim Finden der Harmonisierung von Melodien darauf, daß passenderweise Tonhöhen nicht durch Frequenzen, sondern durch Zugehörigkeitsfunktionen zu Akkorden kodiert werden sollten [8]?) Aus der Stochastik bekannt sind Hauptkomponentenanalyse und unabhängige-Komponenten-Analyse, die oft weiterhelfen. Doch bleibt das Optimieren der Eingabekodierung ein noch weitgehend unerschlossener Forschungsbereich.

Ein Spezialfall, zu dem man deutlich mehr sagen kann, ist die reine *Selektion* von Eingabemerkmalen: das Weglassen unwichtiger Komponenten ohne eine Änderung der verbleibenden "wichtigen". Insbesondere, wenn (wie es meist der Fall ist) nicht in beliebiger Anzahl Daten beschafft werden können, ist es von enormer Wichtigkeit, die Dimension des Eingaberaums niedrig zu halten. Denn soweit Komponenten unabhängig voneinander sind, wächst die Anzahl erforderlicher Daten exponentiell mit der Dimension ("curse of dimensionality"), und im Falle von Abhängigkeiten wächst die Gefahr des Overfitting, da bestimmte Gesichtspunkte verfälschend verstärkt werden.

Bei der *Automatic Relevance Determination* (ARD) definiert man Gewichtsgruppen so, daß jedenfalls die Eingabeneuronen voneinander separiert werden: jeweils die von einem Eingabeneuron ausgehenden Gewichte bilden eine Gruppe. Optimiert man nun die zugehörigen weight decay-Parameter, so spiegelt sich in den erhaltenen Werten α_k die *Relevanz* der Eingabekomponenten: Je größer α_k ist, umso richtiger ist es, die von Komponente k ausgehenden Gewichte klein zu halten, d.h. umso irrelevanter ist diese Komponente. Bei hinreichend krasser Differenzierung wird man die Komponenten mit großem α-Wert weglassen können.

Als Beispiel diene die Prognose des Kurses des Tbond-Future. Verwendet man als Eingabe die Kursdifferenzen an 15 aufeinanderfolgenden Handelstagen, so ergeben sich die in Bild 5 eingetragenen α-Werte der einzelnen Komponenten. Man erkennt Spitzenwerte an den Tagen 4, 9, 14 vom aktuellen aus rückwärts gezählt. Vom Kurs an diesen Tagen hängt die Prognose wenig ab, man kann die Komponenten weglassen.

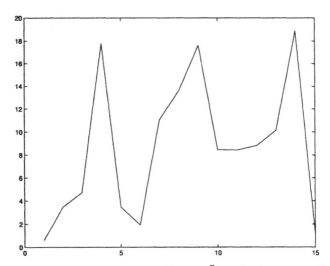

Abbildung 5. Lag-Struktur des Tbond-Future. Über den letzten 15 Handelstagen (rückwärts gezählt) ist der zugehörige weight decay-Koeffizient aufgetragen. Die zu den Tagen 4, 9, 14 gehörigen Eingabekomponenten können gelöscht werden.

Neben der ARD gibt es noch weitere und weniger aufwendige Methoden, die Wichtigkeit einer Eingabekomponente zu ermitteln. In Abschnitt 6 werden wir auf sie zu sprechen kommen.

5 Analyse des Zielwerts: Von der Prognose zum Handelssystem

Noch an einer zweiten Stelle verhilft uns der Bayes-Ansatz zu einer gewinnsteigernden Maßnahme. Unter leichten Zusatzannahmen läßt sich an das oben Dargestellte eine Analyse des Zielwerts, der Kursänderung zu morgen, anschließen, und hierauf dann eine Handelsstrategie gründen.

Netze zur Prognose von Kursen sind kein Selbstzweck, sondern sollen im Handel Gewinn bringen. In einem einfachen Szenario könnte man die Prognose als Klassifikationsproblem auffassen: Man interpretiert die Netzausgabe $y \in (-1, 1)$ binär, d.h. als "steigt" für $y \geq 0$ und "fällt" für $y < 0$, und nimmt als Kennzahl für die Güte eines Netzes seine Trefferquote auf einer Testmenge, d.h. die relative Anzahl von Übereinstimmungen solcher Werte mit den tatsächlich eintretenden. Man habe mehrere Netze (etwa von verschiedenen Initialisierungen ausgehend oder durch verschiedene Trainingsmengen auf demselben Markt trainiert), und der Einfachheit halber nehmen wir an, daß beim Handel keine Transaktionskosten anfallen. Verfolgt man nun die Handelsstrategie, mit festem Volumen stets bei Prognose "steigt" zu kaufen und bei Prognose "fällt" zu verkaufen, dann braucht das Netz mit der höchsten Trefferquote bei weitem nicht den größten Gewinn zu erzielen: Dieser hängt ja noch hochgradig vom Betrag der eintretenden Kursdifferenz ab. Auch die folgende leichte Verfeinerung führt zu keiner nennenswert besseren Kopplung des Gewinns an die Trefferquote: Man interpretiert (nach Umskalieren auf Werte zwischen 0 und 1) die reellwertige Netzausgabe als Wahrscheinlichkeit dafür, daß der Kurs steigt, und richtet sein Handelsvolumen proportional zu $y - \frac{1}{2}$ ein (positive Werte: Kauf; negative: Verkauf).

Wir ändern unsere Sicht und betrachten die Prognose als Regressionsproblem für die echte Kursdifferenz. Entsprechend wählen wir für Ausgabeneuronen eine lineare Aktivierungsfunktion [6]. Würde man für den Zielwert, die Kursdifferenz morgen-heute, die Verteilung kennen, dann ließe sich für jeden Handelstag die Wahrscheinlichkeit dafür berechnen, daß z.B. eine Prognose "steigt" falsch ist, und man könnte hiernach flexibel das Handelsvolumen einrichten.

Wir setzen an, daß das trainierte Netz ein Schätzer des Zielwerts in der Weise ist, daß der verbleibende Fehler normalverteilt mit Mittelwert 0 und von der *aktuellen Eingabe abhängiger Varianz* ist. (Die Eingabe x besteht z.B. aus Kursdifferenzen eines festen Zeitraums von heute an rückwärts, ggf. vermehrt um bestimmte technische Indikatoren.) Hierin kommt zum Ausdruck, daß der Markt sich in manchen Situationen "seiner Sache sicher" ist, in anderen eher weniger. Für die Wahrscheinlichkeitsdichte der Zufallsvariablen Z für den Zielwert (mit Werten z) erhalten wir

$$p(z|\boldsymbol{x}, \alpha, \beta, D)$$
$$= \int p(z|\boldsymbol{x}, \boldsymbol{w}, \alpha, \beta, D)p(\boldsymbol{w}|\boldsymbol{x}, \alpha, \beta, D)d\boldsymbol{w}$$
$$= \int p(z|\boldsymbol{x}, \beta)p(\boldsymbol{w}|\alpha, \beta, D)d\boldsymbol{w}$$

da z nicht von $\boldsymbol{w}, \alpha, D$ und $\boldsymbol{w}$ nicht von $\boldsymbol{x}$ abhängt. Unter Verwendung der Resultate in Abschnitt 2 liefert eine geeignete Approximation des (nicht geschlossen lösbaren) Integrals [6]:

$$p(z|\boldsymbol{x}, \alpha, \beta, D) = \frac{1}{\sqrt{2\pi}\,\sigma_Z} \exp\left(-\frac{(z - F(\boldsymbol{w}^*, \boldsymbol{x}))^2}{2\sigma_Z^2}\right)$$

wobei sind:
F : vom Netz berechnete Funktion
$\boldsymbol{w}^* = \boldsymbol{w}^*(\alpha, \beta, D)$: optimaler Gewichtsvektor
$\sigma_Z^2 = \sigma_Z^2(\boldsymbol{x}, \beta)$: Varianz von Z
Es gilt mit

$$\boldsymbol{g} = \frac{\partial F(\boldsymbol{w}, \boldsymbol{x})}{\partial \boldsymbol{w}}(\boldsymbol{w}^*)$$

$\boldsymbol{A} =$ Hesse-Matrix der "Fehlerfunktion" $\beta E_D + \alpha E_W$

aus Abschnitt 2 an der Stelle $\boldsymbol{w}^*$

daß

$$\sigma_Z^2 = \frac{1}{\beta} + \boldsymbol{g}^T \boldsymbol{A}^{-1} \boldsymbol{g}$$

Hieraus läßt sich nun das *Verlustrisiko* errechnen, d.h. die Wahrscheinlichkeit dafür, daß z.B. die Prognose "steigt", (d.h. $F(\boldsymbol{w}^*, \boldsymbol{x}) \geq 0$) falsch ist:

$$P(Z < 0) = \int_{-\infty}^{0} \frac{1}{\sqrt{2\pi}\,\sigma_Z} \exp\left(-\frac{(z - F(\boldsymbol{w}^*, \boldsymbol{x}))^2}{2\sigma_Z^2}\right) dz$$
$$= \Phi\left(-\frac{F(\boldsymbol{w}^*, \boldsymbol{x})}{\sigma_Z}\right)$$

wobei Φ die Gauß'sche Fehlerfunktion ist.

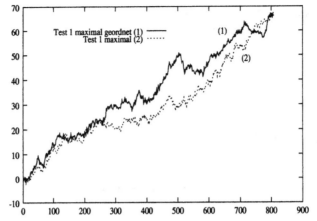

Abbildung 6. Umordnungstest. Über dem Testzeitraum von 800 Handelstagen ist der Gewinn in Basispunkten aufgetragen, jeweils für die real ablaufende und die nach steigendem Verlustrisiko umgeordnete Zeit. (Fig. 6) Bestes Netz, (Fig. 7) schlechtestes Netz (aus einem Ensemble)

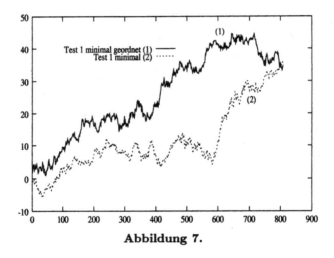

Abbildung 7.

Der folgende Umordnungstest zeigt, daß tatsächlich Tage mit niedrigem Verlustrisiko gewinnträchtiger sind als solche mit hohem (Bild 6, 7).

Aus einer Anzahl trainierter Netze für den Tbond-Future ist der kumulierte Gewinn über 800 Handelstage eingetragen (in Basispunkten), und zwar für das beste und für das schlechteste Netz. Ordnet man nun die Tage samt den da lokal erzielten Gewinnen/Verlusten nach steigendem berechneten Verlustrisiko um, so gilt: Wenn sich im Verlustrisiko tatsächlich die "wenig-Glaubwürdigkeit" der Prognose widerspiegelt, dann muß die neue Kurve steiler beginnen als die alte, und sie sollte ständig oberhalb der alten verlaufen. Man erkennt, daß dies tatsächlich weitestgehend der Fall ist. Es leuchtet auch ein, daß man für das beste Netz durch Berücksichtigen des Verlustrisikos nicht so viel an weiterem Gewinn herausholen kann wie für das schlechteste.

Insgesamt ergibt sich: Eine Handelsstrategie, bei der man an Tagen mit niedrigerem errechneten Verlustrisiko mit größerem Volumen handeln würde als an solchen mit hohem, sollte den Gewinn erhöhen. In Bild 8, 9 ist der Gewinn beim Handel des Tbond-Future mit flexibler Anzahl gehandelter Kontrakte dem mit fester solcher Anzahl gegenübergestellt, und zwar für das beste Netz aus einem Ensemble (Fig. 8), und das schlechteste (Fig. 9). Der Übergang zur flexiblen Kontraktzahl führt zu einer Gewinnsteigerung von 19,8% beim besten und von 49,2% beim schlechtesten Netz [6].

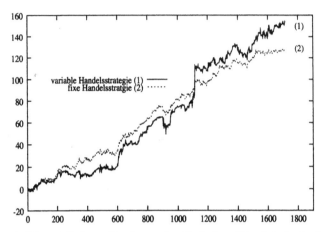

Abbildung 8. Tbond-Future, Gewinnverlauf bei einer Handelsstrategie mit variabler Kontraktanzahl gegenüber der mit fester Kontraktanzahl, bei gleicher Gesamtzahl gehandelter Kontrakte: (Fig. 8) bestes Netz, (Fig. 9) schlechtestes Netz.

Wir erinnern uns an Abschnitt 1. Das Netz "George" zur Dollarkursprognose verdankt seinen Handelserfolg vor allem einem bestimmten Selektionskriterium für die Trainingsmuster, das wir damals noch empirisch gefunden hatten. Kursdifferenzen zum Tag vorher sind nicht an jedem Tag gleich aussagekräftig für die angenommene "dahinterstehende Gesetzmäßigkeit", und Daten von Tagen, an denen dies stärker der Fall ist, eignen sich besser für das Training. Also sollte das errechnete Verlustrisiko auch als Basis für die Auswahl gutgeeigneter Trainingsdaten taugen. Es sollte möglich sein, jetzt in analytisch begründeter Weise Erfolge durch eine gute Auswahl von Trainingstagen zu erzielen, wie es bei George noch durch eine Mischung aus Empirie und Einfühlung möglich war. Hieran arbeiten wir, und wieder liefert uns die Bayes-Methode eine Handhabe zur Optimierung eines Hyperparameters.

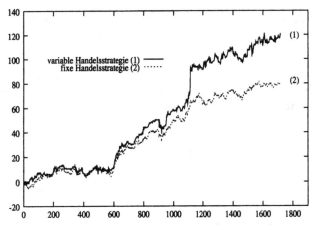

Abbildung 9. Wie Fig. 8, schlechtestes Netz. Das anfänglich mäßige Abschneiden der "flexiblen" Strategie beruht auf der geringen Anzahl da gehandelter Kontrakte.

6 Prognose von Absatzzahlen

Die Bild-Zeitung wird täglich in 5 500 000 Exemplaren gedruckt. Diese werden über 110 Großhändler an 110 000 Einzelhändler geliefert, die insgesamt 4 600 000 Zeitungen verkaufen. 900 000 Exemplare, das sind 16,2%, müssen zurückgenommen werden (Bild 10). Könnte man diese Zahl auf 16,1% senken, so wäre hiermit pro Jahr eine Kostenersparnis von 200 TDM verbunden. In Kooperation mit dem Axel Springer Verlag, Bild-Vertriebsabteilung, haben wir an dieser Aufgabe gearbeitet.

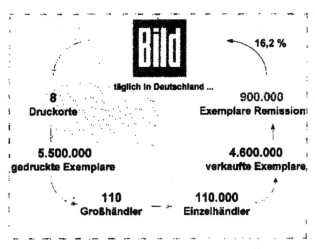

Abbildung 10. Verkauf und Rücknahme der Bild-Zeitung

Der Großhändler berechnet auf der Basis vorangegangener Verkaufszahlen die Anzahl der an seine zugeordneten Einzelhändler zu liefernden Zeitungen. Da er im Schnitt 1 000 Einzelhändler zu versorgen hat, muß die Berechnung rasch gehen. Ausgehend von einfachen, etwa auf gleitenden Durchschnitten beruhenden Prognosen hatte der Verlag bereits eine Firma beauftragt, neuronale Netze zu erstellen, die besser prognostizieren sollten. Es wurde eine Verbesserung von 1% von der gesamten Liefermenge erreicht. Aus einer Reihe von Überlegungen ergab sich, daß der Einsatz von Methoden, wie sie hier dargestellt wurden, eine weitere Verbesserung bringen sollte. Vorgehen und Resultate werden nachfolgend beschrieben [11].

Ausgehend von den Netzen, die in der genannten Vorentwicklung bereits erhalten waren, sollten neue entwickelt werden, so daß

- die Prognoseleistung steigt
- die Netze eine für alle Händler einheitliche Struktur besitzen
- in der Kannphase die Berechnung schneller geht (d.h. die Netze kleiner werden).

Die wesentlichen Methoden, die zum Erreichen dieser Ziele eingesetzt wurden, waren:

- Multitasking (s.u.)
- Bayes'sches weight decay mit Gewichtsgruppen
- Statistische Verfahren zur Reduzierung der Eingabedimension, nämlich
  - Bestimmung von Korrelationen
  - Berechnung wechselseitiger Information

Multitasking wirkt ähnlich wie weight decay in Richtung einer Verbesserung der Generalisierungsleistung. Durch gleichzeitiges Lösen "ähnlicher" Aufgaben im selben Netz bewirkt man, daß die Ausbildung der Gewichte sich stärker an den allen Aufgaben gemeinsamen Merkmalen orientiert. Es gibt verschiedene Wege, diese Idee in die Netzentwicklung einzubeziehen. Der hier verfolgte ist der einer *Vermehrung der Ausgabeeinheiten*: Statt nur die Prognose für den nächsten Tag durchzuführen, wird noch ein zweiter Zeithorizont festgelegt (z.B. der übernächste Verkaufstag), und eine zweite Ausgabeeinheit prognostiziert für diesen. (In unserem Modell werden nicht absolute Verkaufszahlen vorhergesagt, sondern die Differenz zu einem standardmäßig ermittelten gleitenden Durchschnitt.) Es wird also die Steigung der gesuchten Funktion in die Prognose miteinbezogen. Die Ausgabe des zweiten Neurons wird für die Liefermenge nicht mitverwendet, sie dient nur der "Stützung" der Ausgabe des ersten im beschriebenen Sinne. Multitasking war schon in den uns vorgegebenen Netzen verwendet worden, jedoch ohne die nachfolgend geschilderte zugehörige Gewichtsgruppierung.

Bayes'sche Optimierung von weight-decay-Parametern wird für drei Gewichtsgruppen durchgeführt, nämlich 1. allen Gewichten von der Eingabe zur verborgenen Schicht, 2. von der verborgenen Schicht zum ersten Ausgabeneuron, und 3. von der verborgenen Schicht zum zweiten Ausgabeneuron. (Die Schwellen der Neuronen unterliegen keinem weight decay, da hierdurch eine Translation der Sensibilitätszentren der Neuronen bewirkt würde, die nicht im Sinne der Aufgabenstellung wäre.) Wir haben in diesem Fall keine Unterscheidung der Eingabekomponenten mittels Gewichtsgruppen vorgenommen, sondern die Reduktion der Eingabedimension auf andere Weise durchgeführt. Hauptgründe waren der hohe Aufwand der ARD sowie das Ziel der für alle Händler einheitlichen Netzstruktur.

Wie oben ausgeführt, spielt die *richtige Dimensionierung der Eingabe* eine zentrale Rolle für die Leistungsfähigkeit des Netzes. Die Selektion der wichtigen Eingabekomponenten wurde gemäß dem Algorithmus in Bild 11 in zwei Schritten durchgeführt:

1. Mittels einer Korrelationsanalyse wird für alle Paare von Eingabekomponenten festgestellt, ob eventuell eine hohe lineare Abhängigkeit zwischen beiden Komponenten das Entfernen einer von ihnen rechtfertigt; wenn ja wird diejenige gelöscht, die die niedrigere Korrelation zur Ausgabe besitzt. Dabei wird über alle Datensätze gemittelt, so daß die Festlegung der Eingabestruktur nicht vom einzelnen Händler abhängt.

2. Es wird noch getestet, ob die verbleibenden Komponenten "wirklich wichtig" sind. Als Maß dafür dient die wechselseitige Information MI (mutual information) zwischen Mengen solcher Komponenten und der Ausgabe. Für zwei Zufallsvariable X, Y ist hierbei definiert

$$MI(X, Y) = \int\int p(x, y) \log \frac{p(x, y)}{p(x) * p(y)} dx dy.$$

Da wir die Dichte $p(x, y)$ nicht kennen, wird sie mit Hilfe eines Kernschätzers empirisch approximiert [16], und hiermit muß ein Näherungswert für das Integral ermittelt werden. Je zu einem Vektor von Eingabekomponenten wird nun für jeden durch Weglassen einer einzelnen Komponente aus ihm gewonnenen Teilvektor die MI zur Ausgabe berechnet und dann der alte Gesamtvektor durch den Teilvektor mit der größten MI ersetzt; dies so lange, bis ein signifikantes Absinken der MI festgestellt wird [12], [13].

Von den 47 Eingabeneuronen im Ausgangsnetz blieben nach dem ersten Teil des Algorithmus noch 15 übrig, nach dem zweiten schließlich noch 10. Für diesen zweiten Teil zeigt Abbildung 12 den Verlauf des Informationsverlustes, der je durch Entfernen einer (im beschriebenen Sinne bestausgesuchten) Eingabekomponente entsteht. Nach Entfernen von 5 Komponenten beginnt echter Verlust sich einzustellen, so daß hier abgebrochen wurde.

Abbildung 13 zeigt unser Resultat. Ausgehend vom uns vorgegebenen Netz (Eingabedimension 47, Weight Decay von Hand) konnte der Fehler bei

Algorithmus zur Merkmalsselektion

1. Korrelationsanalyse
   (a) *Berechne* für jedes Eingabeneuron die Korrelation zu jedem anderen Eingabeneuron und jedem Ausgabeneuron; mittele über alle Datensätze
   (b) *Lösche* vom Paar von Eingabeneuronen mit der höchsten Korrelation das Neuron mit der kleineren Korrelation zur Ausgabe
   (c) *Abbruch*, wenn Schwellwert erreicht, sonst weiter mit 1a
2. Mutual Information zur weiteren Selektion
   (a) *Berechne* für jeden Eingabevektor, der aus dem aktuellen durch Weglassen einer Komponente entsteht, die *MI* bezüglich der Ausgabe
   (b) *Abbruch*, wenn Informationsverlust stark ansteigt. *Sonst* behalte den Vektor mit höchstem *MI* (gemittelt über die Datensätze), weiter mit 2a.

Abbildung 11.

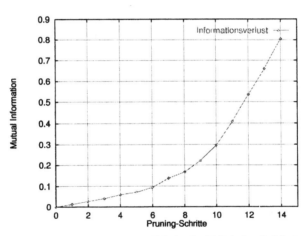

Abbildung 12. Informationsverlust je Schritt in Teil 2 des Selektionsalgorithmus

der Prognose der Abweichung vom gleitenden Durchschnitt deutlich gesenkt werden. Eingetragen sind neben dem zuletzt beschriebenen Netz (ganz rechts, Eingabedimension 10, Weight Decay mittels Bayes'scher Optimierung) die Resultate anderer Netze, die nach unterschiedlicher Wahl von oben geschilderten Verfahren gewonnen wurden.

Insgesamt hat sich ergeben:

- Die beste Prognose erhält man bei
  - kompakter Kodierung durch Selektion von Eingabekomponenten
  - Lernen bei Bayes'scher Optimierung mit Gewichtsgruppen
  - Multitasking

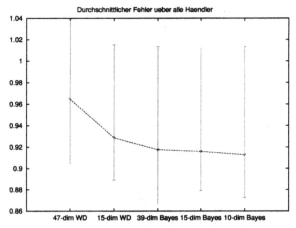

Abbildung 13. Prognosefehler verschiedener Netztypen (Durchschnitt über alle Händler)

- Die Prognose für alle Händler benötigt nur noch ein Viertel der Zeit
- Die Vorhersage der Verkaufszahlen ist um etwa 1% der gesamten Liefermenge genauer als die durch die vorher bereits vorhandenen Netze.

Wie bereits vermerkt, entspricht der letztgenannte Punkt einer weiteren Kostenreduktion von etwa 2 Mio DM im Jahr.

7 Schlußfolgerung und Ausblick

"Lernen", d.h. das Justieren der Gewichte mit Hilfe eines Datensatzes, ist nur ein winziger Teil des Gesamtarbeit bei der problemspezifischen Entwicklung eines neuronalen Netzes. Weit überwiegen demgegenüber die Methodik, das Einbringen mathematischer Tatbestände und (immer wieder auch) das Neufinden von Resultaten im Bereich des "Vorzugebenden". Von den Vorgehensweisen, die hier Erfolg bringen, ist eine, das Bayes'sche Optimieren, hier genauer dargestellt worden. Insbesondere bei der Aufgabe, Zeitreihen aus dem Wirtschafts- und Finanzbereich vorherzusagen, hat sie sich als ungemein fruchtbar erwiesen.

Nicht nur der Prognoseerfolg und damit der (für unsere Kooperationspartner) erzielte Gewinn belohnen die hier vorgestellte Arbeit. Darüberhinaus offenbaren Zeitreihen der Wirtschaft eine Fülle theoretischer Innovationspunkte und herausfordernder Fragen zur Leistungssteigerung adaptiver Systeme. An weiteren solchen Punkten arbeiten wir.

Danksagung

Dank an erster Stelle gebührt unseren Kooperationspartnern aus der Wirtschaft, nämlich der Landesbank Hessen/Thüringen (Helaba) und dem Axel

Springer Verlag, Vertriebsabteilung Bild-Zeitung. Ich danke meinen Mitarbeitern Steffen Gutjahr, Thomas Ragg und Dr. Martin Riedmiller für Forschungsarbeit und Resultate, wie sie hier referiert wurden, für das Mitgestalten eines lebendingen Wissenschaftsklimas und für die Durchsicht dieses Textes.

Literatur

1. Bishop, C. M. (1995) Neural Networks for Pattern Recognition, volume 1. Oxford University Press, New York
2. Braun, H. (1997) Neuronale Netze – Optimierung durch Lernen und Evolution. Springer-Verlag Berlin Heidelberg New York
3. Braun, H., Feulner, J., Ulrich, U. (1991) Learning strategies for solving the problem of planning using backpropagation. In: Proc. NEURO-Nimes 91, 4th International Conference on Neural Networks and their Applications
4. Gutjahr, St. (1997) Improving neural prediction systems by building independent committees. In: Proc. 4th International Conference on Neural Networks in the Capital Market, Pasadena, USA
5. Gutjahr, St. (1998) Improving the determination of the hyperparameters in Bayesian learning. In: Proc. North Australian Conference on Neural Networks (ACNN), Brisbane, Australia, 114–118
6. Gutjahr, St. (1999) Optimierung neuronaler Netze mit der Bayes'schen Methode. Dissertation Universität Karlsruhe
7. Gutjahr, St., Riedmiller, M., and Klingemann, J. (1997) Daily prediction of the foreign exchange rate between the US dollar and the German mark using neural networks. The Joint Pacific Asian Conference on Expert Systems / Singapore International Conference on Intelligent Systems
8. Hild, H., Feulner, J., Menzel, W. (1992) HARMONET: A neural net for harmonizing chorals in the style of J. S. Bach. In: Advances in Neural Information Processing 4 (NIPS 4), 267–274
9. Klingemann, J. (1994) Prognose des Dollarkurses mit neuronalen Netzen. Diplomarbeit Fakultät für Informatik, Universität Karlsruhe
10. Menzel, W. (1998) Problem Solving with Neural Networks. In: Ratsch, U., Richter, M., Stamatescu, I. O. (Eds.): Intelligence and Artificial Intelligence – an Interdisciplinary Debate. Springer-Verlag Berlin Heidelberg New York, 162–177
11. Ragg, Th. (1999) Direkte Mitteilung. Die Resultate werden in einer für das Jahr 2000 geplanten Dissertation enthalten sein.
12. Ragg, Th. and Gutjahr, St. (1997) Automatic Determination of Optimal Network Topologies based on Information Theory and Evolution. In: Proc. of the 23rd EUROMICRO Conference, IEEE, 549–555
13. Ragg, Th. and Gutjahr, St. (1997) Building High Performant Classifiers by Integrating Bayesian Learning, Mutual Information and Committee Techniques – A Case Study in Time Series Prediction. In: Proc. of the International Conference on Artificial Neural Networks, Lausanne, Switzerland, Lecture Notes in Computer Science 1327, Springer-Verlag Berlin Heidelberg New York
14. Riedmiller, M. (1994) Advanced supervised learning in multilayer perceptrons – From backpropagation to adaptive learning algorithms. Computer Standards and Interfaces 16, 265–278

15. Riedmiller, M. and Braun, H. (1993) A direct adaptive method for faster back-propagation learning: The RPROP algorithm. In: Proc. IEEE International Conference on Neural Networks (ICNN), San Francisco, USA, 586–591
16. Silverman, B.W. (1986) Density Estimation for Statistics and Data Analysis. Chapman and Hall

Testing for Structural Breaks in Time Series Regressions with Heavy–tailed Disturbances

Stefan Mittnik[1], Svetlozar T. Rachev[2], and Gennady Samorodnitsky[3]

[1] Institute of Statistics and Econometrics, University of Kiel, Olshausenstr. 40,
D-24098 Kiel, Germany
[2] Department of Statistics and Applied Probability, University of California,
Santa Barbara, CA 93106-3110, U.S.A.
[3] School of Operations Research & Industrial Engineering, Cornell University
Ithaca, NY 14853-3801, U.S.A.

Abstract. We investigate the asymptotic behavior of the OLS residual–based CUSUM test for parameter constancy in a dynamic regression with heavy–tailed disturbances. We extend previous results by relaxing the finite–variance assumption and consider disturbances in the domain of attraction of a stable Paretian law. The main result is a functional limit theorem for the self–normalizing CUSUMs of OLS residuals. We report on a simulation study of the resulting prelimiting and limiting processes. Finally, we provide response–surface approximations of critical values for the CUSUM test statistic.

Keywords: CUSUM test, least squares residuals, infinite variance, stable Paretian, response–surface technique.

1 Introduction

CUSUM–type tests of the stability over time of coefficient vector β in the dynamic linear regression $Y_i = X_i'\beta + U_i$ are commonly used in the econometric work. Brown, Durbin and Evans (1975) proposed CUSUM tests based on recursive residuals; MacNeill (1978) considered a CUSUM test using ordinary least squares (OLS) residuals; while McCabe and Harrison (1980) studied CUSUM–of–squares tests based on the assumption of independent, identically distributed (i.i.d.) disturbances. Ploberger and Krämer (1992) (hereafter, PK) provided a functional limit theorem for the sums of OLS residuals,

$$U_i^{(n)} = Y_i - X_i'\hat{\beta}^{(n)}, \quad 1 \le i \le n,$$

where $\hat{\beta}^{(n)}$ denotes the OLS estimator for β. Their main result describes a set of regularity conditions, which imply that the cumulative process $\sum_{i=1}^{[nt]} U_i^{(n)}$, $0 \le t \le 1$,—after applying the for finite–variance processes usual normalization—converges weakly to a Brownian bridge.[1]

---

[1] Ploberger and Krämer (1992) modified the CUSUM test to allow for correlated and heteroskedastic OLS residuals.

Since the influential work of Mandelbrot (1963) and Fama (1965) there has been substantial empirical evidence that data arising in speculative markets tend to have distributions that are fat–tailed and excessively peaked around the center. This makes—as suggested by Mandelbrot and Fama— the stable Paretian (in short, α–stable) distribution a much more realistic model than the Gaussian one.[2] The α–stable family includes the Gaussian distribution as the special case, which is obtained when the stable index or tail-thickness parameter equals two; but it also accommodates the infinite-variance assumption when $0 < \alpha < 2$. Accepting the α–stable hypothesis, it is reasonable to allow the disturbances in a regression, which involves asset returns as dependent variables, to have infinite variance.

The CUSUM squares test under the infinite–variance assumption was first studied in Loretan and Phillips (1994). Kim, Mittnik and Rachev (1996) (hereafter, KMR) replaced the Gaussian assumption in PK's functional limit theorem by the assumption of non–Gaussian stable disturbances. More specifically, KMR modified the standard test statistic by replacing the sample standard deviation by the sample pth norm, $0 < p < \alpha$, and showed that, after a proper normalization, the CUSUMs of OLS–residuals converge to a Lévy bridge (see also Rachev, Kim and Mittnik (1997)). The limiting procedure enables us to test for the constancy of the regression coefficient β by constructing confidence regions based on the Lévy bridge.

The drawback of the approach in KMR is that the resulting test statistic depends on the unknown stable index α. Moreover, in order to use consistently a sample estimate of the theoretical pth moment one has to assume that the disturbances themselves are α–stable. In this paper we avoid these drawbacks. We provide a functional limit theorem for a self–normalizing version of the CUSUM test put forth in PK. In doing so, we only assume that disturbances are in the domain of attraction of an α–stable law. The resulting test statistic does not depend on the unknown stable index α (of course, its limiting distribution does depend on that index.) It turns out that the limiting results deviate substantially from those in PK, once we allow disturbances to be heavy–tailed.

The paper is organized as follows. Section 2 establishes some notation and summarizes relevant facts about α–stable distributions and their domains of attraction. In Section 3 we derive our main result, the functional limit theorem for the self-normalizing OLS–residual process arising in the CUSUM test when disturbances are in the domain of normal attraction of an α–stable law. Simulation results on the prelimiting and limiting processes are presented in Section 4. There, we also present a set of critical values, which can easily be implemented in applied work. Section 5 concludes. An appendix contains the proofs of various technical statements used in Section 3.

---

[2] For discussions of α–stable distributions in modeling asset returns we refer to Mittnik and Rachev (1993), McCulloch (1996), Mittnik, Rachev and Paolella (1997) and Mittnik and Rachev (1998).

2 Stable Laws and their Domains of Attraction

There are several ways of defining an α–stable distribution (see Zolotarev, 1986; Samorodnitsky and Taqqu, 1994, and the references therein). The classical definition, given in Lévy (1937), states that a random variable (r.v.) X is *stable*, if for any positive numbers A and B there is a positive number, C, and a real number, D, such that $AX_1 + BX_2 \stackrel{d}{=} CX + D$, where X_1 and X_2 are independent r.v.'s with $X_i \stackrel{d}{=} X, i = 1,2$ and "$\stackrel{d}{=}$" denotes equality in distribution. For any stable r.v. X there is a number $\alpha \in (0,2]$ such that C satisfies $C^\alpha = A^\alpha + B^\alpha$ (see Feller, 1971, Sec. 17.4). The exponent α is called the *index of stability*. For $\alpha < 2$ a non–degenerate stable r.v. X with index of stability α satisfies $P(|X| > t) \sim ct^{-\alpha}$ for some $c > 0$ as $t \to \infty$, and the left and right tails of X are balanced as in (4) below. Hence, if $\alpha < 2$, the tails of the distribution of a stable r.v. are fatter than those of the normal distribution; and the tail–thickness increases as α decreases. This is why α is also referred to as the *tail–thickness parameter*. If $\alpha < 2$, moments of order α or higher do not exist. A stable r.v. with index α is said to be α–stable. A Gaussian random variable is a 2–stable random variable (i.e., $\alpha = 2$). Indeed, if X_1 and X_2 are independent normal with a common mean μ and variance σ^2, then $AX_1 + BX_2 \sim N((A + B)\mu, (A^2 + B^2)\sigma^2)$; i.e., we have $C = (A^2 + B^2)^{\frac{1}{2}}$ and $D = (A + B - C)\mu$.

Closed–form expressions of α–stable distributions or their densities exist only in few special cases. However, the logarithm of the characteristic function (ch.f.), $f(\theta) = Ee^{i\theta X}$, of α–stable r.v. X, can be written as

$$\ln f(\theta) = \begin{cases} -\sigma^\alpha |\theta|^\alpha [1 - i\beta \, \text{sign}(\theta) \tan \frac{\pi\alpha}{2}] + i\mu\theta, & \text{for } \alpha \neq 1, \\ -\sigma|\theta|[1 + i\beta \frac{\pi}{2} \, \text{sign}(\theta) \ln|\theta|] + i\mu\theta, & \text{for } \alpha = 1, \end{cases} \tag{1}$$

$\theta \in \mathbf{R}$, where $\mu \in \mathbf{R}$ is the *location parameter*; $\sigma \geq 0$ is the *scale parameter*; and $\beta \in [-1, 1]$ is the *skewness parameter*. The distribution function of an α–stable r.v. satisfying (1) is denoted by $S(x; \alpha, \beta, \sigma, \mu)$. If $\beta = 0$, the distribution is symmetric. The location parameter shifts the distribution to the left or right, while the scale parameter expands or contracts it about μ. If X has ch.f. (1) we write $X \stackrel{d}{=} S_\alpha(\beta, \sigma, \mu)$. For $\alpha = 2$, $S_2(\beta, \sigma, \mu)$ is the normal distribution $N(\mu, 2\sigma^2)$. Unless both $\alpha = 1$ and $\beta \neq 0$ the standardized version $(X - \mu)/\sigma$ of $X \stackrel{d}{=} S_\alpha(\beta, \sigma, \mu)$ has distribution $S_\alpha(\beta, 1, 0)$.

A sample $U_1, U_2, \ldots$ of i.i.d. observations is said to be *in the domain of attraction of an α–stable law* with index $\alpha \in (0, 2]$ if there exist constants $a_n \geq 0$ and $b_n \in \mathbf{R}$ such that

$$a_n^{-1} S_n - b_n \stackrel{w}{\Rightarrow} X, \tag{2}$$

where $S_n = U_1 + \cdots + U_n$, X is a non–degenerate α–stable r.v., and "$\stackrel{w}{\Rightarrow}$" stands for weak convergence. In particular, when U_i's are α–stable, $U_1 \stackrel{d}{=}$

$S_\alpha(\beta, \sigma, \mu)$, (2) holds and, moreover, we have $a_n^{-1} S_n - b_n \overset{d}{=} U_1$, with $a_n = n^{1/\alpha}$ and $b_n = \mu(n^{1-1/\alpha} - 1)$ for $\alpha \neq 1$, and $b_n = \frac{2}{\pi}\sigma\beta n \ln n$ for $\alpha = 1$.

The assumption that the disturbances U_i's are in the domain of attraction of an α–stable law is a relaxation of the assumption of α–stable distributed disturbances. In fact, for $\alpha < 2$ the domain–of–attraction condition (2) is equivalent to the assumption that the tail behavior of U_i is of the Pareto–Lévy form (cf. Feller, 1966, p. 303):

$$P(|U_i| > t) = t^{-\alpha} L(t), \quad t > 0, \tag{3}$$

where $L(t)$ is a slowly varying function as $t \to \infty$,[3] and

$$\lim_{t \to \infty} \frac{P(U_i > t)}{P(|U_i| < t)} = p, \quad \lim_{t \to \infty} \frac{P(U_i < -t)}{P(|U_i| < t)} = q, \tag{4}$$

for some $p \geq 0$ and $q \geq 0$ with $p + q = 1$.

We shall further assume that U_i are in the *domain of normal attraction of an α–stable law*, that is, for some $c > 0$,

$$P(|U_i| > t) \sim ct^{-\alpha} \quad \text{as } t \to \infty, \tag{5}$$

and furthermore the limiting relationships (4) hold.[4]

Let $g(x) = 1/P(|U_i| > x)$ and consider the generalized inverse of $g(x)$:

$$g^{\leftarrow}(y) := \sup\{x : g(x) \leq y\}.$$

Set

$$a_n := g^{\leftarrow}(n), \ n \geq 1, \tag{6}$$

then, as $n \to \infty$, $a_n \sim cn^{1/\alpha}$.[5]

Next, we need some basic definitions and results on Poisson random measures (see Resnick (1987)). Let E be a locally compact topological space with a countable base and let $\mathcal{E}$ be the Borel σ-algebra of subsets of E. A *point measure* m on $\mathcal{E}$ with support $\{x_i, i \geq 1\} \subset E$ is defined by

$$m = \sum_{i=1}^{\infty} \epsilon_{x_i}, \tag{7}$$

---

[3] $L(t)$ is a slowly varying function as $t \to \infty$, if for every constant $c > 0$, $\lim_{t \to \infty} L(ct)/L(t)$ exists and is equal to 1. We will use L or l to denote a slowly varying function.

[4] The U_i's are in the domain of normal attraction of an α–stable law, if (2) holds with $a_n = c_0 n^{1/\alpha}$ for some positive constant c_0. Note that when the U_i's are in the *general* domain of attraction, then, in (2), $a_n = n^{1/\alpha} L(n)$ for some slowly varying function $L(n)$ as $n \to \infty$.

[5] Here, and in what follows, c stands for a generic constant, which can be different in various contexts.

where

$$\epsilon_{x_i}(A) = \begin{cases} 1, & \text{if } x_i \in A, \\ 0, & \text{if } x_i \notin A, \end{cases} \quad A \in \mathcal{E}. \tag{8}$$

A *point process* N on E is a random element,

$$N : (\Omega, \mathcal{A}, P) \to (M_P(E), \mathcal{M}_p(E)),$$

on the original probability space $(\Omega, \mathcal{A}, P)$ with values in the space $M_P(E)$ of all point measures on E with the σ-algebra $\mathcal{M}_P(E)$ generated by the sets $\{m \in M_P(E) : m(F) \in B\}$, $F \in \mathcal{E}$, and B a Borel set in $[0, \infty]$, i.e., $B \in \mathcal{B}([0, \infty])$.

Let μ be a Radon measure on $(E, \mathcal{E})$, that is, μ is finite on all compact subsets of E. A point process N is called *Poisson random measure (PRM)* with mean measure μ, if

(i) for every $F \in \mathcal{E}$, and every $k \in \mathbf{N} := \{1, 2, \ldots\}$,

$$P(N(F) = k) = \begin{cases} \frac{\mu(F)^k}{k!} e^{-\mu(F)}, & \text{if } \mu(F) < \infty, \\ 0, & \text{if } \mu(F) = \infty; \end{cases}$$

and if

(ii) $F_1, \ldots, F_k$ (for every $k \in \mathbf{N}$) are mutually disjoint sets in $\mathcal{E}$, then $N(F_1)$, $\ldots, N(F_k)$ are independent r.v.

Consider next an array of r.v.'s $(U_{n,j}, j \geq 1, n \geq 1)$ with values in $(E, \mathcal{E})$ and assume that for each n $(U_{n,j})_{j\geq 1}$ are i.i.d. r.v.'s. Suppose that the sequence of finite measures defined by

$$\mu_n(A) := nP(U_{n,1} \in A), \quad A \in \mathcal{E}, \tag{9}$$

converges vaguely to a Radon measure μ on $(E, \mathcal{E})$.[6]

Proposition 1. *(see Resnick (1987), Proposition 3.21). Let*

$$\xi_n = \sum_{k \geq 1} \varepsilon_{(\frac{k}{n}, U_{k,n})}$$

and ξ be a PRM on $[0, \infty) \times E$ with mean measure $dt \times d\mu$. Then

$$\mu_n \overset{v}{\to} \mu \tag{10}$$

if and only if[7]

$$\xi_n \overset{w}{\Rightarrow} \xi. \tag{11}$$

---

[6] $(\mu_n)_{n\geq 1}$ *converges vaguely to* μ $(\mu_n \overset{v}{\to} \mu)$ *if* $\limsup_{n\to\infty} \mu_n(K) \leq \mu(K)$ *for all compact sets* $K \subset E$ *and* $\liminf_{n\to\infty} \mu_n(G) \geq \mu(G)$ *for all open relatively compact sets* $G \subset E$.

[7] $\overset{w}{\Rightarrow}$ *in (11) stands for the weak convergence of stochastic point processes, in this case the weak convergence in the space* $M_P([0, \infty) \times E)$.

We now apply the above proposition to the sequence $(U_i)_{i \geq 1}$ of i.i.d. r.v.'s in the domain of normal attraction of an α-stable law. Namely, we take $E := [-\infty, \infty] \setminus \{(0)\}$, (i.e., relatively compact sets are those bounded away from the origin) and set in Proposition 1, $U_{k,n} = \frac{U_k}{a_n}$, where a_n was defined as $g^{\leftarrow}(n)$, see (6). Then, as $n \to \infty$,

$$\mathbf{X}_n^* := \sum_{k=1}^{\infty} \varepsilon_{\left(\frac{k}{n}, \frac{U_k}{a_n}\right)} \overset{w}{\Rightarrow} \sum_i \varepsilon_{(t_i, j_i)} =: \mathbf{X}^* \tag{12}$$

in $M_p([0, \infty) \times E)$, where the limit in (12) is a PRM with mean measure $dt \times d\nu$, and

$$\nu(dx) = \alpha p x^{-(1+\alpha)} dx \mathbf{1}(\{x > 0\}) + \alpha q |x|^{-(1+\alpha)} dx \mathbf{1}(\{x > 0\}) \tag{13}$$

(see Formula (4.70) in Resnick (1987), p. 226). Furthermore, the points of $\mathbf{X}^*$ on $\{t \leq 1\}$ arranged in the non-increasing order by the magnitude of the "jumps" j_i can be represented in distribution as

$$\left(U_j^0 \delta_j, \, \Gamma_j^{-1/\alpha}\right)_{j \geq 1}, \tag{14}$$

where $(U_j^0)_{j \geq 1}, (\delta_j)_{j \geq 1}$ and $(\Gamma_j)_{j \geq 1}$ are three independent sequences of r.v.'s; $(U_j^0)_{j \geq 1}$ are i.i.d. r.v.'s uniformly distributed on $[0,1]$; $(\delta_j)_{j \geq 1}$ are i.i.d. random signs, $P(\delta_j = 1) = 1 - P(\delta_j = -1) = p$; and $(\Gamma_j)_{j \geq 1}$ are the standard Poisson arrivals, i.e., $\Gamma_j = e_1 + \ldots + e_j$, where $(e_j)_{j \geq 1}$ is a sequence of i.i.d. exponential r.v.'s with mean 1.

3 CUSUM Test and its Limiting Distribution

Consider the regression model

$$Y_i = X_i' \beta + U_i, \quad 1 \leq i \leq n, \tag{15}$$

where $\beta = (\beta_0, \, \beta_1)'$,

$$X_i = \begin{pmatrix} 1 \\ Z_i \end{pmatrix}, \, 1 \leq i \leq n, \tag{16}$$

with

$$\frac{1}{n} \sum_{i=1}^{n} Z_i \to_{n \to \infty} 0, \tag{17}$$

$$\frac{1}{n} \sum_{i=1}^{n} Z_i^2 \to_{n \to \infty} R > 0, \tag{18}$$

and $U_1, U_2, \ldots$ are i.i.d. r.v.'s in the domain of normal attraction of an α-stable law. Define the normalizing constants a_n by (6), and so, $a_n \sim cn^{1/\alpha}$ as $n \to \infty$. In addition, we assume:

(A1)   If $1 < \alpha < 2$, then $E(U_1) = 0.$ $\qquad\qquad$ (19)

(A2)   If $\alpha = 1$, then $\displaystyle\int_{-n}^{n} x dF_{U_1}(x) \to_{n\to\infty} 0,$ $\qquad\qquad$ (20)

where $F_{U_1}(x)$ is the distribution function of U_1.[8] No additional assumptions are imposed for the case $0 < \alpha < 1$.

The OLS estimator for β and the OLS residuals are given by

$$\hat{\beta}^{(n)} := \left(\sum_{i=1}^{n} X_i X_i' \right)^{-1} \sum_{j=1}^{n} Y_j X_j \qquad\qquad (21)$$

and

$$U_i^{(n)} := Y_i - X_i' \hat{\beta}^{(n)}, \ 1 \le i \le n, \qquad\qquad (22)$$

respectively.

Our main result is Theorem 1 below; it provides a functional limit theorem for the CUSUM process based on self-normalized OLS residuals. We shall examine the weak limit in the Skorohod space $D[0, 1]$ of the following sequence of processes: for $\xi \in [0, 1]$ and $n \ge 1$ let[9]

$$X_n(\xi) := \frac{\sum_{i=1}^{[n\xi]} U_i^{(n)}}{\left(\sum_{i=1}^{n} \left(U_i^{(n)} \right)^2 \right)^{1/2}} = \frac{a_n^{-1} \sum_{i=1}^{[n\xi]} U_i^{(n)}}{\left(a_n^{-2} \sum_{i=1}^{n} \left(U_i^{(n)} \right)^2 \right)^{1/2}}. \qquad\qquad (23)$$

Next, let

$$X_\infty(\xi) := \frac{\sum_{j=1}^{\infty} \delta_j \Gamma_j^{-1/\alpha} \left(1_{\{V_j \le \xi\}} - \xi \right)}{\left(\sum_{j=1}^{\infty} \Gamma_j^{-2/\alpha} \right)^{1/2}}, \ 0 \le \xi \le 1, \qquad\qquad (24)$$

where the sequences $(V_j)_{j\ge 1}$, $(\delta_j)_{j\ge 1}$ and $(\Gamma_j)_{j\ge 1}$ are independent. $(V_j)_{j\ge 1}$ are "random signs" (that is, i.i.d. r.v.'s) with uniformly distributed on $[0, 1]$, $V_j \stackrel{d}{=} U(0, 1)$; $(\delta_j)_{j\ge 1}$ are "random signs" with $P(\delta_j = 1) = 1 - P(\delta_j = -1) = p$, where p is defined in (4); and $(\Gamma_j)_{j\ge 1}$ are the arrivals of a standard Poisson process.

---

[8] Note that Assumption **A2** implies, in particular, that $U_1, U_2, \ldots$ are attracted to a symmetric 1-stable (Cauchy) law. No symmetry assumptions are made in the case $\alpha \ne 1$.

[9] Notation $[a]$ denotes the integer part of a.

Theorem 1. *Under assumption* **A1**, *if* $1 < \alpha < 2$, *or under assumption* **A2**, *if* $\alpha = 1$, *the sequence of processes* $(X_n(\xi))_{0 \le \xi \le 1}$ *converges weakly in the Skorohod* J_1 *topology in* $D[0,1]$ *to the process* $(X_\infty(\xi))_{0 \le \xi \le 1}$:

$$\mathbf{X}_n \overset{w}{\Rightarrow} \mathbf{X}_\infty. \tag{25}$$

Proof. Observe that the OLS estimator $\hat{\beta}^{(n)} = (\hat{\beta}_0^{(n)}, \hat{\beta}_1^{(n)})'$ has the form

$$
\begin{pmatrix} \hat{\beta}_0^{(n)} \\ \hat{\beta}_1^{(n)} \end{pmatrix} = \begin{pmatrix} n & \sum_{i=1}^n Z_i \\ \sum_{i=1}^n Z_i & \sum_{i=1}^n Z_i^2 \end{pmatrix}^{-1} \begin{pmatrix} \sum_{j=1}^n (\beta_0 + \beta_1 Z_j + U_j) \\ \sum_{j=1}^n (\beta_0 Z_j + \beta_1 Z_j^2 + U_j Z_j) \end{pmatrix}
$$

$$
= \frac{1}{n \sum_{i=1}^n Z_i^2 - (\sum_{i=1}^n Z_i)^2} \begin{pmatrix} \sum_{i=1}^n Z_i^2 & -\sum_{i=1}^n Z_i \\ -\sum_{i=1}^n Z_i & n \end{pmatrix}
$$

$$
\times \begin{pmatrix} \sum_{j=1}^n (\beta_0 + \beta_1 Z_j + U_j) \\ \sum_{j=1}^n (\beta_0 Z_j + \beta_1 Z_j^2 + U_j Z_j) \end{pmatrix}. \tag{26}
$$

Therefore,

$$\hat{\beta}_0^{(n)} = \beta_0 + \frac{\sum_{i=1}^n Z_i^2 \sum_{j=1}^n U_j - \sum_{i=1}^n Z_i \sum_{j=1}^n U_j Z_j}{n \sum_{i=1}^n Z_i^2 - (\sum_{i=1}^n Z_i)^2}, \tag{27}$$

and

$$\hat{\beta}_1^{(n)} = \beta_1 + \frac{n \sum_{i=1}^n U_i Z_i - \sum_{i=1}^n U_i \sum_{j=1}^n Z_j}{n \sum_{i=1}^n Z_i^2 - (\sum_{i=1}^n Z_i)^2}. \tag{28}$$

From (27) and (28), we conclude

$$
\begin{aligned}
U_i^{(n)} &= \beta_0 + \beta_1 Z_i + U_i - (1, Z_i) \left(\hat{\beta}_0^{(n)}, \hat{\beta}_1^{(n)} \right)' \\
&= U_i - \frac{\sum_{k=1}^n Z_k^2 \sum_{j=1}^n U_j - \sum_{k=1}^n Z_k \sum_{j=1}^n U_j Z_j}{n \sum_{j=1}^n Z_j^2 - (\sum_{j=1}^n Z_j)^2} \\
&\quad - Z_i \frac{n \sum_{k=1}^n U_k Z_k - \sum_{k=1}^n U_k \sum_{j=1}^n Z_j}{n \sum_{j=1}^n Z_j^2 - (\sum_{j=1}^n Z_j)^2}, \quad i = 1, \ldots, n.
\end{aligned} \tag{29}
$$

Therefore, for $0 \le \xi \le 1$,

$$
\begin{aligned}
\sum_{i=1}^{[n\xi]} U_i^{(n)} &= \sum_{i=1}^{[n\xi]} U_i - [n\xi] \frac{\sum_{k=1}^n Z_k^2 \sum_{j=1}^n U_j - \sum_{k=1}^n Z_k \sum_{j=1}^n U_j Z_j}{n \sum_{j=1}^n Z_j^2 - (\sum_{j=1}^n Z_j)^2} \\
&\quad - \sum_{i=1}^{[n\xi]} Z_i \frac{n \sum_{k=1}^n U_k Z_k - \sum_{k=1}^n U_k \sum_{j=1}^n Z_j}{n \sum_{j=1}^n Z_j^2 - (\sum_{j=1}^n Z_j)^2} \\
&= \left(\sum_{i=1}^{[n\xi]} U_i - \frac{[n\xi]}{n} \sum_{i=1}^n U_i \right)
\end{aligned}
$$

$$+ \frac{[n\xi] \sum_{k=1}^{n} Z_k \sum_{j=1}^{n} U_j Z_j - n \sum_{i=1}^{[n\xi]} Z_i \sum_{k=1}^{n} U_k Z_k}{n \sum_{j=1}^{n} Z_j^2 - (\sum_{j=1}^{n} Z_j)^2}$$

$$+ \frac{\sum_{i=1}^{[n\xi]} Z_i \sum_{j=1}^{n} Z_j \sum_{k=1}^{n} U_k - \frac{[n\xi]}{n} \sum_{k=1}^{n} U_k (\sum_{j=1}^{n} Z_j)^2}{n \sum_{j=1}^{n} Z_j^2 - (\sum_{j=1}^{n} Z_j)^2}$$

$$=: \left(\sum_{i=1}^{[n\xi]} U_i - \frac{[n\xi]}{n} \sum_{i=1}^{n} U_i \right) + I_1^{(n)}(\xi) + I_2^{(n)}(\xi). \tag{30}$$

We rewrite the process defined in (23) as

$$X_n(\xi) = \frac{a_n^{-1} \sum_{i=1}^{[n\xi]} U_i^{(n)}}{\left(a_n^{-2} \sum_{i=1}^{n} U_i^{(n)2} \right)^{1/2}}, \quad 0 \le \xi \le 1, \, n \ge 1, \tag{31}$$

where $(a_n, n \ge 1)$ are given by (6). By (30), the numerator of (31) has the representation

$$\frac{1}{a_n} \sum_{i=1}^{[n\xi]} U_i^{(n)} = \left(\frac{1}{a_n} \sum_{i=1}^{[n\xi]} U_i - \frac{1}{a_n} \xi \sum_{i=1}^{n} U_i \right) \tag{32}$$

$$+ \frac{1}{a_n} \left(\xi - \frac{[n\xi]}{n} \right) \sum_{i=1}^{n} U_i + \frac{1}{a_n} I_1^{(n)}(\xi) + \frac{1}{a_n} I_2^{(n)}(\xi)$$

$$= (I_\xi(\mathbf{X}_n^*) - \xi I_1(\mathbf{X}_n^*)) + \frac{1}{a_n} \left(\xi - \frac{[n\xi]}{n} \right) \sum_{i=1}^{n} U_i$$

$$+ \frac{1}{a_n} I_1^{(n)}(\xi) + \frac{1}{a_n} I_2^{(n)}(\xi),$$

where $(\mathbf{X}_n^*)$ is given by the right–hand side of (12), and

$$I_\xi(\mathbf{X}) := \int_{t \le \xi} j \, d\mathbf{X}, \quad 0 \le \xi \le 1, \tag{33}$$

for all measures $\mathbf{X}$ on $[0, \infty) \times E$ for which the integral is well defined. Observe that for every fixed $\xi \in [0, 1]$, $\xi - \frac{[n\xi]}{n} \to_{n \to \infty} 0$. Furthermore, the sequence $(\frac{1}{a_n} \sum_{i=1}^{n} U_i)_{n \ge 1}$ is tight,[10] which follows from Lemma 1 below. Therefore,

$$\frac{1}{a_n} \left(\xi - \frac{[n\xi]}{n} \right) \sum_{i=1}^{n} U_i \xrightarrow{p}_{n \to \infty} 0, \tag{34}$$

where $\xrightarrow{p}$ stands for convergence in probability.

---

[10] A sequence of r.v.'s $(\eta_i, i \ge 1)$, is tight, if for every $\epsilon > 0$ there exists a constant $K_\epsilon > 0$, such that $\sup_{i \ge 1} P(|\eta_i| > K_\epsilon) < \epsilon$ (see, for example, Billingsley (1968)).

Considering the denominator in (31), we have

$$
\sum_{i=1}^{n}(U_i^{(n)})^2 = \sum_{i=1}^{n} U_i^2 + \frac{n(\sum_{k=1}^{n} Z_k^2 \sum_{j=1}^{n} U_j - \sum_{k=1}^{n} Z_k \sum_{j=1}^{n} U_j Z_j)^2}{n(\sum_{j=1}^{n} Z_j^2 - (\sum_{j=1}^{n} Z_j)^2)^2}
$$

$$
+ \frac{\sum_{i=1}^{n} Z_i^2 (n \sum_{k=1}^{n} U_k Z_k - \sum_{k=1}^{n} U_k \sum_{j=1}^{n} Z_j)^2}{(n \sum_{j=1}^{n} Z_j^2 - (\sum_{j=1}^{n} Z_j)^2)^2}
$$

$$
- \frac{2 \sum_{i=1}^{n} U_i (\sum_{k=1}^{n} Z_k^2 \sum_{j=1}^{n} U_j - \sum_{k=1}^{n} Z_k \sum_{j=1}^{n} U_j Z_j)}{n \sum_{j=1}^{n} Z_j^2 - (\sum_{j=1}^{n} Z_j)^2}
$$

$$
- \frac{2 \sum_{i=1}^{n} U_i Z_i (n \sum_{k=1}^{n} U_k Z_k - \sum_{k=1}^{n} U_k \sum_{j=1}^{n} Z_j)}{n \sum_{j=1}^{n} Z_j^2 - (\sum_{j=1}^{n} Z_j)^2}
$$

$$
+ \frac{2 \sum_{i=1}^{n} Z_i (\sum_{k=1}^{n} Z_k^2 \sum_{j=1}^{n} U_j - \sum_{k=1}^{n} Z_k \sum_{j=1}^{n} U_j Z_j)}{n \sum_{j=1}^{n} Z_j^2 - (\sum_{j=1}^{n} Z_j)^2}
$$

$$
\times \frac{n \sum_{u=1}^{n} U_k Z_k - \sum_{k=1}^{n} U_k \sum_{j=1}^{n} Z_j}{n \sum_{j=1}^{n} Z_j^2 - (\sum_{j=1}^{n} Z_j)^2}
$$

$$
=: \sum_{i=1}^{n} U_i^2 + \sum_{j=1}^{5} R_j(n). \tag{35}
$$

To continue the analysis of $\sum_{i=1}^{n}(U_i^{(n)})^2$ we need the following lemma, whose the proof is given in the Appendix.

Lemma 1. *Let $(V_i)_{i \geq 1}$ be i.i.d. r.v.'s such that for some $0 < \alpha < 2$ and $c > 0$*

$$
P(|V_i| > \lambda) \leq c\lambda^{-\alpha}, \quad \lambda > 0, \tag{36}
$$

for all $i \geq 1$. Let $(\xi_i)_{i \geq 1}$ be a sequence of real numbers such that

$$
\overline{\lim}_{n \to \infty} \frac{1}{n} \sum_{j=1}^{n} |\xi_j|^2 < \infty. \tag{37}
$$

(i) If $0 < \alpha < 1$, then

$$
\text{the sequence } (n^{-1/\alpha} \sum_{j=1}^{n} V_j \xi_j), n \geq 1, \text{ is tight.} \tag{38}
$$

(ii) If $\alpha = 1$, and

$$
\int_{-n}^{n} x \, dF_{V_n}(x) \to_{n \to \infty} 0,
$$

then (38) holds.
(iii) If $1 < \alpha < 2$ and $E(V_j) = 0$, then (38) holds.

For $0 \le \xi \le 1$ let

$$T_n(\xi) := \frac{a_n^{-1} \sum_{i=1}^{[n\xi]} U_i^{(n)}}{(a_n^{-2} \sum_{i=1}^{n} U_i^2)^{1/2}}. \tag{39}$$

Then, by the decomposition (32),

$$T_n(\xi) = \frac{I_\xi(\mathbf{X}_n^*) - \xi I_1(\mathbf{X}_n^*)}{(a_n^{-2} \sum_{i=1}^{n} U_i^2)^{1/2}} + \frac{\frac{1}{a_n}(\xi - \frac{[n\xi]}{n}) \sum_{i=1}^{n} U_i}{(a_n^{-2} \sum_{i=1}^{n} U_i^2)^{1/2}}$$

$$+ \frac{\frac{1}{a_n} I_1^{(n)}(\xi)}{(a_n^{-2} \sum_{i=1}^{n} U_i^2)^{1/2}} + \frac{\frac{1}{a_n} I_2^{(n)}(\xi)}{(a_n^{-2} \sum_{i=1}^{n} U_i^2)^{1/2}} \tag{40}$$

$$=: H_n(\xi) + R_1^{(n)}(\xi) + R_2^{(n)}(\xi) + R_3^{(n)}(\xi).$$

Lemma 2. *As* $n \to \infty$,

$$R_i^{(n)}(\xi) \xrightarrow{p}_{n \to \infty} 0, \tag{41}$$

for all $i = 1, 2, 3$ *and for all* $0 \le \xi \le 1$.

The proof is given in the Appendix.

For any $0 < a < b < \infty$, let $I_{a,b}^{(2)}(\mathbf{X})$ be defined on $M_p([0, \infty] \times ([-\infty, \infty] \setminus \{0\}))$ as

$$I_{a,b}^{(2)}(\mathbf{X}) := \int_{t \le 1} j^2 \mathbf{1}_{\{a \le |j| \le b\}} \, d\mathbf{X}, \tag{42}$$

and let $I^{(2)}(\mathbf{X} = \lim_{a \to 0, b \to \infty} I_{a,b}^{(2)}(\mathbf{X})$. Define, similarly, for $0 \le \xi \le 1$,

$$I_{a,b;\xi}^{(1)}(\mathbf{X}) := \int_{t \le \xi} j \mathbf{1}_{\{a \le |j| \le b\}} \, d\mathbf{X}. \tag{43}$$

It is well known (Resnick, 1987) that $I_{a,b;\xi}^{(1)}$ is a map $M_p([0, \infty] \times ([-\infty, \infty] \setminus \{0\})) \to \mathbf{R}$ that is almost surely continuous with respect to the law of $\mathbf{X}^*$ (see (12)). Fix now a small $\gamma > 0$, and let

$$H_{a,b;\xi;\gamma}(\mathbf{X}) = \frac{I_{a,b;\xi}^{(1)}(\mathbf{X}) - \xi I_{a,b;1}^{(1)}(\mathbf{X})}{(I_{a,b}^{(2)}(\mathbf{X}))^{1/2} + \gamma}. \tag{44}$$

Then, $H_{a,b;\xi;\gamma}$ is a functional $M_p([0, \infty] \times ([-\infty, \infty] \setminus \{0\}))$ which is almost surely continuous with respect to the law of $\mathbf{X}^*$. For arbitrary $0 \le \xi_1 < \ldots < \xi_k \le 1$, the functional

$$H_{a,b;\gamma}^{(k)}(\xi_1, \ldots, \xi_k; \mathbf{X}) \tag{45}$$

$$:= (H_{a,b;\xi;\gamma}(\xi_1), \ldots, H_{a,b;\xi;\gamma}(\xi_k)) : M_p([0, \infty] \times ([-\infty, \infty] \setminus \{0\})) \to \mathbf{R}^k$$

is almost surely continuous. By the Continuous Mapping Theorem, we have

$$\left(H_n^{a,b;\gamma}(\xi_1), \ldots, H_n^{a,b;\gamma}(\xi_k) \right)$$

$$\overset{w}{\Rightarrow}_{n\to\infty} \left(\frac{I_{a,b;\xi_1}^{(1)}(\mathbf{X}^*) - \xi_1 I_{a,b;1}^{(1)}(\mathbf{X}^*)}{(I_{a,b}^{(2)}(\mathbf{X}^*))^{1/2} + \gamma}, \ldots, \frac{I_{a,b;\xi_k}^{(1)}(\mathbf{X}^*) - \xi_k I_{a,b;1}^{(1)}(\mathbf{X}^*)}{(I_{a,b}^{(2)}(\mathbf{X}^*))^{1/2} + \gamma} \right) \quad (46)$$

in $\mathbf{R}^k$, where for $0 \leq \xi \leq 1$,

$$H_n^{a,b;\gamma}(\xi) := H_{a,b;\xi;\gamma}(\mathbf{X}_n^*) \quad (47)$$

and $\mathbf{X}_n^*$ is defined in (12).

It turns out that a, b and γ can be set to $a = 0$, $b = \infty$ and $\gamma = 0$ (and, thus, we can replace $H_n^{a,b;\gamma}(\xi)$ by $H_n(\xi)$ defined in (40)). This is shown in the following lemma.

Lemma 3. *As $n \to \infty$,*

$$(H_n(\xi_1), \ldots, H_n(\xi_k)) \overset{w}{\Rightarrow}_{n\to\infty} \left(\frac{I_{\xi_1}(\mathbf{X}^*)}{(I^{(2)}(\mathbf{X}^*))^{1/2}}, \ldots, \frac{I_{\xi_k}(\mathbf{X}^*)}{(I^{(2)}(\mathbf{X}^*))^{1/2}} \right) \quad (48)$$

in $\mathbf{R}^k$, where

$$I_\xi(\mathbf{X}^*) := \sum_{j=1}^\infty \delta_j \Gamma_j^{-1/\alpha} (\mathbf{1}_{\{U_j^{(0)} \leq \xi\}} - \xi), \ 0 \leq \xi \leq 1, \quad (49)$$

and the sequences $(\delta_j)_{j\geq 1}, (\Gamma_j)_{j\geq 1}$ and $(U_j^{(0)})_{j\geq 1}$ are defined in (24).

The proof is given in the Appendix.

From (40), Lemma 2 and Lemma 3 it follows that

$$(T_n(\xi_1), \ldots, T_n(\xi_k)) \overset{w}{\Rightarrow}_{n\to\infty} \left(\frac{I_{\xi_1}(\mathbf{X}^*)}{I^{(2)}(\mathbf{X}^*)^{1/2}}, \ldots, \frac{I_{\xi_k}(\mathbf{X}^*)}{I^{(2)}(\mathbf{X}^*)^{1/2}} \right). \quad (50)$$

Since the coordinates of the vector in the right–hand side of (50) are almost surely non-zero, we also have

$$\left(\frac{1}{T_n(\xi_1)}, \ldots, \frac{1}{T_n(\xi_k)} \right) \overset{w}{\Rightarrow}_{n\to\infty} \left(\frac{I^{(2)}(\mathbf{X}^*)^{1/2}}{I_{\xi_1}(\mathbf{X}^*)}, \ldots, \frac{I^{(2)}(\mathbf{X}^*)^{1/2}}{I_{\xi_k}(\mathbf{X}^*)} \right). \quad (51)$$

Next, we replace in the above limiting relation $T_n(\xi_i)$ by $X_n(\xi_i)$ as given in (31). Arguments similar to those used in the Appendix to prove Lemma 2 imply that

$$a_n^{-2} R_j(n) \overset{p}{\to}_{n\to\infty} 0, \text{ for all } j = 1, \ldots, 5, \quad (52)$$

with $R_j(n)$ as in (35). Therefore,

$$\left\|\left(\frac{1}{X_n(\xi_1)},\ldots,\frac{1}{X_n(\xi_k)}\right) - \left(\frac{1}{T_n(\xi_1)},\ldots,\frac{1}{T_n(\xi_k)}\right)\right\|^2 \tag{53}$$

$$\leq \sum_{j=1}^{5} |a_n^{-2} R_j(n)| \sum_{m=1}^{k} \frac{1}{|a_n^{-1} \sum_{i=1}^{[n\xi_m]} U_i^{(n)}|^2} \xrightarrow{p}_{n\to\infty} 0,$$

because, for each $m = 1,\ldots,k$, $|\sum_{i=1}^{[n\xi_m]} U_i^{(n)}/a_n|$ converges weakly to an almost surely positive limit.

We conclude from (51) and (53) that

$$\left(\frac{1}{X_n(\xi_1)},\ldots,\frac{1}{X_n(\xi_k)}\right) \xrightarrow{w}_{n\to\infty} \left(\frac{(I^{(2)}(\mathbf{X}^*))^{1/2}}{I_{\xi_1}(\mathbf{X}^*)},\ldots,\frac{I^{(2)}(\mathbf{X}^*)^{1/2}}{I_{\xi_k}(\mathbf{X}^*)}\right), \tag{54}$$

which implies, as above, that

$$(X_n(\xi_1),\ldots,X_n(\xi_k)) \xrightarrow{w}_{n\to\infty} \left(\frac{I_{\xi_1}(\mathbf{X}^*)}{I^{(2)}(\mathbf{X}^*)^{1/2}},\ldots,\frac{I_{\xi_k}(\mathbf{X}^*)}{I^{(2)}(\mathbf{X}^*)^{1/2}}\right). \tag{55}$$

We have now established that

$$(X_n(\xi))_{0\leq\xi\leq 1} \xrightarrow{w}_{n\to\infty} \left(\frac{I_\xi(\mathbf{X}^*)}{I^{(2)}(\mathbf{X}^*)^{1/2}}\right)_{0\leq\xi\leq 1} \tag{56}$$

in the sense of convergence of the finite-dimensional distributions. Recalling representation (14) of the the points of $\mathbf{X}^*$, we immediately see that

$$\left(\frac{I_\xi(\mathbf{X}^*)}{I^{(2)}(\mathbf{X}^*)^{1/2}}\right)_{0\leq\xi\leq 1} \stackrel{d}{=} (X_\infty(\xi))_{0\leq\xi\leq 1}, \tag{57}$$

with $X_\infty(\xi)$ defined in (24). Therefore, it remains to prove that (56) also holds in the sense of weak convergence in the J_1-topology in $D([0,1])$. Since we have already proved the convergence of finite-dimensional distributions, it remains only to prove tightness. This follows from Lemma 4, which is proved in the Appendix.

Lemma 4. *The sequence* $(\{X_n(\xi), 0 \leq \xi \leq 1\}, n \geq 1)$, *is tight in* $D([0,1])$.

Lemma 4 completes the proof of Theorem 1. $\square$

4 Simulation Results

It is common practice to approximate the finite–sample distribution of a test statistic by its limiting distribution. The functional limit theorem proved in the previous section allows us to construct tests for the constancy of regression coefficient β by comparing the distribution of the estimated residuals, $U_i^{(n)}$, with that implied by the constant–coefficient assumption. The only condition our test statistic has to satisfy is that it is a functional of $(X_n(\xi)$, $0 \le \xi \le 1)$ which is continuous in the Skorohod topology on $D[0,1]$, at least with probability 1 with respect to the law of the limiting process $(X_\infty(\xi)$, $0 \le \xi \le 1)$. One then derives the distribution of the same test–statistic functional evaluated on the limiting process. In the presence of heavy–tailed disturbances the limiting process $(X_\infty(\xi), 0 \le \xi \le 1)$ is not a standard one. Because of its complicated probabilistic structure, one has to resort to simulations to tabulate distribution or density values. In this section we present simulation results for the marginal distributions of the limiting process of interest. It turns out that already for a sample size of $n = 100$ the finite–sample distributions are reasonably well approximated by the limiting distributions.

4.1   Limiting and Finite–sample Marginal Distributions

We simulated 10,000 replications of $X_\infty(\xi)$ for $\xi = .01, .02, \ldots, .99$, truncating the infinite sums in (24) at 1000. The inclusion of additional summands had no noticeable impact on the approximations. For the corresponding finite–sample distributions of $X_n(\xi)$ we also simulated 10,000 replications with $n = 100$. For $\alpha = 1.1, 1.5, 1.9$, Figures 1–3 show the estimated densities of the finite–sample distributions (top graphs) and the approximate limit distributions (bottom graphs) as a function of ξ.[11]

4.2   Critical Values for Tests Based on Marginal Distributions

To derive critical values we simulated the finite-sample distribution with U_i being drawn from symmetric α-stable distributions with $\alpha \in \{1.0, 1.1, \ldots,$ $1.9, 2.0\}$.[12] Given the closeness of finite-sample and limiting distributions, we simulated $\mathbf{X}_n(\xi)$ (see (23)) with sample size $n = 100$, in order to keep the computational burden manageable.[13] Because $\mathbf{X}_n(\xi) \stackrel{d}{=} \mathbf{X}_n(1 - \xi)$, $\xi \in [0,1]$, we can restrict ourselves to $\xi \in [0, 1/2]$. Specifically, we considered values $\xi \in \{0, 0.01, \ldots, 0.49, 0.5\}$. For each of the resulting 561 (α, ξ)-combinations we simulated 20,000 replications of $\mathbf{X}_n(\xi)$.

Instead of tabulating the critical values for selected values of α and ξ, we use response–surface techniques to compactly summarize the simulation results.[14] Another advantage of this approach is that it allows us to approximate critical values for intermediate α- and ξ-values. We consider the

---

[11] The distributions become highly peaked as ξ approaches 0 and 1. This is especially the case for small α's. Therefore, Figure 1 displays only the results for $\xi \in [.1, .9]$.

[12] We have confined our simulation studies to this α range, because it covers the α estimates reported in empirical work.

[13] As simulations show, increasing the sample size has no noticeable impact on the simulated critical values.

[14] See Hendry (1984) and Myers, Khuri and Carter (1989) for details of the response–surface methodology.

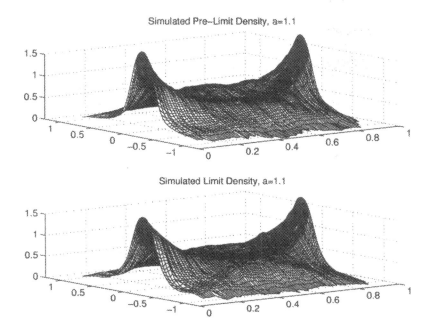

Fig. 1. Simulated Finite-sample and Limit Distributions for $\alpha = 1.1$

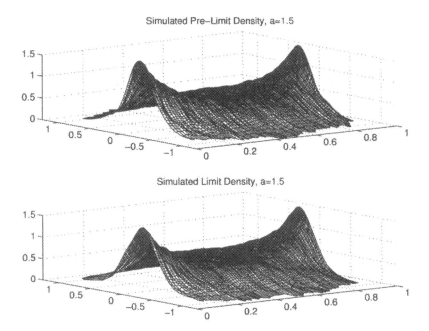

Fig. 2. Simulated Finite-sample and Limit Distributions for $\alpha = 1.5$

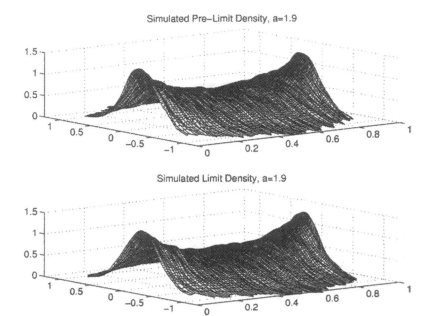

Fig. 3. Simulated Finite-sample and Limit Distributions for $\alpha = 1.9$

significance levels $1 - \gamma$, with $\gamma = .01, .05, .10$, and fit to each of the three sets of 561 (α, ξ)-combinations a function of the form

$$cv_\gamma(\alpha_*, \xi_*) \approx \sum_{i=0}^{I_\gamma} \sum_{j=1}^{J_\gamma} c_{\gamma,i,j} \alpha_*^i \xi_*^j, \qquad (58)$$

where

$$\alpha_* = (\ln \alpha)^{1.15},$$
$$\xi_* = (\ln(1 + \xi))^{1/P_\gamma},$$

with

$$P_\gamma = \begin{cases} 2, & \text{if } \gamma = .10, \\ 3, & \text{if } \gamma = .01, .05, \end{cases}$$

and

$$I_\gamma = \begin{cases} 1, & \text{if } \gamma = .05, .10, \\ 2, & \text{if } \gamma = .01, \end{cases}$$

$$J_\gamma = \begin{cases} 5, & \text{if } \gamma = .05, .10, \\ 2, & \text{if } \gamma = .01. \end{cases}$$

Table 1. Coefficients of Response Surface Estimates $c_{\gamma,i,j}$ in Eqn.(58)

γ	i	j = 1	2	3	4	5
.10	0	-2.929	21.90	-26.64	-7.519	18.53
	1	5.483	-31.77	41.77	13.83	-34.20
	2	—	—	—	—	—
.05	0	-8.926	87.85	-248.5	295.0	-127.6
	1	15.22	-137.9	404.7	-487.4	210.3
	2	—	—	—	—	—
.01	0	6.754	-19.46	27.11	-13.93	—
	1	-1.240	10.74	-24.64	18.33	—
	2	-11.71	33.28	-19.85	-5.538	—

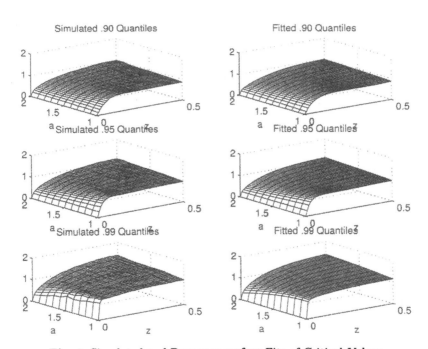

Fig. 4. Simulated and Response-surface Fits of Critical Values

The least-squares estimates of coefficients $c_{\gamma,i,j}$ are reported in Table 1. Figure 4 compares simulated (left panel) and fitted (right panel) critical values and suggests a close fit. The good fit is also reflected by the adjusted R^2-values, which are .99972, .99990 and .99993 for $\gamma = .01, .05, .10$, respectively. As is to be expected, the goodness of fit decreases somewhat as we move into the tail of the distribution, i.e., as γ decreases.

5 Conclusions

We have investigated the OLS–based CUSUM test for regressions with heavy–tailed disturbances. The resulting limiting distribution deviates substantially from that for the finite–variance case. Because the limiting process has a rather complicated structure, we resort to simulations to examine the limiting and preliminiting behavior as well as to obtain critical values for the test statistic. Using response–surface methods we derive simple polynomial approximations of critical values which involve only a dozen or less coefficients and, thus, can be easily implemented in applied work.

Appendix

Proof of Lemma 1. *The case* $0 < \alpha < 1$: It follows from (36) that there are constants $a, b \in (0, \infty)$ such that

$$|V_j| \overset{st}{\le} aS_j + b, \qquad (A.1)$$

where $S_j \overset{d}{=} S_\alpha(1, 1, 0)$.[15] Therefore,

$$
\begin{aligned}
n^{-1/\alpha} | \sum_{j=1}^{n} V_j \xi_j | &\le n^{-1/\alpha} \sum_{j=1}^{n} |V_j| |\xi_j| \\
&\overset{st}{\le} n^{-1/\alpha} \sum_{j=1}^{n} (aS_j + b)|\xi_j| \\
&= an^{-1/\alpha} \sum_{j=1}^{n} S_j |\xi_j| + bn^{-1/\alpha} \sum_{j=1}^{n} |\xi_j|.
\end{aligned}
\qquad (A.2)
$$

Now, by (37),

$$n^{-1/\alpha} \sum_{j=1}^{n} |\xi_j| \to_{n \to \infty} 0, \qquad (A.3)$$

whereas

$$n^{-1/\alpha} \sum_{j=1}^{n} S_j |\xi_j| \overset{d}{=} S_\alpha \left(\left(\frac{1}{n} \sum_{j=1}^{n} |\xi_j|^\alpha \right)^{1/\alpha}, 1, 0 \right). \qquad (A.4)$$

---

[15] We say that a r.v. X is stochastically smaller than a r.v. Y (denoted $X \overset{st}{\le} Y$) if $P(X \ge x) \le P(Y \ge x)$ for all $x \in \mathbf{R}$.

Since the scale parameter in the right hand side of (A.4) is bounded, we conclude that both terms on the right hand side of (A.2) are tight, and so the sequence $(n^{-1/\alpha} \sum_{j=1}^{n} V_j \xi_j, \ n \geq 1)$ is itself tight.

The case $1 < \alpha < 2$: Write

$$X_n^{(1)} := n^{-1/\alpha} \sum_{i=1}^{n} \xi_i V_i \mathbf{1}(|V_i| \leq n^{1/\alpha}), \ X_n^{(2)}$$

$$:= n^{-1/\alpha} \sum_{i=1}^{n} \xi_i V_i \mathbf{1}(|V_i| > n^{1/\alpha}).$$

We have

$$E(X_n^{(1)})^2 = n^{-2/\alpha} E(V_1^2 \mathbf{1}(|V_1| \leq n^{1/\alpha})) \sum_{i=1}^{n} \xi_i^2$$

$$+ n^{-2/\alpha} E(V_1 \mathbf{1}(|V_1| \leq n^{1/\alpha}))^2 \sum_{1 \leq i \leq n, 1 \leq j \leq n, i \neq j} \xi_i \xi_j \qquad \text{(A.5)}$$

$$\leq n^{-2/\alpha} E(V_1^2 \mathbf{1}(|V_1| \leq n^{1/\alpha})) \sum_{i=1}^{n} \xi_i^2$$

$$+ n^{-2/\alpha} \mathbf{E}(V_1 \mathbf{1}(|V_1| \leq n^{1/\alpha}))^2 (\sum_{i=1}^{n} |\xi_i|)^2.$$

Now, by (36),

$$E(V_1^2 \mathbf{1}(|V_1| \leq n^{1/\alpha})) = \int_0^{\infty} P(V_1^2 \mathbf{1}(|V_1| \leq n^{1/\alpha}) > \lambda) d\lambda$$

$$= \int_0^{n^{2/\alpha}} P(\lambda^{1/2} \leq |V_1| \leq n^{1/\alpha}) \, d\lambda$$

$$\leq c \int_0^{n^{2/\alpha}} \lambda^{-\alpha/2} \, d\lambda$$

$$= cn^{-1+2/\alpha}.$$

Here and in the sequel c is some finite positive constant that may change from line to line. We conclude that there exists a constant $D_1 < \infty$, such that for all $n \geq 1$,

$$n^{-2/\alpha} E(V_1^2 \mathbf{1}(|V_1| \leq n^{1/\alpha})) \sum_{i=1}^{n} \xi_i^2 \leq c \frac{1}{n} \sum_{i=1}^{n} \xi_i^2 \leq D_1. \qquad \text{(A.6)}$$

Furthermore, because $EV_1 = 0$,

$$|E(V_1 \mathbf{1}(|V_1| \leq n^{1/\alpha}))| = |E(V_1 \mathbf{1}(|V_1| > n^{1/\alpha}))|$$

$$\leq E(|V_1| \mathbf{1}(|V_1| > n^{1/\alpha}))$$

$$= \int_0^\infty P(|V_1|\mathbf{1}_{\{|V_1|>n^{1/\alpha}\}} > \lambda) \, d\lambda \qquad (A.7)$$

$$= n^{1/\alpha} P(|V_1| > n^{1/\alpha}) + \int_{n^{1/\alpha}}^\infty P(|V_1| > \lambda) \, d\lambda$$

$$\leq cn^{-1+1/\alpha} + c \int_{n^{1/\alpha}}^\infty \lambda^{-\alpha} \, d\lambda$$

$$= cn^{-1+1/\alpha}.$$

Therefore, by (37),

$$n^{-2/\alpha} \left(E(V_1 \mathbf{1}(|V_1| \leq n^{1/\alpha})) \right)^2 \left(\sum_{i=1}^n |\xi_i| \right)^2 \leq c \left(\frac{1}{n} \sum_{i=1}^n |\xi_i| \right)^2$$
$$\leq D_2 < \infty$$

for some absolute constant D_2.

It follows now from (A.5), (A.6) and (A.8) that $(E(X_n^{(1)})^2)_{n \geq 1}$ is a uniformly bounded sequence, and so

$$(X_n^{(1)})_{n \geq 1} \text{ is tight.} \qquad (A.8)$$

Finally, by (A.7) we have for an absolute constant D_3,

$$E|X_n^{(2)}| \leq n^{-1/\alpha} \left(E(V_1 \mathbf{1}(|V_1| \leq n^{1/\alpha})) \right) \sum_{i=1}^n |\xi_i| \leq c\frac{1}{n} \sum_{i=1}^n |\xi_i|$$
$$\leq D_3 < \infty.$$

This implies that

$$(X_n^{(2)}, \ n \geq 1) \text{ is tight;} \qquad (A.9)$$

and our statement follows in the case $1 < \alpha < 2$ from (A.5), (A.8) and (A.9).

The case $\alpha = 1$: We still use the decomposition (A.5). The same argument as in the case $1 < \alpha < 2$ shows that the sequence $(X_n^{(1)}, \ n \geq 1)$ is tight. Further, take any $0 < \theta < 1$, and choose a constant $b > 0$, so large that

$$P(|V_i| > bn \text{ for some } i = 1, \ldots, n) \leq \frac{\theta}{2}, \quad \text{for all } n \geq 1. \qquad (A.10)$$

Then, for every $M > 0$

$$P(|X_n^{(2)}| \geq M) \leq \frac{\theta}{2} + P \left(n^{-1} \sum_{i=1}^n \xi_i V_i \mathbf{1}(n < |V_i| < bn) > M \right).$$

Now,

$$E \left| \frac{1}{n} \sum_{i=1}^n \xi_i V_i \mathbf{1}(n < |V_i| < bn) \right| \leq \frac{1}{n} \sum_{i=1}^n |\xi_i| E(|V_1| \mathbf{1}(n < |V_1| < bn))$$

$$= \frac{1}{n} \sum_{i=1}^{n} |\xi_i| \int_{n}^{bn} x \, dF_{|V_1|}(x)$$

$$\leq \frac{1}{n} \sum_{i=1}^{n} |\xi_i| \left(nP(|V_1| > n) \right.$$

$$\left. + \int_{n}^{bn} P(|V_1| > y) \, dy \right)$$

$$\leq \frac{1}{n} \sum_{i=1}^{n} |\xi_i| \left(c + c \int_{n}^{bn} \frac{dy}{y} \right)$$

$$= c\frac{1}{n} \sum_{i=1}^{n} |\xi_i|(1 + \log b) \leq c(b) < \infty.$$

Choosing $M \geq \frac{2c(b)}{\theta}$, we have

$$P(|X_n^{(2)}| > M) \leq \theta, \text{ for all } n \geq 1.$$

Hence, the tightness property of $(X_n^{(2)}, \ n \geq 1)$ is established. $\square$

Proof of Lemma 2. In our notation, $a_n^{-2} \sum_{i=1}^{n} U_i^2 = I^{(2)}(\mathbf{X}_n^*)$. It converges weakly to a positive r.v.. Therefore, $(I^{(2)}(\mathbf{X}_n^*)^{-1/2}, \ n \geq 1)$ is a tight sequence and, by (34),

$$R_1^{(n)}(\xi) \xrightarrow{p}_{n \to \infty} 0, \text{ for all } 0 \leq \xi \leq 1.$$

The remaining part of the lemma will follow once we prove that

$$\frac{1}{a_n} I_i^{(n)}(\xi) \xrightarrow{p}_{n \to \infty} 0 \text{ for } i = 1, 2 \text{ and all } 0 \leq \xi \leq 1. \tag{A.11}$$

We have by (17) and Lemma 1, that

$$\left| \frac{[n\xi] \sum_{k=1}^{n} Z_k \sum_{j=1}^{n} U_j Z_j}{n^2 n^{1/\alpha}} \right| \leq \frac{1}{n} \left| \sum_{k=1}^{n} Z_k \right| n^{-1/\alpha} \left| \sum_{j=1}^{n} U_j Z_j \right| \xrightarrow{p}_{n \to \infty} 0. \tag{A.12}$$

Similarly,

$$\left| \frac{n \sum_{i=1}^{[n\xi]} Z_i \sum_{k=1}^{n} U_k Z_k}{n^2 n^{1/\alpha}} \right| \leq \frac{1}{[n\xi]} \left| \sum_{i=1}^{[n\xi]} Z_i \right| n^{-1/\alpha} \left| \sum_{k=1}^{n} U_k Z_k \right| \xrightarrow{p}_{n \to \infty} 0. \tag{A.13}$$

Moreover, by (17) and (18),

$$\frac{1}{n^2}\left| n\sum_{j=1}^{n} Z_j^2 - \left(\sum_{j=1}^{n} Z_j\right)^2 \right| \to_{n\to\infty} R > 0. \tag{A.14}$$

Now, (A.11) with $i = 1$ follows from (A.12)–(A.14). Furthermore,

$$\left| \frac{\sum_{i=1}^{[n\xi]} Z_i \sum_{j=1}^{n} Z_j \sum_{k=1}^{n} U_k}{n^2 n^{1/\alpha}} \right| \tag{A.15}$$

$$\leq \frac{1}{[n\xi]}\left| \sum_{i=1}^{[n\xi]} Z_i \right| \frac{1}{n}\left| \sum_{j=1}^{n} Z_j \right| \left| n^{-1/\alpha}\sum_{k=1}^{n} U_k \right| \overset{p}{\to}_{n\to\infty} 0$$

by (17) and because the sequence $(n^{-1/\alpha}\sum_{k=1}^{n} U_k)_{n\geq 1}$ is tight. Similarly,

$$\left| \frac{\frac{[n\xi]}{n}(\sum_{j=1}^{n} Z_j)^2 \sum_{k=1}^{n} U_k}{n^2 n^{1/\alpha}} \right| \tag{A.16}$$

$$\leq \left(\frac{1}{n}\sum_{j=1}^{n} Z_j\right)^2 \left| n^{-1/\alpha}\sum_{k=1}^{n} U_k \right| \overset{p}{\to}_{n\to\infty} 0.$$

Therefore, we have (A.11) with $i = 2$ by (A.14)–(A.16). $\square$

Proof of Lemma 3. Observe that $I_\xi(\mathbf{X}^*)$ is well defined, and

$$I^{(1)}_{a,a-1,\xi}(\mathbf{X}^*) - \xi I^{(1)}_{a,a-1,1}(\mathbf{X}^*) \to_{a\to 0} I_\xi(\mathbf{X}^*) \quad \text{almost surely.} \tag{A.17}$$

To prove the lemma we will use Theorem 4.2 of Billingsley (1968). The first step is to show that for any $\gamma > 0$

$$\left(\frac{\frac{1}{a_n}\sum_{i=1}^{[n\xi_j]} U_i - \xi_j \frac{1}{a_n}\sum_{i=1}^{n} U_i}{(a_n^{-2}\sum_{i=1}^{n} U_i^2)^{1/2} + \gamma}, \ j = 1,\ldots,k \right) \tag{A.18}$$

$$\overset{w}{\Rightarrow}_{n\to\infty} \left(\frac{I_{\xi_j}(\mathbf{X}^*)}{(I^{(2)}(\mathbf{X}^*))^{1/2} + \gamma}, \ j = 1,\ldots,k \right). \tag{A.19}$$

To this end it is enough to show that for every $0 \leq \xi \leq 1$,

$$\lim_{a\to 0}\overline{\lim}_{n\to\infty} P(|\Delta_n(\xi)| \geq \varepsilon) = 0 \quad \text{for every } 0 < \varepsilon < 1, \tag{A.20}$$

where

$$
\begin{aligned}
\Delta_n(\xi) = \; & \frac{\frac{1}{a_n}\sum_{i=1}^{[n\xi]} U_i \mathbf{1}(a_n a < |U_i| < a_n a^{-1}) - \xi \frac{1}{a_n}\sum_{i=1}^{n} U_i \mathbf{1}(a_n a < |U_i| < a_n a^{-1})}{(a_n^{-2}\sum_{i=1}^{n} U_i^2 \mathbf{1}(a_n a < |U_i| < a_n a^{-1})^{1/2} + \gamma)} \\
& - \frac{\frac{1}{a_n}\sum_{i=1}^{[n\xi]} U_i - \xi \frac{1}{a_n}\sum_{i=1}^{n} U_i}{(a_n^{-2}\sum_{i=1}^{n} U_i^2)^{1/2} + \gamma}.
\end{aligned}
\tag{A.21}
$$

We have

$$
\begin{aligned}
P(|\Delta(\xi)| \geq \varepsilon) \leq \; & P\Bigg(\Bigg| \frac{\frac{1}{a_n}\sum_{i=1}^{[n\xi]} U_i\left(\mathbf{1}(|U_i| < a_n a) + \mathbf{1}(|U_i| > a_n a^{-1})\right)}{(a_n^{-2}\sum_{i=1}^{n} U_i^2 \mathbf{1}(a_n a < |U_i| < a_n a^{-1}))^{1/2} + \gamma} \\
& - \frac{\xi \frac{1}{a_n}\sum_{i=1}^{n} U_i\left(\mathbf{1}(|U_i| < a_n a) + \mathbf{1}(|U_i| \geq a_n a^{-1})\right)}{(a_n^{-2}\sum_{i=1}^{n} U_i^2 \mathbf{1}(a_n a < |U_i| < a_n a^{-1}))^{1/2} + \gamma} \geq \frac{\epsilon}{2} \Bigg| \Bigg) \\
& + P\Bigg(\Bigg| \frac{1}{a_n}\sum_{i=1}^{[n\xi]} U_i - \xi\frac{1}{a_n}\sum_{i=1}^{n} U_i \Bigg| \Bigg| \frac{1}{(a_n^{-2}\sum_{i=1}^{n} U_i^2)^{1/2} + \gamma} \\
& - \frac{1}{(a_n^{-2}\sum_{i=1}^{n} U_i^2 \mathbf{1}(a_n a < |U_i| < a_n a^{-1}))^{1/2} + \gamma} \Bigg| \geq \frac{\epsilon}{2} \Bigg) \\
=: \; & q_n^{(1)}(a, \varepsilon) + q_n^{(2)}(a, \varepsilon).
\end{aligned}
\tag{A.22}
$$

Furthermore,

$$
\begin{aligned}
q_n^{(1)}(a, \varepsilon) \leq \; & P\left(\frac{1}{a_n} \Bigg| \sum_{i=1}^{[n\xi]} U_i \mathbf{1}(|U_i| < a a_n) \Bigg| > \frac{\varepsilon\gamma}{8} \right) \\
& + P\left(\frac{1}{a_n} \Bigg| \sum_{i=1}^{[n\xi]} U_i \mathbf{1}(|U_i| > a^{-1} a_n) \Bigg| > \frac{\varepsilon\gamma}{8} \right) \\
& + P\left(\frac{1}{a_n} \Bigg| \sum_{i=1}^{n} U_i \mathbf{1}(|U_i| < a a_n) \Bigg| > \frac{\varepsilon\gamma}{8} \right) \\
& + P\left(\frac{1}{a_n} \Bigg| \sum_{i=1}^{n} U_i \mathbf{1}(|U_i| > a^{-1} a_n) \Bigg| > \frac{\varepsilon\gamma}{8} \right) \\
:= \; & q_n^{(1,1)}\left(a, \frac{\varepsilon\gamma}{8}\right) + q_n^{(1,2)}\left(a, \frac{\varepsilon\gamma}{8}\right) + q_n^{(1,3)}\left(a, \frac{\varepsilon\gamma}{8}\right) + q_n^{(1,4)}\left(a, \frac{\varepsilon\gamma}{8}\right).
\end{aligned}
\tag{A.23}
$$

We claim that

$$\lim_{a \to 0} \overline{\lim}_{n \to \infty} q_n^{(1,i)}(a, \varepsilon) = 0, \text{ for } i = 1, \dots, 4. \tag{A.24}$$

Clearly, (A.24) and (A.23) will imply that

$$\lim_{a \to 0} \overline{\lim}_{n \to \infty} q_n^{(1)}(a, \varepsilon) = 0. \tag{A.25}$$

We prove (A.24) only for $i = 3, 4$, as the other two cases are similar. The proof of (A.24) for $i = 4$ follows from the following inequalities: for some constant $c > 0$,

$$q_n^{(1,4)}(a, \epsilon) \leq P \left(\text{at least one } U_i, i = 1, \dots, n, \text{ satisfies } |U_i| > a^{-1} a_n \right)$$
$$= 1 - \left(1 - P(|U_i| > a^{-1} n^{1/\alpha}) \right)^n$$
$$\leq 1 - (1 - ca^\alpha n^{-1})^n \to_{n \to \infty} 1 - e^{-ca^\alpha}.$$

We turn now to the proof of (A.24) with $i = 3$. For the case $0 < \alpha < 1$ we use the inequalities

$$q_n^{(1,3)}(a, \epsilon) \leq c\epsilon^{-1} n^{-1/\alpha} n E(|U_1| \mathbf{1}(|U_1| < a a_n))$$
$$\leq c\epsilon^{-1} n^{-1/\alpha+1} \int_0^{an^{1/\alpha}} P(|U_1| > y) \, dy$$
$$\leq c\epsilon^{-1} n^{-1/\alpha+1} \int_0^{an^{1/\alpha}} y^{-\alpha} \, dy$$
$$= c\epsilon^{-1} a^{1-\alpha}.$$

Thus, (A.24) holds for $i = 3$.

Consider now the case $1 < \alpha < 2$. Repeating the computation used in the proof of Lemma 1, we have

$$E \left(\frac{1}{n^{1/\alpha}} \left| \sum_{i=1}^n U_i \mathbf{1}(|U_i| < an^{1/\alpha}) \right| \right)^2$$
$$\leq n^{1-2/\alpha} \left[E \left(U_1^2 \mathbf{1}(|U_i| < an^{1/\alpha}) \right) + n \left(E(U_1 \mathbf{1}(|U_i| \leq an^{1/\alpha})) \right)^2 \right]$$
$$\leq cn^{1-2/\alpha} \left[a^{2-\alpha} n^{-1+2/\alpha} + n(a^{\alpha-1} n^{-1+1/\alpha})^2 \right] \tag{A.26}$$
$$\leq c \left(a^{2-\alpha} + a^{2\alpha-2} \right),$$

for some $0 < c < \infty$. Therefore,

$$\lim_{a \to 0} \overline{\lim}_{n \to \infty} E \left(\frac{1}{n^{1/\alpha}} \left| \sum_{i=1}^n U_i \mathbf{1}(|U_i| < an^{1/\alpha}) \right| \right)^2 = 0, \tag{A.27}$$

implying (A.24) with $i = 3$.

The case $\alpha = 1$ remains. Here, we use assumption **(A2)** and repeat the computation in (A.26) above to obtain

$$E\left(\frac{1}{n}\left|\sum_{i=1}^{n} U_i \mathbf{1}(|U_i| \leq an)|\right)^2 \leq cn^{-1}\left(an + n\left(E(U_1 \mathbf{1}(|U_i| \leq an))\right)^2\right)$$
$$\to_{n\to\infty} ca.$$

Hence, (A.27) still holds and (A.24) has been proved for all cases.

If we show that

$$\lim_{a\to 0} \overline{\lim}_{n\to\infty} q_n^{(2)}(\epsilon, i) = 0, \tag{A.28}$$

then (A.22), (A.24) and (A.28) imply (A.20), and (A.19) will follow.

To this end, observe that, by Lemma 1, the sequence

$$\left(\left|\frac{1}{a_n}\sum_{i=1}^{[n\xi]} U_i - \xi\frac{1}{a_n}\sum_{i=1}^{n} U_i\right|\right)_{n\geq 1}$$

is tight. Therefore, (A.28) will follow once we prove that

$$\lim_{a\to 0} \overline{\lim}_{n\to\infty} P(|\tilde{\Delta}_n| > \epsilon) = 0, \tag{A.29}$$

where

$$\tilde{\Delta}_n := \frac{1}{\left(a_n^{-2}\sum_{i=1}^{n} U_i^2\right)^{1/2} + \gamma} - \frac{1}{\left(a_n^{-2}\sum_{i=1}^{n} U_i^2 \mathbf{1}(aa_n < |U_i| < a^{-1}a_n)\right)^{1/2} + \gamma}.$$

However,

$$|\tilde{\Delta}_n| \leq \gamma^{-2}\left(a_n^{-2}\sum_{i=1}^{n} U_i^2\left(\mathbf{1}(|U_i| < aa_n) + \mathbf{1}(|U_i| > a^{-1}a_n)\right)\right),$$

and so (A.29) follows from the same arguments we used in proving (A.24) for $i = 3, 4$. Therefore, (A.19) follows.

We now turn to the proof of (48). Using once again Theorem 4.2 of Billingsley (1968) and (A.19), we conclude that it is enough to show that for every $0 < \xi < 1$, and for every $0 < \varepsilon < 1$, we have

$$\lim_{\gamma\to 0} \overline{\lim}_{n\to\infty} P\left(\left|\frac{(a_n^{-2}\sum_{i=1}^{n} U_i^2)^{1/2} + \gamma}{\frac{1}{a_n}\sum_{i=1}^{[n\xi]} U_i - \xi\frac{1}{a_n}\sum_{i=1}^{n} U_i}\right.\right.$$
$$\left.\left. - \frac{(a_n^{-2}\sum_{i=1}^{n} U_i^2)^{1/2}}{\frac{1}{a_n}\sum_{i=1}^{[n\xi]} U_i - \xi\frac{1}{a_n}\sum_{i=1}^{n} U_i}\right| > \varepsilon\right) = 0. \tag{A.30}$$

However, (A.30) follows from the fact that $|a_n^{-1} \sum_{i=1}^{[n\xi]} U_i - \xi a_n^{-1} \sum_{i=1}^{n} U_i|$ converges weakly, as $n \to \infty$, to an almost surely positive limit. This completes the proof of Lemma 3. $\square$

Proof of Lemma 4. Observe that the denominator in (31) converges weakly to an almost surely positive limit. Therefore, it is enough to prove that the sequence of processes

$$Y_n(\xi) = \left\{ \frac{1}{a_n} \sum_{i=1}^{[n\xi]} U_i^{(n)}, 0 \le \xi \le 1 \right\} \tag{A.31}$$

is tight.

To this end we turn to (30). Taking (17) and (18), into account the tightness in (A.31) will follow once we prove the following statements:
The Sequences

$$\left\{ a_n^{-1} \sum_{i=1}^{[n\xi]} U_i, \ 0 \le \xi \le 1 \right\} \tag{A.32}$$

$$\left\{ \left(a_n^{-1} \sum_{i=1}^{n} U_i \right) \frac{[n\xi]}{n}, \ 0 \le \xi \le 1 \right\} \tag{A.33}$$

$$\left\{ a_n^{-1} \frac{[n\xi] \sum_{k=1}^{n} Z_k \sum_{j=1}^{n} U_j Z_j - n \sum_{i=1}^{[n\xi]} Z_i \sum_{k=1}^{n} U_k Z_k}{n^2}, 0 \le \xi \le 1 \right\} \tag{A.34}$$

$$\left\{ a_n^{-1} \frac{\sum_{i=1}^{[n\xi]} Z_i \sum_{j=1}^{n} Z_j \sum_{k=1}^{n} U_k - \frac{[n\xi]}{n} \left(\sum_{j=1}^{n} Z_j \right)^2 \sum_{k=1}^{n} U_k}{n^2}, 0 \le \xi \le 1 \right\} \tag{A.35}$$

are tight.

Now, by the invariance principle, the sequence in (A.32) actually converges weakly in $D([0,1])$ and is, therefore, tight. Furthermore, $\{ \frac{[n\xi]}{n}, 0 \le$

$\xi \leq 1\} \rightarrow \{\xi,\ 0 \leq \xi \leq 1\}$ in $D([0,1])$. Since $(a_n^{-1}\sum_{i=1}^n U_i,\ n \geq 1)$ is tight, (A.33) follows. An identical argument shows that the sequence

$$\left\{ a_n^{-1}\frac{[n\xi]\sum_{k=1}^n Z_k \sum_{j=1}^n U_j Z_j}{n^2},\ 0 \leq \xi \leq 1 \right\} \text{ is tight.} \tag{A.36}$$

Moreover, it follows from (17) that

$$\sup_{0\leq\xi\leq 1} \frac{1}{n}\left|\sum_{i=1}^{[n\xi]} Z_i\right| \rightarrow_{n\rightarrow\infty} 0. \tag{A.37}$$

Therefore, the sequence

$$\left\{ n\sum_{i=1}^{[n\xi]} Z_i \sum_{k=1}^n U_k Z_k,\ 0 \leq \xi \leq 1 \right\} \tag{A.38}$$

is tight. Now, (A.34) follows from (A.36) and (A.38). The proof of (A.35) uses the same arguments as the proof of (A.34). This proves Lemma 4. $\square$

References

1. Billingsley, P. (1968), *Convergence of Probability Measures*, New York: Wiley & Sons.
2. Brown, R.L., J. Durbin and J.M Evans (1975), Techniques for testing the constancy of regression relationships over time, *Journal of the Royal Statistical Society*, Series B 37, 149-163.
3. Fama, E. (1965), The behavior of stock market prices, *Journal of Business* 38, 34-105.
4. Feller, W. (1971), *An Introduction to Probability Theory and Its Applications* Vol. 2 (2nd ed.), New York: Wiley.
5. Hendry, D.A. (1984), Monte Carlo experimentation in econometrics, in: Z. Griliches and M.D. Intrilligator (ed.), *Handbook of Econometrics*, Vol. II, Ch. 16. Amsterdam.
6. Kim, J.-R., S. Mittnik and S.T. Rachev (1996), The CUSUM test based on OLS-residuals when disturbances are heavy-tailed, Unpublished manuscript, Institute of Statistics and Econometrics, Christian Albrechts University at Kiel.
7. Lévy, P. (1937), *Theorie de L'addition des Uariables Aleatories* (2nd ed.), Paris: Gauthier-Uillars.
8. Loretan, M. and P.C.B. Phillips (1994), Testing the covariance stationarity of heavy-tailed time series, *Journal of Empirical Finance* 1, 211-248.
9. Mandelbrot, B. (1963), The variation of certain speculative prices, *Journal of Business* 26, 394-419.

10. McCabe, B.P.M. and M.J. Harrison (1980), Testing the constancy of regression relationships over time using least squares residuals, *Journal of the Royal Statistical Society*, Series C 29, 142-148.
11. McCulloch, J.H. (1996), Financial applications of stable distributions, in: *Statistical Methods in Finance, Handbook of Statistics*, Vol. 14, ed. G.S. Maddala and C.R. Rao, Elsevier Science.
12. MacNeill, I.B. (1978), Properties of sequences of partial sums of polynomial regression residuals with applications to tests for change of regression at unknown times, *The Annals of Statistics* 6, 422-433.
13. Mittnik, S. and S.T. Rachev (1993), Modeling asset returns with alternative stable distributions, *Econometric Review* 12, 261-330.
14. Mittnik S. and S.T. Rachev (1998), *Asset and Option Pricing with Alternative Stable Models*, Series in Financial Economics and Quantitative Analysis, Wiley, forthcoming.
15. Mittnik, S., S.T. Rachev, J.-R. Kim and (1998), Chi-square-type distributions for heavy-tailed variates, *Econometric Theory* 14, 339-354
16. Mittnik, S., S.T. Rachev, and M. Paolella (1997), Stable Paretian modeling in finance: some empirical and theoretical aspects, in: *A Practical Guide to Heavy Tails*, ed. R.J. Adler, R.E. Feldman and M.S. Taqqu, Boston: Birkhäuser
17. Myers, R.H., I. Khuri and W.-H. Carter, Jr. (1989), Response surface methodology: 1966-1988, *Technometrics* 31, 137-157.
18. Ploberger, W. and W. Krämer (1992), The CUSUM test with OLS residuals, *Econometrica* 60, 271-285.
19. Rachev, S.T., J.-R. Kim and S. Mittnik (1997), Econometric modeling in the presence of heavy-tailed innovations: a survey of some recent advances, *Stochastic Models* 13, 841-866.
20. Resnick, S. (1987), *Extreme Values, Regular Variation and Point Processes*, New York: Springer-Verlag.
21. Samorodnitsky G. and M.S. Taqqu (1994), *Stable Non-Gaussian Random Processes*, New York: Chapman & Hall.
22. Zolotarev, V.M. (1986), *One-dimensional Stable Distributions*, Translations of Mathematical Monographs, American Mathematical Society, Vol. 65, Providence.

Klassische neuronale Netze und ihre Anwendung

Thorsten Poddig

Universität Bremen, Lehrstuhl für Allgemeine Betriebswirtschaftslehre, insbes. Finanzwirtschaft, Hochschulring 40, D-28359 Bremen

Zusammenfassung. Dieser Beitrag gibt einen ersten Überblick über klassische neuronale Netze. Im ersten Abschnitt wird die grundlegende Motivation vorgestellt, sich überhaupt mit neuronalen Netzen zu beschäftigen. Ein Überblick über die Typenvielfalt neuronaler Netze zeigt, daß es "das" neuronale Netz nicht gibt. Aus diesem Grund beschränken sich die nachfolgenden Darstellungen auf die Familie der Perceptrons, welche mit ihren wesentlichen Vertretern (Single-Layer, Multi-Layer und Recurrent Perceptron) im zweiten Abschnitt betrachtet wird. Neuronale Netze dieses Typs lassen sich als eine Art "verallgemeinertes Regressionsmodell" interpretieren. Ihr Einsatz beim konkreten Modellentwurf erfordert daher dieselben Sorgfaltsprinzipien, wie sie beim Arbeiten mit Regressionsmodellen beachtet werden sollten. Das Finden der "optimalen" Netzwerkarchitektur markiert einen zentralen Schritt der Modellierung mit Perceptrons. Im dritten Abschnitt geht es zunächst um eine intuitive Charakterisierung, was denn unter "optimaler Netzwerkarchitektur" zu verstehen ist. Der vierte Abschnitt beschäftigt sich mit ausgewählten Problemfeldern bei der Entwicklung von Perceptron-basierten Modellen. Als wesentliche Problemfelder werden hier die geeignete Auswahl der Fehlerfunktion, Optimierungsverfahren zur Koeffizientenschätzung, die Problematik des "Overfitting", die Optimierung der Verbindungsstruktur und unterstützende Maßnahmen zur Modellentwicklung angesprochen. Der fünfte Abschnitt gibt einen kurzen Überblick über verschiedene Anwendungsmöglichkeiten mit Schwerpunkt in der Finanzwirtschaft. Schließlich faßt der sechste Abschnitt die Darstellungen zusammen und versucht, diese zu einer "Quintessenz" zu verdichten.

Keywords: Neuronale Netze, Perceptrons, Anwendungen neuronaler Netze, Modellentwicklung mit neuronalen Netzen

1 Einleitung und Überblick

Seit Mitte der achtziger Jahre haben neuronale Netze eine erstaunliche Renaissance in Wissenschaft und Praxis gefunden. Neben zahlreichen industriellen und wirtschaftswissenschaftlichen Anwendungen beginnen sie langsam, ein Standardwerkzeug der Ökonometrie zu werden. Auch zahlreiche Beiträge auf dem siebten Karlsruher Ökonometrie-Workshop verwenden neuronale Netze als zentrale Methode. Mit diesem Beitrag, der als Tutorial auf dem Workshop präsentiert wurde, soll deshalb ein erster Überblick über neuronale Netze gegeben werden. Die Intention ist dabei, wesentliche Grundlagen zum Verständnis der folgenden Beiträge zu legen. Jedoch geht es hier nicht darum, aktuelle Entwicklungen oder Spezialfragestellungen zu behandeln. Diese sind Gegenstand der Literaturverweise und der folgenden Beiträge des Tagungsbandes.

Die Gründe, sich mit neuronalen Netzen überhaupt zu beschäftigen, sind sehr vielfältig. Eine wesentliche Motivation dürfte aber sicherlich darin bestehen, daß bestimmte Typen von neuronalen Netzen sogenannte *universelle Funktionsapproximatoren* darstellen können. Ferner erlauben Sie die Nachbildung von verschiedenen bekannten Verfahren aus der Ökonometrie, so z.B. die Nachbildung von Regressionsmodellen (lineare und logistische), ARIMA-Modellen (lineare und nichtlineare) oder von TAR-Modellen. Sie stellen damit ein universelles Werkzeug der Datenmodellierung dar. Aber als universelles Werkzeug sind sie zugleich schwerfällig und kompliziert in der Anwendung. Sie erfordern vom Anwender ein spezielles Knowhow, entsprechende Software, hohe Rechnerkapazitäten und sehr sorgfältiges Arbeiten bei der Modellentwicklung. Im allgemeinen sind daher spezielle Verfahren (z. B. Regressionsmodelle) im Regelfall vorzuziehen, wenn es die Problemstruktur nahelegt.

Als Forschungsansätze bei der Beschäftigung mit neuronalen Netzen lassen sich auf der einen Seite die Neurobiologie und Kognitionsforschung, auf der anderen Seite die anwendungsorientierte Forschung unterscheiden. In der Neurobiologie und Kognitionsforschung dienen künstliche neuronale Netze der Modellbildung, Erforschung und Simulation der Funktionsweise natürlicher neuronaler Netze. Man möchte verstehen, wie kognitive Prozesse ablaufen. Schon frühzeitig spaltete sich von diesem Zweig die eher anwendungsorientierte Forschung ab. Hier stehen industrielle Anwendungsmöglichkeiten neuronaler Netze im Vordergrund. Dazu waren aber erhebliche Anpassungen an den ehemals aus der Neurobiologie stammenden Modellen erforderlich. Durch die speziellen Anpassungen und Weiterentwicklungen in Bezug auf die speziellen industriellen Anwendungsfelder besitzen die in diesem Forschungszweig mittlerweile verwendeten Modelle kaum noch einen Bezug zu ihren natürlichen Vorbildern. Sie sollen daher im weiteren Verlauf des Beitrags nicht mehr mit diesen assoziiert werden.

"Das" neuronale Netz gibt es nicht. Der Begriff "neuronale Netze" sollte eher als Bezeichnung für eine Verfahrensklasse verstanden werden. Ähnlich wie unter den Begriff "multivariate statistische Verfahren" sehr viele verschiedene Verfahren fallen (z. B. Regressionsanalyse, Diskriminanzanalyse, Clusteranalyse, Faktorenanalyse usw.) verhält es sich mit "neuronalen Netzen". Zur Systematisierung der sehr vielen verschiedenen Typen von neuronalen Netzen können verschiedene Kriterien angewendet werden. Die Tabelle 1 zeigt eine denkbare Klassifikation von künstlichen neuronalen Netzen nach dem Funktionsumfang[1]. Die in die Tabelle eingearbeiteten Literaturverweise beziehen sich im Regelfall auf die "Origi-

---

[1] Tabelle in Anlehnung an Rehkugler/Kerling, 1995, S. 314

nalquellen"[2]. Eher "lehrbuchmäßige" Behandlungen finden sich z.B. bei Masters[3], Wassermann[4] oder Poddig[5].

Tabelle 1. Systematisierung von neuronalen Netzen nach dem Funktionsumfang

Klassifikation	Funktions-approximation	Assoziativspeicher
k-Nearest Neighbour Network	Multilayer Perceptron[6]	Selforganizing Feature Maps[7]
Learning Vector Quantizer[8]	Recurrent Perceptron[9]	Bidirectional Associative Memory
Probabilistic Neural Network[10]	Radiale Basisfunktionen Netze[11]	Hopfield Netze[12]
...	General Regression Neural Network[13]	Boltzmann Maschine[14]
	...	Counterpropagation Network[15]
Und weitere Typen	und weitere Typen	und weitere Typen

Aus der Tabelle 1 kann erahnt werden, daß es eine Vielzahl unterschiedlichster Typen von künstlichen neuronalen Netzen mit gänzlich verschiedenen Architekturen und Eigenschaften gibt. Damit deutet sich aber gleichzeitig ein erstes, zentrales Problem bei der Modellierung mit Hilfe neuronaler Netze an: die "richtige"

---

[2] Der Begriff der "Originalquelle" ist nicht zu eng auszulegen. Mitunter handelt es sich auch um Quellen, die nahe auf die Originalquellen folgende Veröffentlichungen darstellen. In anderen Fällen ist die Angabe einer "Originalquelle" als "Markstein" der erstmaligen Präsentation eines Netzwerkmodells gar nicht möglich, sondern vielmehr handelte es sich um eine kontinuierliche Entwicklung.

[3] vgl. Masters, 1993

[4] vgl. Wassermann, 1993

[5] vgl. Poddig, 1999, S. 273 ff.

[6] vgl. Rumelhart et al., 1986

[7] vgl. Kohonen, 1981, 1982, 1982a

[8] vgl. Kohonen, 1986

[9] vgl. Pineda, 1987, 1988, 1989; Almeida, 1987, 1988, 1989 und Rohwer/Forrest, 1987

[10] vgl. Specht, 1988 und 1990

[11] Radiale Basisfunktionen Netze existieren in vielfältigen Varianten und die Angabe einer Art "Originalquelle" ist hier schwierig. Für nähere Betrachtungen zu diesem Netzwerktyp sei daher exemplarisch auf Neuneier/Tresp, 1994 verwiesen.

[12] vgl. Hopfield, 1982, 1984

[13] vgl. Specht, 1991

[14] vgl. Ackley et al., 1985, Hinton/Sejnowski, 1986

[15] vgl. Hecht-Nilson, 1987, 1987a

Auswahl des passenden Netzwerktyps für eine konkrete, zu lösende Aufgabenstellung ist schon für sich ein Problem. Die erfolgreiche Entwicklung eines Prognosemodells auf Basis künstlicher neuronaler Netze kann also schon hier schei-
tern, wenn nämlich ein Netzwerktyp ausgewählt wird, der für die konkrete Aufgabenstellung ungeeignet ist. Für wirtschaftswissenschaftliche Anwendungen haben
sich aber in der Vergangenheit die Perceptrons als geeignet herausgestellt. Weiterhin haben sich hier die sogenannten Radiale Basisfunktionen Netze, das Probabilistic Neural Network, das General Regression Network und das Counterpropagation Network (und auch andere, weniger verbreitete Typen) bewährt. Aus Platzgründen beschränken sich jedoch im folgenden die Darstellungen beispielhaft auf
die Familie der Perceptrons.

2 Perceptrons

Die Familie der Perceptrons läßt sich in drei wesentliche Vertreter untergliedern.
Den einfachsten Vertreter stellt das sogenannte Single-Layer Perceptron[16] dar. Die
Abbildung 1[17] zeigt den schematischen Aufbau eines einfachen Single-Layer
Perceptrons. In dieser Abbildung besteht das Single-Layer Perceptron nur aus
einer einzigen Verarbeitungseinheit (Unit)[18].

---

[16] Die Wurzeln des Single-Layer Perceptrons reichen zu Rosenblatt, 1958 zurück. Nähere
Darstellungen und Analysen zum Single-Layer Perceptron finden sich bei
Minsky/Pappert, 1988. Diese Quelle stellt eine erweiterte und korrigierte Fassung einer
bereits 1969 erschienenen Erstveröffentlichung dar.

[17] Abbildung entnommen bei Poddig, 1999, S. 277

[18] Vergleicht man das hier vorgestellte Single-Layer Perceptron mit dem noch nachfolgend
vorzustellenden Multi-Layer Perceptron, so handelt es sich um ein Netzwerk, welches
nur aus einer Ausgabeschicht mit einer Outputunit besteht (vgl. in diesem
Zusammenhang die spätere Abbildung 3). Ein Single-Layer Perceptron kann auch aus
mehreren (Output-) Units bestehen, womit gleichzeitig mehrere verschiedene abhängige
Variablen modelliert werden können. Aus Vereinfachungsgründen sei dies aber nicht
weiter betrachtet.

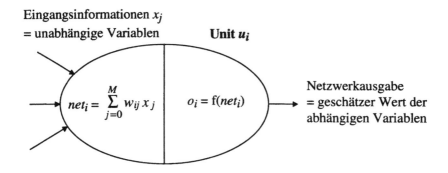

Abbildung 1. Schematischer Aufbau eines Single-Layer Perceptrons

Die Arbeitsweise einer derartigen Unit läßt sich etwa wie folgt beschreiben: Die Werte der M unabhängigen Variablen x_j (symbolisiert durch die Pfeile) treten in die Verarbeitungseinheit hinein und werden mit individuellen Gewichten w_{ij} multipliziert und anschließend aufsummiert. Die so erhaltene Summe wird auch als *Nettoeingangssignal* der Unit bezeichnet (siehe den linken Teil der Unit in der Abbildung). Das Nettoeingangssignal der Unit wird anschließend noch transformiert. Dies geschieht mit Hilfe der sogenannten *Outputfunktion* f. Als Ergebnis erhält man schließlich die Netzwerkausgabe (oder den Netzwerkoutput) o_i. Dieser läßt sich interpretieren als der geschätzte Wert der abhängigen Variablen (etwa im Sinne eines Regressionsmodells). Dieser Vorgang wird mit der rechten Hälfte der Unit in der Abbildung illustriert.

Bei genauerer Betrachtung der Abbildung wird deutlich, daß die Arbeitsweise der Unit in erheblichem Maße einem Regressionsmodell ähnelt[19]. Im Grunde genommen unterscheidet sich die Arbeitsweise der Unit von einem Regressionsmodell nur durch die rechte Hälfte in der Abbildung 1, nämlich durch die Transformation des Nettoeingangssignals mit Hilfe der Outputfunktion f. Je nach Wahl der funktionalen Form von f resultiert hieraus ein sehr unterschiedliches Verhalten der Unit. Üblicherweise werden für die Outputfunktion f die Identitätsfunktion,

---

[19] Die Modellierung einer Konstanten bzw. Absolutglieds (wie beim Regressionsmodell) ist im Single-Layer Perceptron einfach dadurch möglich, indem der Wert einer (Hilfs-) Variablen x_0 als stets konstant mit Wert eins gesetzt wird. Das Gewicht w_{i0} dieser exogenen (Hilfs-) Variablen kann als Absolutglied bei der Bildung des Nettoeingangssignals interpretiert werden. Dieses "Kunstgriffs" bedient man sich später auch in komplexeren Netzwerken (Multi-Layer Perceptron, Recurrent Perceptron). Es wird im Netzwerk eine (häufig gar nicht mehr explizit ausgewiesene) Hilfsunit eingeführt, deren Output stets eins ist und mit der alle anderen Units verbunden sind. Die Verbindungsgewichte zu dieser Hilfsunit, die auch als *Biasunit* bezeichnet wird, modellieren die Werte von Konstanten im Netzwerk.

eine harte Schwellenwertfunktion oder *s*-förmig verlaufende Funktionen gewählt. Ein Beispiel für letztere wird in der Abbildung 2 gezeigt.

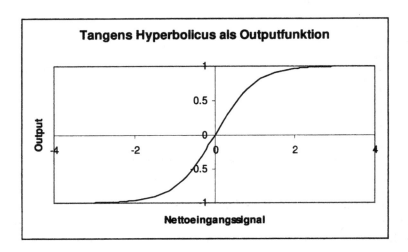

Abbildung 2. Beispiel einer Outputfunktion

Je nach Wahl der Outputfunktion f können mit Hilfe eines Single-Layer Perceptrons verschiedene Varianten von Regressionsmodellen nachgebildet werden. Wählt man als Outputfunktion die Identitätsfunktion, entsteht ein lineares Regressionsmodell. Wählt man eine *s*-förmig verlaufende Outputfunktion, ist die Nachbildung eines "logistischen" Regressionsmodells möglich. Bei Verwendung einer harten Schwellenwertfunktion resultiert ein lineares Diskriminanzmodell[20]. Daraus folgt aber auch, daß ein Single-Layer Perceptron die wesentlichen Eigenschaften eines Regressionsmodells besitzt. Beim Arbeiten mit einem Single-Layer Perceptron sind also dieselben Sorgfaltsprinzipien wie bei einem Regressionsmodell zu beachten.

Unter praktischen Anwendungsgesichtspunkten ist das Single-Layer Perceptron nicht besonders interessant, da sich hiermit nur bereits hinlänglich bekannte Verfahren nachbilden lassen. Bedeutsamer ist dagegen der zweite Vertreter der Perceptron Familie. Das sogenannte Multi-Layer Perceptron entsteht durch eine schichtenweise Anordnung von Units und deren anschließende Vernetzung. Dies wird durch die Abbildung 3[21] illustriert.

---

[20] Ein Überblick, welche Modelle (Regressionsmodell, Diskriminanzmodell) sich unter Verwendung einer speziellen Wahl von Architektur und Outputfunktion nachbilden lassen, findet sich bei Kerling, 1998.

[21] Abbildung entnommen bei Poddig, 1999, S. 289

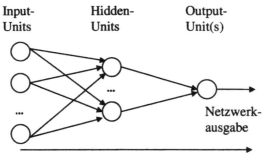

Abbildung 3. Schematischer Aufbau eines Multi-Layer Perceptrons

Wie aus der Abbildung 3 ersichtlich, ist die schichtenweise Organisation der Units hervorzuheben. So sind insbesondere Verbindungen zwischen Units derselben Schicht und Rückkopplungen von nachgelagerten Units zu ihnen vorgelagerten verboten. Bildlich ausgedrückt handelt es sich hier also um eine "Kaskade" oder "Netzwerk" von Regressionsmodellen. Es besitzt die Eigenschaft, beliebige Funktionen (unter gewissen Voraussetzungen) approximieren zu können. Insofern stellt das Multi-Layer Perceptron einen "universellen Funktionsapproximator" dar. Gleichzeitig entsteht aber hiermit ein mathematisch äußerst komplexes und kompliziertes Modell. Es erfordert insofern ungleich höhere Sorgfaltsprinzipien beim Umgang und bei der Entwicklung von Modellen, als es bei Regressionsmodellen der Fall ist. Es wäre ein geradezu verhängnisvoller Trugschluß anzunehmen, daß man beim Einsatz eines Perceptrons alle in der Ökonometrie erlernten "Tugenden" vergessen könne (wie dies mitunter vielleicht suggeriert wird).

Den letzten und zugleich komplexesten Vertreter der Perceptrons stellt das Recurrent Perceptron dar. Es ist in der Abbildung 4[22] schematisch dargestellt. Aus der Abbildung 4 wird als besonderes Merkmal des Recurrent Perceptrons die vollständige Verknüpfung der Units untereinander ersichtlich. Damit lassen sich z.B. interdependente, lineare und nichtlineare Gleichungssysteme modellieren. Die aus der Ökonometrie bekannten VAR-Modelle können als ein einfacher Spezialfall eines Recurrent Perceptrons aufgefaßt werden. Allerdings dürfte schon intuitiv einsichtig sein, daß hiermit ein mathematisch und rechentechnisch extrem kom-

---

[22] Abbildung entnommen bei Poddig, 1999, S. 303

plexes und schwierig zu handhabendes Modell entsteht. Im praktischen Einsatz erfordert es sehr hohe Rechnerkapazitäten, die weit über die Anforderungen, welche etwa der Einsatz eines Multi-Layer Perceptrons stellt, hinausgehen.

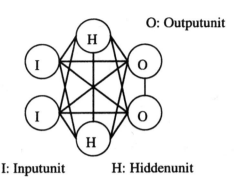

Abbildung 4. Schematischer Aufbau eines Recurrent Perceptrons

Die Gegenüberstellung der drei Vertreter (Single-Layer Perceptron, Multi-Layer Perceptron, Recurrent Perceptron) zeigt die Bedeutung der Netzwerkarchitektur. Sie bestimmt nachhaltig die Leistungsfähigkeit des neuronalen Netzwerks und legt letztlich fest, welcher Typ von Problem mit einem speziellen Netzwerk überhaupt gelöst werden kann. Ein weiterer wichtiger anzusprechender Aspekt neuronaler Netze ist das sogenannte "Lernen". In Analogie zum Regressionsmodell versteht man unter "Lernen" die Schätzung der Koeffizienten (in einem neuronalen Netz sind dies die Gewichte) anhand gegebener Beobachtungsdaten. Der Ansatz zur Bestimmung der Werte der Gewichte in einem neuronalen Netz ist weitgehend vergleichbar mit dem Ansatz der Koeffizientenschätzung beim Regressionsmodell. Zunächst wird eine Fehlerfunktion definiert, welche in geeigneter Weise die Abweichung zwischen dem tatsächlichen Wert einer abhängigen Variablen und deren durch das neuronale Netz geschätzten Wert mißt. Mit Hilfe eines Optimierungsverfahrens werden dann die Gewichte innerhalb des neuronalen Netzes derart bestimmt, daß die Fehlersumme auf den Beobachtungsdaten (auch *Trainingsdaten* genannt) minimiert wird. Dieses Verfahren wird beim Regressionsmodell als Methode der kleinsten Quadrate bezeichnet. Da es sich jedoch bei einem Perceptron im Regelfall um ein hochgradig nichtlineares Modell handelt, müssen hier entsprechend Verfahren der nichtlinearen kleinsten Quadrate eingesetzt werden. Konkret bedient man sich hierzu der Verfahren der nichtlinearen Optimierung, wie z.B. der Verfahren des Gradientenabstiegs. Die Folge davon sind allerdings numerisch aufwendige und langsam arbeitende, iterative Schätzprozeduren. Außerdem hat man hier mit allen aus der nichtlinearen Optimierung bekannten Problemen zu kämpfen, so insbesondere mit lokalen Minima.

Der Begriff "Lernen" stammt noch aus der ursprünglichen Verwendung von künstlichen neuronalen Netzen als Modell natürlicher neuronaler Netze. Mit ihrer Hilfe sollten nämlich Lernvorgänge in natürlichen neuronalen Netzen mathematisch modelliert werden. Die Weiterverwendung dieses Begriffes im Kontext industrieller Anwendung ist jedoch höchst irreführend. Er suggeriert eine Art "verstandesmäßiger" Leistung, zu denen künstliche neuronale Netze nun wahrlich nicht fähig sind. Bei "nüchterner" Betrachtungsweise ist der Begriff "Koeffizientenschätzung" sehr viel zutreffender.

3 Das Leistungspotential: Das Bias-Varianz Dilemma

Die prinzipielle Leistungsfähigkeit von Perceptrons kann aus einem mathematischen Beweis[23] abgeleitet werden. Dieser besagt umgangssprachlich ausgedrückt, daß (unter bestimmten Voraussetzungen) mit einem dreilagigen Multi-Layer Perceptron (Sigmoidfunktion auf der Hiddenschicht und Identitätsfunktion auf der Outputschicht) - genügend Hiddenunits vorausgesetzt - jede beliebige Funktion hinreichend genau approximierbar ist. Im Prinzip läßt sich also jeder datengenerierende Prozeß mit Hilfe eines Multi-Layer Perceptrons modellieren. Leider ist jedoch diese Aussage in der praktischen Anwendung wenig hilfreich. Die tatsächlichen Schwierigkeiten beim Einsatz von Perceptrons auf konkrete Problemstellungen lassen sich mit Hilfe des Bias-Varianz Dilemmas[24] intuitiv erläutern.

Die Anwendung von Perceptrons bei der Modellierung von Daten ist weitgehend analog zum Einsatz eines Regressionsmodells zu sehen. Auch hier geht es darum, anhand einer Menge von Beobachtungsdaten (Lernstichprobe oder Trainingsdaten) die Koeffizienten des Modells (Gewichte im neuronalen Netz, Regressionskoeffizienten beim Regressionsmodell) zu schätzen. Dabei sind die wahren Werte der Koeffizienten niemals bekannt. Aufgrund der Schätzung anhand einer Stichprobe kommt es also zwangsläufig zu Fehlern. In der Ökonometrie ist es üblich, den Schätzfehler eines Koeffizienten in zwei Teile zu zerlegen. Unter dem sogenannten *Bias* versteht man die systematische Abweichung des Erwartungswerts eines Schätzers vom wahren Wert des Koeffizienten. Dies wird durch Gleichung 1 ausgedrückt. Die Ursache für einen Bias liegt in einer falschen funktionalen Spezifikation des zugrundegelegten Modells.

---

[23] vgl. Hornik/Stinchcombe/White, 1989 und Hornik, 1991

[24] vgl. dazu näher Kerling, 1998, S. 307 ff., zu einer ausführlichen Diskussion Geman et al., 1992 oder zu einer Kurzfassung Anders, 1995, S. 6 ff.

$$Bias(\hat{\theta}) = E(\hat{\theta}) - \theta \tag{1}$$

mit E(.): Erwartungswert
$\hat{\theta}$: Schätzer für einen Koeffizienten θ
θ: wahrer Wert des Koeffizienten

Unter der Varianz eines Schätzers versteht man dagegen die Streuung um seinen Erwartungswert herum (vgl. Gleichung 2). Die Ursache für die Varianz liegt darin, daß die Schätzung der Koeffizienten zwangsläufig immer anhand einer Stichprobe vorgenommenen werden muß. Fügt man dieser Stichprobe weitere Daten hinzu oder entfernt man welche, so werden sich bei erneuter Schätzung der Koeffizienten auch andere Werte ergeben. Die Schätzer sollten dabei (wünschenswerterweise) aber möglichst stabil bleiben, also nicht stark variieren.

$$Varianz(\theta) = E\left(\left(\theta - E(\theta) \right)^2 \right) \tag{2}$$

Die idealtypische Anforderung an ein zugrundegelegtes Modell ist natürlich, daß Bias und Varianz seiner Koeffizienten nach Möglichkeit null sind. In der praktischen Anwendung dürften aber diese idealtypischen Anforderungen höchst selten erfüllt sein. Bias und Varianz werden sich also im Regelfall niemals vermeiden lassen. Dabei gilt grundsätzlich, daß fehlspezifizierte parametrische Modelle (also Modelle, bei denen ein bestimmter funktionalen Zusammenhang, z.B. ein linearer wie bei einem Regressionsmodell, unterstellt wird) einen Bias verursachen. Nichtparametrische Verfahren (d.h. modellfreie Schätzungen, bei denen kein bestimmter funktionaler Zusammenhang a priori vorgegeben wird) sind in der Regel unverzerrt (besitzen also keinen Bias), sie leiden jedoch unter einer hohen Varianz der Schätzer. Nach Herausnahme oder Hinzufügen von neuen Daten zur Stichprobe und anschließender Neuschätzung der Koeffizienten können sich hier also extreme Unterschiede in den geschätzten Werten einstellen. Eine einfache Charakterisierung parametrischer und nichtparametrischer Verfahren in Bezug auf das Bias-Varianz Dilemma zeigt die Abbildung 5[25].

Die Einordnung von Perceptrons in das Bias-Varianz Dilemma wird ebenfalls aus der Abbildung 5 ersichtlich. Das Single-Layer Perceptron ist aufgrund seiner weitgehenden Ähnlichkeit zum Regressionsmodell den parametrischen Verfahren zuzuordnen. Die Einordnung des Multi-Layer Perceptrons hängt dagegen stark von seiner konkreten Architektur ab. Ein Multi-Layer Perceptron mit wenigen Units (und damit geringer Parametrisierung) ist tendenziell den parametrischen Verfahren zuzuordnen. Je mehr Units nun ein solches Multi-Layer Perceptron besitzt, desto stärker steigt seine Parametrisierung (d.h. die Anzahl freier Gewichte). Ein Multi-Layer Perceptron mit vielen Units ist danach den nichtparametrischen Verfahren zuzuordnen.

---

[25] Abbildung in Anlehnung an Anders, 1995, S. 8

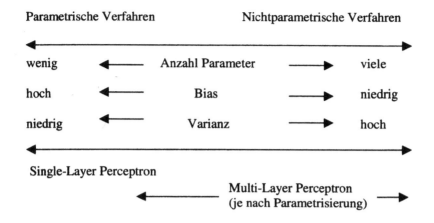

Abbildung 5. Das Bias-Varianz Dilemma

Wesentliche Aufgabe der Modellbildung mit Hilfe von Perceptrons ist es nun, dieses Dilemma bestmöglich zu lösen. Gesucht ist also diejenige Architektur, welche den besten Kompromiß zwischen Bias und Varianz des Perceptrons eingeht. Optimal ist ein Perceptron genau dann, wenn es gerade groß genug ist, um die wahre Funktion des datengenerierenden Prozesses zu approximieren. Dann ist nämlich sein Bias gerade noch null und die Varianz minimal (unter der Nebenbedingung eines Bias von null). Wie findet man aber genau diese Architektur? Mit dieser Frage befaßt man sich letztendlich bei der bei der Modellentwicklung mit Hilfe von Perceptrons. Der nächste Abschnitt wird sich deshalb mit ausgewählten Problemfeldern und Lösungsansätzen zur Entwicklung optimaler Perceptrons beschäftigen.

4 Problemfelder und Lösungsansätze zur Entwicklung optimaler Perceptrons

Die Problemfelder und Lösungsansätze zur Entwicklung optimaler Perceptrons sind ausgesprochen vielfältig und ihre Fülle ist in der Literatur kaum mehr zu übersehen. Mehr als ein erster, grober Überblick ist deshalb hier nicht möglich. Als ausgewählte Problemfelder sollen (1) die Wahl der geeigneten Fehlerfunktion, (2) die verschiedenen Optimierungsverfahren zur Koeffizientenschätzung, (3) die

Problematik des Overfitting, (4) Verfahren zur Optimierung der Verbindungsstruktur und (5) unterstützende Maßnahmen angesprochen werden.

4.1 Die Wahl der geeigneten Fehlerfunktion

Beim "Lernen" eines Perceptrons (Koeffizientenschätzung, Schätzung der Gewichte des Perceptrons) ist es üblich, eine Fehlerfunktion nach Gleichung (3)[26]
(oder eine Variante davon) zu verwenden. Bei näherer Betrachtung handelt es sich
hier um die Minimierung des mittleren quadratischen Fehlers zwischen den tatsächlichen Beobachtungswerten der abhängigen Variablen und den zugehörigen
geschätzten Werten durch das neuronale Netz. Diese Fehlerfunktion gleicht im
Prinzip der Fehlerfunktion bei der Koeffizientenschätzung eines Regressionsmodells nach der Methode der kleinsten Quadrate. Hier werden also nochmals die
Gemeinsamkeiten zwischen Perceptron und Regressionsmodell deutlich.

$$E = \frac{1}{2} \sum_{p=1}^{P} \sum_{j=1}^{M} \left(t_{pj} - o_{pj} \right)^2 \qquad (3)$$

mit E: Wert der Fehlerfunktion (*Error*)

P: Anzahl der Trainingspaare[27] von Input- und Targetvektoren

M: Anzahl der Outputunits

t_{pj}: Solloutput der Outputunit o_j für das p-te Trainingspaar

o_{pj}: Istoutput der Outputunit o_j beim p-ten Trainingspaar

Obwohl die Minimierung des quadratischen Fehlers als naheliegender Ansatz
zur Schätzung der Gewichte eines Perceptrons erscheinen mag, so erweist sich in
der praktischen Anwendung die Wahl dieser Fehlerfunktion mitunter als ungeeignet. Je nach Problemstellung können andere Fehlerfunktionen sehr viel sinnvoller
eingesetzt werden und zur Lösung des Problems beitragen. Beispielhaft sei hier
auf Klassifikationsprobleme hingewiesen. Eine betriebswirtschaftliche Anwendung ist in diesem Zusammenhang etwa die Kreditwürdigkeitsprüfung, bei der es
im einfachsten Falle darum geht, einen Kreditantragsteller einer der beiden Klassen "kreditwürdig" oder "nicht kreditwürdig" zuzuordnen. Als Output des Perceptrons ist dabei nur die binäre Antwort "0" (z.B. für "nicht kreditwürdig") oder
"1" (z.B. für "kreditwürdig") nötig. Empirische Studien haben hier gezeigt, daß
bei dieser Aufgabenstellung die Verwendung einer speziell angepaßten Fehler-

---

[26] vgl. Rumelhart et al., 1986, S. 323

[27] Unter einem *Trainingspaar* wird ein Tupel (**I,T**), bestehend aus einem Vektor von
Inputvariablen **I** (Werte der unabhängigen Variablen für die p-te Beobachtung) und dem
zugehörigen Vektor der erwünschten Zieloutputs des Netzwerkes **T** (Werte der
abhängigen Variablen für die p-te Beobachtung), verstanden. Die Begriffe
Trainingsmuster oder *Trainingsdatensatz* (manchmal verkürzend auch nur *Datensatz*)
werden im folgenden ebenfalls hierfür synonym gebraucht.

funktion eine Verbesserung der später in der Anwendung zu erzielenden Ergebnisse erlaubt[28]. Wittner/Denker[29] zeigten Beispiele für Problemstellungen, die nicht unter Verwendung des quadratischen Fehlers, wohl aber unter Verwendung des Entropiemaßes (vgl. Gleichung (4)[30]) als Fehlerfunktion lösbar sind. Ohne diesen Aspekt weiter vertiefen zu können, wird anhand dieses einfachen Beispiels deutlich, wie bereits im Vorfeld der Lösung einer Aufgabenstellung die Wahl der geeigneten Fehlerfunktion eine gewichtige Rolle spielen kann.

$$E = \sum_{p=1}^{P} \sum_{j=1}^{M} \left(\frac{1}{2}\left(1 + t_{pj}\right)\ln\frac{1 + t_{pj}}{1 + o_{pj}} + \frac{1}{2}\left(1 - t_{pj}\right)\ln\frac{1 - t_{pj}}{1 - o_{pj}} \right) \tag{4}$$

bei Verwendung des Tangens Hyperbolicus als Outputfunktion

Die Verwendung alternativer Fehlerfunktionen erweitert die Anwendungsmöglichkeiten von Perceptrons beträchtlich, führt jedoch einen zusätzlichen Freiheitsgrad in den Modellentwurf mit ein. Nachteilig kann sich die Verwendung alternativer Fehlerfunktionen auch beim späteren Vergleich von konkurrierenden Modellen erweisen. Wird z.B. ein gewöhnliches Regressionsmodell einem Perceptron gegenübergestellt, welches anhand der Minimierung der relativen Entropie als Fehlerfunktion geschätzt wurde, so sind diese nicht konsistent miteinander vergleichbar[31].

4.2   Die Wahl des Optimierungsverfahrens zur Schätzung der Gewichte

Auch heute noch wird bei der Schätzung der Gewichte eines Perceptrons die "klassische" Delta-Regel verwendet, welche auf einen Vorschlag von Rumelhart et al.[32] zurückgeht. Eine ebenfalls sehr weit verbreitete Variante geht ebenso auf deren ursprüngliche Arbeit zurück und benutzt zusätzlich einen sogenannten *Momentumterm*[33]. Ungeachtet der breitflächigen Anwendung der klassischen Delta-Regel (mit oder ohne Momentumterm) handelt es sich hier um ein recht ineffizientes Verfahren der nichtlinearen Optimierung. Schon frühzeitig wurde daher in der Literatur darauf hingewiesen, daß zur Schätzung der Gewichte eines Perceptrons im Prinzip jedes Verfahren der nichtlinearen Optimierung geeignet ist und davon eine Fülle wesentlich effizienterer Verfahren existiert. Soweit es deren Einsatz zur Schätzung der Gewichte eines Perceptrons betrifft, sei exemplarisch

---

[28] vgl. Kerling, Poddig, 1994, S. 470 ff.
[29] vgl. Wittner/Denker, 1988
[30] vgl. Hertz et al., 1991, S. 109
[31] vgl. Poddig, 1999, S. 539
[32] vgl. Rumelhart et al., 1986, S. 323 ff.
[33] vgl. Rumelhart et al., 1986, S. 330, auch Hertz et al., 1991, S. 123

auf Verfahren des konjugierten Gradientenabstiegs[34] hingewiesen. Speziell auf Perceptrons zugeschnittene Verfahren sind beispielsweise die Delta-Bar-Delta Regel[35] oder die Bestimmung einer gewichtsindividuellen Lernrate[36]. Da auch hier eine unübersehbare Fülle an Variationsmöglichkeiten in der Literatur existiert, sollen diese wenigen Hinweise nur die grundsätzliche Problematik beleuchten.

Die Frage, welches Lernverfahren denn nun das "beste" ist, kann nicht analytisch, sondern nur pragmatisch aufgrund von Erfahrungswerten beantwortet werden[37].

4.3   Die Problematik des Overfitting

Die Problematik des "Overfitting" ist zwar altbekannt und nicht spezifisch für neuronale Netze, insbesondere Perceptrons, besitzt hier aber eine besondere Brisanz[38]. Unter "Overfitting" versteht man - umgangssprachlich ausgedrückt - die Überanpassung eines Modells an die vorhandenen Stichprobendaten, welche zur Schätzung der Modellparameter verwendet werden. Konkret äußert sich das Overfitting darin, daß das geschätzte Modell die vorhandenen Stichprobendaten hervorragend, wenn nicht sogar perfekt, reproduziert, dann aber bei der späteren Anwendung auf unbekannten Daten extrem große Schätzfehler erzeugt. Die Überanpassung an die Stichprobendaten ist zwar auch schon mit einem gewöhnlichen Regressionsmodell möglich, kommt hier aber in der praktischen Anwendung (im Vergleich zur Anwendung von Perceptrons) seltener bzw. in deutlich geringerem Ausmaße vor, da ein Regressionsmodell bei Verwendung derselben exogenen Einflußgrößen im Regelfall deutlich sparsamer parametrisiert ist. Dagegen besitzt ein Perceptron selbst bei sehr wenigen exogenen Einflußgrößen (z.B. schon bei nur drei oder vier unabhängigen Variablen) entsprechend der Anzahl der Hiddenunits sehr viele freie Parameter (Gewichte). Ein einfaches Rechenbeispiel möge dies verdeutlichen: Es sei angenommen, ein Perceptron besitze 3 Eingangsneuronen (Inputunits, unabhängige Variablen), drei versteckte Neuronen (Hiddenunits) und ein Ausgabeneuron (Outputunit, abhängige Variable) sowie die übliche Biasunit. Dies ergibt [3 Gewichte zu den Inputunits + Gewicht zur Biasunit] * 3 Hiddenunits = 12 Gewichte auf der Zwischenschicht, [3 Gewichte zu den Hiddenunits + Gewicht zur Biasunit] * 1 Outputunit = 4 Gewichte auf der Outputschicht, also insgesamt 16 Gewichte (freie Parameter des Perceptrons). Ein ent-

---

[34] Im Zusammenhang der Verwendung von Verfahren des konjugierten Gradientenabstiegs als Prozedur zur Schätzung der Gewichte vgl. z.B. Poddig, 1992, S. 315 ff. oder Kerling, 1998, S. 318

[35] vgl. Fang/Sejnowski, 1990

[36] vgl. Finnoff et al., 1993 oder Zimmermann, 1994, S. 48 f.

[37] vgl. dazu z.B. die Diskussion bei Poddig, 1996, S. 179

[38] Zur ausführlichen Behandlung der Problematik des Overfitting vgl z.B. Poddig, 1999, S. 422 ff. oder Kerling, 1998, S. 325 ff.

sprechendes Regressionsmodell mit drei unabhängigen Variablen verfügt dagegen nur über vier zu bestimmende Koeffizienten (inklusive der Konstanten).

In der praktischen Anwendung von Perceptrons interessieren insbesondere in diesem Kontext zwei wichtige Fragestellungen, nämlich erstens ob ein Overfitting überhaupt vorliegt und zweitens wie sich dieses beseitigen läßt. Eine "klassische" Technik zur Erkennung des Overfitting besteht in der Durchführung einer einfachen Validierung (zur Illustration vgl. auch Abbildung 6). Dazu teilt man die verfügbaren Trainingsdaten (Lerndaten oder Lernstichprobe) in zwei Teilmengen auf. Die erste, größere Teilmenge wird zum Training des Perceptrons genutzt (*Trainingsmenge im engeren Sinne*), während anhand der zweiten, kleineren Teilmenge (*Validierungsmenge*) fortlaufend, d.h. während der iterativen Schätzung der Gewichte, die Entwicklung des Schätzungsfehlers auf diesen "unbekannten" Daten überwacht wird. Für gewöhnlich wird der Schätzfehler auf der Validierungsmenge zu Beginn der Schätzprozedur zunächst sinken, dann aber später (infolge der Überanpassung der Stichprobendaten) wieder ansteigen. Das Einsetzen des Overfitting ist in dem Moment zu vermuten, zu dem der Schätzfehler auf den Validierungsdaten gerade wieder anzusteigen beginnt. Diese Technik erlaubt aber nicht nur das Erkennen eines Overfitting, sondern sie ermöglicht auch das Ergreifen einer einfachen Maßnahme dagegen. Das Training des Perceptrons (d.h. die iterative Schätzprozedur zur Bestimmung der Gewichte) wird nämlich genau in dem Augenblick abgebrochen, zu dem der Fehler auf der Validierungsmenge gerade wieder anzusteigen beginnt. Diese Technik wird als *Stopped Training* bezeichnet.

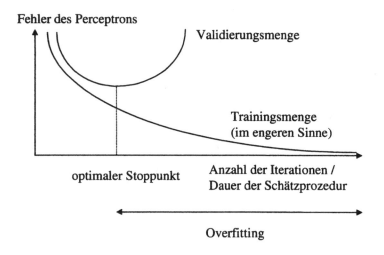

Abbildung 6. Der Overfitting-Effekt

Obwohl diese Technik auf dem ersten Blick naheliegend und einleuchtend erscheinen mag, so verbinden sich doch vielfältige Probleme mit ihr. Von den vielen Kritikpunkten seien hier nur die beiden vielleicht gewichtigsten erwähnt. Zum einen ist diese Technik besonders problematisch, wenn nur wenige Trainingsdaten vorliegen[39]. Aufgrund der vergleichsweise hohen Parametrisierung eines Perceptrons sind im allgemeinen sehr viele Trainingsdaten notwendig, um einigermaßen verläßliche Schätzungen der Gewichte durchführen zu können. Je weniger Daten nun vorliegen, desto unzuverlässiger werden diese Schätzungen. Ist man nun aber gezwungen, die ohnehin schon sehr kleine Menge an Trainingsdaten weiter zu verkleinern, so verschärft sich dieses Problem. Die nun verkleinerte Trainingsmenge (im engeren Sinne) erschwert die zuverlässige Bestimmung der Werte der Gewichte, die ebenfalls sehr kleine Validierungsmenge erlaubt keine zuverlässige Abschätzung, ob und wann das Overfitting einsetzt. Die Ergebnisse der Schätzprozedur zur Bestimmung der Werte der Gewichte sind überdies extrem sensitiv gegenüber der zufälligen Aufteilung der originären Trainingsdaten in Trainingsmenge im engeren Sinne und Validierungsmenge.

Der zweite zentrale Kritikpunkt an diesem einfachen Verfahren betrifft den Umstand, daß durch Anwendung dieser Technik eine große Gefahr besteht, die Perceptrons zu quasi linearen Modellen degenerieren zu lassen[40]. Typischerweise werden im Verlauf des Trainingsprozesses zu Beginn zunächst die linearen Strukturen in den Daten abgebildet. Erst mit dem weiteren Fortgang der Trainingsprozedur erfolgt die Extraktion der nichtlinearen Struktur. Bei hoch parametrisierten Modellen (und dies ist bei Perceptrons zumeist immer der Fall) setzt das Overfitting recht frühzeitig ein. Unterbricht man nun die Trainingsprozedur genau in diesem Moment, so wurde bis zu diesem Zeitpunkt allenfalls die in den Daten enthaltene lineare Struktur abgebildet. Bei einem späteren Vergleich des so gewonnenen Perceptrons mit einem gewöhnlichen Regressionsmodell werden sich diese hinsichtlich ihrer Leistungsfähigkeit nur unwesentlich unterscheiden. Das Perceptron ist zu einem quasi-linearen Modell degeneriert. Um jedoch auch die eventuell vorhandenen nichtlinearen Strukturen in den Daten extrahieren zu können, werden vergleichsweise lange Trainingszeiten (d.h. viele Iterationen der Schätzprozedur) benötigt. Dann ist aber ein Overfitting unvermeidlich.

Um mit den beiden genannten Problemen (kleine Datenmengen, Gefahr der Degeneration zu linearen Modellen) umgehen zu können, werden recht aufwendige Techniken benötigt. Exemplarisch sei hier auf die Techniken der *nichtlinearen Cross-Validierung*[41] und auf das *Forced Overfitting*[42] hingewiesen. Eine nähere Behandlung ist allerdings im Rahmen dieses Überblicks nicht möglich.

---

[39] vgl. dazu z.B. die Diskussion bei Poddig, 1994; Poddig, 1994a, S. 235 ff.; Poddig, 1996, S. 181 ff.; Kerling, 1998, S. 325 ff.; Poddig, 1999, S. 422 ff.

[40] vgl. z.B. Zimmermann, 1994, S. 60 f. oder Poddig, 1999, S. 547 f.

[41] vgl. Moody/Utans, 1995

[42] vgl. dazu Kerling, 1998, S. 338; auch Kerling, 1996 oder Poddig, 1996, S. 210 f.

4.4 Die Optimierung der Verbindungsstruktur

Die Notwendigkeit zur Optimierung der Verbindungsstruktur eines Perceptrons ergibt sich unmittelbar aus den vorangegangenen Betrachtungen. Um nämlich die möglicherweise vorhandenen nichtlinearen Strukturen innerhalb der Trainingsdaten extrahieren zu können, sind recht lange Trainingszeiten erforderlich. Dabei darf allerdings kein Overfitting eintreten, denn sonst wäre das so gewonnene Perceptron in der späteren Anwendung auf unbekannten Daten völlig wertlos. Um jedoch ein Overfitting trotz langer Trainingszeiten zu vermeiden, sind sparsam parametrisierte Modelle (d.h. Perceptrons mit nur wenigen Gewichten) erforderlich. Bei der Optimierung der Verbindungsstruktur geht es also nun darum, genau jene Gewichte innerhalb eines Perceptrons zu identifizierten, die wirklich benötigt werden. Alle nicht benötigten Gewichte müssen dagegen entfernt werden, um die Anzahl der freien Gewichte innerhalb des Perceptrons so gering wie möglich zu halten.

Zur Optimierung der Verbindungsstruktur lassen sich zwei grundsätzliche Vorgehensweisen unterscheiden. Die Klasse der Konstruktionsalgorithmen[43] basiert auf dem Ansatz, zunächst mit einem sehr kleinen Perceptron zu starten, welches vermutlich für die zu lösende Aufgabenstellung unterparametrisiert ist. Im Zuge des Konstruktionsprozesses werden nun diesem Ausgangsnetzwerk sukzessive weitere Units und Gewichte hinzugefügt, bis die vermeintlich benötigte, optimale Größe des Netzwerkes gefunden wurde. In Analogie zum Vorgehen beim Entwurf eines Regressionsmodells läßt sich dieser Ansatz am ehesten mit einem Forward Algorithmus vergleichen. Dieser beginnt mit einem Regressionsmodell bestehend aus nur einer unabhängigen Variablen. Dann werden so lange weitere unabhängige Variablen in das Regressionsmodell aufgenommen, bis sich keine statistisch signifikante Verbesserung mehr erzielen läßt.

Die Pruningverfahren[44] gehen dagegen den genau umgekehrten Weg. Ausgangspunkt ist hier zunächst ein Perceptron, welches für die zu lösende Aufgabenstellung vermutlich zu hoch parametrisiert ist. Ausgehend von diesem überparametrisierten Perceptron werden nun sukzessive so lange nicht benötigte Gewichte entfernt, bis die "optimale" Architektur gefunden wurde. Als Analogie beim Regressionsmodell ist hier auf den Backward Algorithmus zu verweisen. Dieser startet zunächst mit einem Regressionsmodell, in welchem alle potentiellen unabhängigen Variablen aufgenommen werden. Dann werden sukzessive jene unabhängigen Variablen entfernt, welche sich als nicht statistisch signifikant erweisen. Der Algorithmus bricht ab, sobald sich nur noch statistisch signifikante unabhängige Variablen im Modell befinden. Während beim Regressionsmodell die erwähnten Forward und Backward Algorithmen auf klaren und eindeutigen statistischen Signifikanztests basiert werden können, ist dies bei Perceptrons so ohne

---

[43] vgl. hierzu z.B. Refenes, 1995, S. 38 ff.
[44] vgl. z.B. Zimmermann, 1994, S. 64 ff., Refenes, 1995, S. 48 ff.

weiteres nicht möglich. Für eine nähere, wenn auch nur kurze Betrachtung zur Optimierung der Verbindungsstruktur eines Perceptrons wird aus Platzgründen im folgenden ausschließlich auf Pruningverfahren (im weitesten Sinne) abgestellt.

Um die Anzahl der effektiv genutzten Gewichte in einem Perceptron zu begrenzen, bediente man sich frühzeitig sogenannter *Regularisierungstechniken*[45]. Durch geeignete Erweiterung der Fehlerfunktionen oder durch spezielle Anpassungen in der Schätzprozedur wird hier versucht, nicht benötigte Gewichte innerhalb eines Perceptrons im Zuge des Trainings gegen null konvergieren zu lassen. Dies läuft im Endergebnis auf eine Eliminierung nicht benötigter Gewichte hinaus, da ein Gewicht mit dem Wert null faktisch nicht vorhanden ist. Bei den *Sensitivitätsanalysen* geht es nach dem Abschluß des Netzwerktrainings darum festzustellen, welche Gewichte oder sogar vollständige Units welchen Beitrag zur Güte der Schätzung der unabhängigen Variablen liefern. Gewichte oder Units, deren Beitrag vernachlässigbar oder sogar kontraproduktiv ist, werden entfernt. Mit den *statistischen Gewichtstests* soll ein Vorgehen ähnlich wie beim Regressionsmodell ermöglicht werden[46]. Sie sollen erlauben, die Bedeutung eines Gewichts innerhalb eines Perceptrons entweder durch eine Maßzahl auszudrücken oder sogar einen Test der statistischen Signifikanz ermöglichen. Im letzteren Falle wären konsequenterweise jene Gewichte zu entfernen, welche sich nach Abschluß des Trainings als nicht statistisch signifikant erweisen.

Eine zuverlässige Identifikation benötigter und nicht benötigter Verbindungsgewichte innerhalb eines Perceptrons ist mit keiner der genannten Techniken wirklich möglich. Jede dieser Techniken besitzt gegenüber den anderen spezifische Vor- und Nachteile. Für detaillierte Betrachtungen muß hier aber auf die Literatur verwiesen werden[47]. Aus diesem Grund existieren neben den Verfahren, welche auf die Identifikation benötigter Gewichte abstellen, spezielle Ansätze zur Identifikation wirklich benötigter Units. Diese Verfahren lassen sich in zwei Gruppen systematisieren, nämlich Verfahren zur Optimierung der Anzahl der Hiddenunits sowie Verfahren zur Identifikation der benötigten Inputunits (d.h. zur Identifikation der benötigten unabhängigen Variablen).

Zur Optimierung der wirklich benötigten Hiddenunits[48] existieren wiederum Regularisierungstechniken oder Verfahren der Sensitivitätsanalyse, die in ähnlicher Weise arbeiten wie die entsprechenden Verfahren zur Identifikation benötigter Gewichte. Spezielle Verfahren zur Identifikation benötigter Hiddenunits sind dagegen Verfahren der Outputanalyse[49], der *Neural Network Test* nach White[50]

---

[45] vgl. Hertz et al., 1991, S. 157 ff., Zimmermann, 1994, S. 62 ff., Kerling, 1998, S. 348 ff., auch Weigend et al., 1990, 1991 oder Hanson/Pratt, 1989

[46] Zu statistischen Gewichtstests vgl. z.B. Finnoff/Zimmermann, 1992, Zimmermann, 1994, S. 71 ff., Kerling, 1998, S. 350 ff., Poddig, 1999, S. 557 ff.

[47] vgl. dazu die ausführlichen Darstellungen und Diskussion bei Kerling, 1998, S. 350 ff.

[48] vgl. z.B. Hertz et al., 1991, S. 158, Zimmermann et al., 1992, Zimmermann, 1994, S. 74 ff., Kerling, 1998, S. 379 ff.

[49] vgl. Zimmermann et al., 1992

[50] vgl. White, 1989, auch Lee et al., 1993

oder der *Lagrange Multiplier Test*[51]. Zur Bestimmung der relevanten unabhängigen Variablen (Inputunits) werden Techniken der Sensitivitätsanalyse[52] oder der *Wald-Test*[53] eingesetzt. Auch hier würde eine mehr ins Detail gehende Betrachtung den zur Verfügung stehenden Rahmen bei weitem sprengen, so daß auf die Literatur verwiesen wird.

4.5   Unterstützende Maßnahmen

Aufgrund der hohen Parametrisierung schon sehr kleiner Perceptrons besteht die besondere Problematik darin, daß diese zwar leicht die in den Trainingsdaten vorhandenen Strukturen abbilden können, allerdings dazu neigen, diese überanzupassen. So werden aus den Stichprobendaten vermeintliche Zusammenhänge extrahiert, die in der Wirklichkeit überhaupt nicht bestehen, sondern allein der (zufälligen) Stichprobe zu eigen sind. Techniken zum Erkennen des Overfitting und zur Optimierung der internen Architektur eines Perceptrons sollen die Gefahr der Abbildung von Scheinstrukturen verringern, sie allein sind aber dazu nicht ausreichend. Aus diesem Grund müssen bei der Entwicklung eines Perceptron-basierten Modells im Regelfall weitere unterstützende Maßnahmen bei der Modellentwicklung ergriffen werden. Als wichtige Maßnahmen ist hier unter anderem auf die Vorselektion der relevanten Einflußgrößen, auf die Reduktion des Signalrauschens und auf die Erhöhung der Signalinformation zu verweisen.

Im vorhergehenden Abschnitt 4.4. wurde außerdem auf die Problematik der Selektion der wirklich relevanten Einflußgrößen bei einer konkreten Aufgabenstellung hingewiesen. Zwar existieren hierzu spezifische Techniken für die Entwicklung eines Perceptrons, allerdings verbinden sich mit ihnen zahlreiche Probleme und sie arbeiten auch nicht zuverlässig. Insofern wäre ein wesentlicher Teil der Entwicklungsproblematik gelöst, wenn es im Vorfeld der Modellentwicklung gelingen würde, die für eine Aufgabenstellung wirklich relevanten Einflußgrößen exakt zu identifizieren.

Um auf Zusammenhänge zwischen der abhängigen Variablen und unabhängigen Variablen zu testen, existieren verschiedene statistische Testverfahren (z.B. die Korrelationsanalyse). Das Problem der Verwendung gängiger statistischer Testverfahren ist in diesem Zusammenhang aber darin zu sehen, daß diese Verfahren im Regelfall auf die Entdeckung linearer Zusammenhänge beschränkt sind. Nichtlineare Abhängigkeiten können diese zumeist nicht aufdecken. Die Entwicklung von Testverfahren, welche auch nichtlineare Zusammenhänge in den Daten erkennen und anzeigen können, steckt noch in den Anfängen. Dennoch existieren mittlerweile einige sehr vielversprechende Ansätze. Exemplarisch sei

---

[51] vgl. Teräsvirta et al., 1993
[52] vgl. Zimmermann et al., 1992, S. 9. f., Utans/Moody, 1991, Moody/Utans, 1992; auch Moody/Utans, 1995, S. 284 f.
[53] vgl. Kerling, 1998, S. 406

hier zunächst auf den BDS-Test verwiesen[54], welcher als rein univariater Test zunächst erlaubt, die zu modellierende Zielreihe auf Strukturen zu testen. Dieser Test bietet sich an, um im Vorfeld der Modellentwicklung zu testen, ob sich die zu modellierende Zielreihe als reiner Zufallsprozeß darstellt. Sollte dies der Fall sein, wäre der Versuch einer Modellentwicklung offensichtlich sinnlos. Das wesentliche Defizit dieses Tests besteht allerdings darin, daß eine Zeitreihe nur in Bezug "auf sich selbst" überprüft werden kann. Ein bivariater oder multivariater Test, mit dem auf Zusammenhänge gegenüber einer anderen bzw. mehreren anderen exogenen Variablen getestet werden kann, stellt er nicht dar.

Ein interessanter Ansatz, um auch auf multivariate Zusammenhänge zu testen, stellt der Delta-Test dar[55]. Obwohl er im Zusammenhang mit der Entwicklung eines Perceptrons schon mehrfach mit Erfolg eingesetzt werden konnte, besteht seine besondere Problematik darin, daß die Ergebnisse des Delta-Tests ausgesprochen schwierig und mitunter nur subjektiv interpretierbar sind. Eine Weiterentwicklung stellt hier der Lambda-Test dar[56], der im Ansatz auf dem Delta-Test beruht, aber das Problem der schwierigen Ergebnisinterpretation beseitigt. Erfahrungen mit seinem konkreten Einsatz stehen allerdings noch aus.

Bei praktischen Aufgabenstellungen, insbesondere bei vielen wirtschaftlichen Anwendungen, ist das zur Verfügung stehende Datenmaterial, mit dem die Modellbildung erfolgt, stark "verrauscht". Unter "Rauschen" sind verschiedene Effekte zu verstehen[57]. Zum einen kann es sich um echte Datenfehler handeln, die bei der Erfassung, Berechnung oder Übertragung entstehen. Beispielhaft ist hier nur an das umfangreiche Datenmaterial zu denken, welches von den statistischen Ämtern verarbeitet, aufbereitet und veröffentlicht wird. Sollen etwa die Exporte eines Monats erfaßt werden, so ist schon intuitiv einsichtig, daß dies niemals vollständig und zahlenmäßig ganz genau möglich ist. Oftmals sind Berechnungen für bestimmte makroökonomische Größen nur vorläufig und basieren auf Schätzungen oder Hochrechnungen. Diese werden dann Monate später korrigiert. Welches sind aber in diesem Zusammenhang die "richtigen" Daten? Die Daten, welche bei ihrer erstmaligen Veröffentlichung von den Marktteilnehmern wahrgenommen wurden (also die vorläufigen Daten)? Oder aber die Daten, die nachträglich durch die statistischen Ämter korrigiert wurden? Und schließlich kann gefragt werden, welcher Wert für eine bestimmte makroökonomische Größe zustandegekommen wäre, wenn nicht ein bestimmtes, außergewöhnliches Sonderereignis gewirkt hätte. Der Begriff des "Rauschens" ist also sehr facettenreich und soll hier nicht abschließend definiert werden. Jedoch wird deutlich, daß das bei wirtschaftswissenschaftlichen Anwendungen zur Verfügung stehende Datenmaterial infolge verschiedenster Störeinflüsse mitunter erheblich verzerrt ist. Dies erschwert den

[54] vgl. Brock et al., 1987; für eine eher "lehrbuchmäßige" Darstellung auch Poddig, 1999, S. 204 ff.
[55] vgl. Pi, 1993 und Pi/Peterson, 1994; auch Kerling, 1998, S. 393 ff.
[56] vgl. Poddig et al., 1999
[57] vgl. auch Poddig, 1999, S. 416 ff.

Einsatz von Perceptrons erheblich, denn vor dem Hintergrund der hohen Parametrisierung selbst kleiner Perceptrons stellt sich die Frage, wie sichergestellt werden kann, daß diese die in den Daten vorhandenen, tatsächlich vorhandenen Wirkungszusammenhänge abbilden und dabei nicht das Datenrauschen "erlernen".

Verfahren der Rauschfilterung, mit denen das in den zur Verfügung stehenden Daten vorhandene "Rauschen" entfernt werden kann, sind daher als wichtige unterstützende Maßnahme im Vorfeld der Modellentwicklung anzuwenden. Allerdings existieren hier auch zahlreiche verschiedene Verfahren mit gänzlich unterschiedlicher Arbeitsweise, Eigenschaften, Vor- und Nachteilen. Neben klassischen Verfahren der Rauschfilterung, wie zum Beispiel der Bildung gleitender Durchschnitte, lassen sich hierzu auch bestimmte Verfahren der multivariaten Statistik (z.B. Clusteranalyse, Faktorenanalyse) oder sogar bestimmte (andere) Typen von neuronalen Netzen einsetzen (Self Organizing Feature Maps)[58]. Eine interessante Kombination von simultaner Rauschfilterung und Training eines Perceptrons stellt das *Clearning* dar[59]. Für nähere Betrachtungen sei hier wiederum auf die Literatur verwiesen.

Als komplementäre Verfahren zur Rauschfilterung sind die Ansätze zur Erhöhung der Signalinformation zu sehen. Anstatt das Rauschen in den Daten zu entfernen, um die "wahren" Strukturen deutlicher zu Tage treten zu lassen, soll hier die "wahre" Signalinformation hervorgehoben bzw. verdeutlicht werden. Eine bekannte Technik ist hier die Verwendung eines sogenannten *Interaction Layers*, mit dessen Hilfe verschiedene Transformationen (oder Sichtweisen auf) ein und derselben abhängigen Variablen dem Perceptron beim Training präsentiert werden[60]. Beim *Multi-Task Learning*[61] soll das Perceptron nicht nur die interessierende abhängige Variable modellieren, sondern zusätzlich auch verschiedene andere, komplementäre abhängige Variablen. Diese anderen, komplementären abhängigen Variablen interessieren zwar für die eigentliche Aufgabenstellung nicht, ihre Verwendung erleichtert jedoch die Modellierung der interessierenden abhängigen Variablen.

Die kurzen, überblicksartigen Betrachtungen zu ausgewählten Problemfeldern und Lösungsansätzen bei der Entwicklung von Perceptrons sind bei weitem nicht vollständig und könne nur einen ersten groben Eindruck von der Schwierigkeit einer Modellentwicklung mit Hilfe von Perceptrons geben. Um ein wirklich "gutes" Perceptron-basiertes Prognosemodell zu erstellen, reicht die Beherrschung eines speziellen Problemfeldes und die der dort eingesetzten Techniken im Regelfall nicht aus. Vielmehr ist bei der Modellentwicklung im Regelfall ein Bündel

---

[58] vgl. hierzu die Diskussion bei Kerling, 1998, S. 411

[59] vgl. Weigend et al., 1996. Der Begriff *Clearning* ist dabei ein Kunstwort, zusammengesetzt aus *Cleaning* und *Learning*. Er beschreibt damit ansatzweise die Arbeitsweise dieses Verfahrens, bei dem im Zuge des Trainings des Perceptrons (*Learning*) die Trainingsdaten simultan "gefiltert" (*Cleaning*) werden.

[60] vgl. Zimmermann/Weigend, 1996, Neuneier/Zimmermann, 1998, S. 379 ff.; auch Kerling, 1998, S. 424 ff.

[61] vgl. Caruana, 1993, 1995

von Problemfeldern mit zugehörigen Lösungsansätzen zu handhaben. Erschwerend tritt hinzu, daß die verschiedenen Problemfelder mit ihren Lösungsansätzen zueinander oftmals in Wechselwirkung treten. So kann die erfolgreiche Bewältigung eines Problemfeldes erheblich davon abhängen, welcher Lösungsansatz bei einem anderen Problemfeld gewählt wurde.

5 Anwendungen klassischer neuronaler Netze

Die verschiedenen Anwendungsmöglichkeiten klassischer neuronaler Netze sollen, wie bereits in der Einleitung angesprochen, hier nicht extensiv behandelt werden. So sind diverse Anwendungen selbst Gegenstand anderer Beiträge dieses Tagungsbandes. Daher sollen an dieser Stelle einige wenige Bemerkungen und Literaturhinweise genügen.

Die industriellen Anwendungsmöglichkeiten sind nahezu unbegrenzt. Einige wenige Beispiele sind hier die Steuerung von Robotern, die Erkennung von Bildern, Sprache und Schrift, die Steuerung von Fertigungsanlagen oder die Qualitätskontrolle von Industrieprodukten. Daher soll die Betrachtung von Anwendungsmöglichkeiten weiter auf (betriebs-) wirtschaftliche Aufgabenstellungen eingeschränkt werden. Beispielsweise ist hier für den Bereich der Produktionswirtschaft auf den Einsatz zur Produktionsplanung, für den Bereich des Marketing auf Absatzprognosen oder für den Bereich der Finanzwirtschaft auf die Prognose von Zinsentwicklungen zu verweisen. Gerade für den Bereich der Finanzwirtschaft sind in der Literatur ausgesprochen viele Anwendungen neuronaler Netze dokumentiert. Dies hängt sicherlich mit dem Umstand zusammen, daß neuronale Netze hier die Hoffnung nährten, mit ihrer Hilfe eine überlegene Prognosetechnologie realisieren und damit hohe Gewinne an Finanzmärkten erzielen zu können. Die folgenden Betrachtungen sollen daher noch weiter auf diesen Bereich eingegrenzt werden.

Im Bereich der Finanzwirtschaft[62] ist es naheliegend, zunächst an die Prognose von Marktentwicklungen zu denken. Wenig verwunderlich existieren daher zahlreiche in der Literatur dokumentierte Anwendungen zur Prognose der Entwicklung von Aktienmärkten, Zinsentwicklungen und Rentenmärkten oder Devisenmärkten. Im Zusammenhang mit Aktienmärkten ist jedoch nicht nur an die Prognose der allgemeinen Marktentwicklung zu denken. Ebenso können neuronale Netze zur Titelselektion (d.h. zur Auswahl spezieller Aktien aus einem Markt) eingesetzt werden.

---

[62] Es ist nahezu unmöglich, einen wenigstens halbwegs vollständigen Literaturüberblick über Anwendungen von neuronalen Netzen in der Finanzwirtschaft geben zu wollen. Exemplarisch sei hier auf die Zusammenstellungen bei Rehkugler/Kerling, 1995, S 315 ff. oder Poddig/Huber, 1998, S. 381 und die jeweils dort angegebene Literatur verwiesen.

Ein anderer wichtiger Bereich ist die Kreditwürdigkeitsprüfung. Schon frühzeitig in der Anwendung neuronaler Netze auf finanzwirtschaftliche Aufgabenstellungen wurden hier zahlreiche Studien vorgenommen. Dabei ist die Kreditwürdigkeitsprüfung von Unternehmen[63] und von Privatpersonen zu unterscheiden.

Bei Betrachtung der in der Literatur dokumentierten Anwendungen ist zunächst auffällig, daß es sich hier überwiegend um wissenschaftliche Studien handelt. Jedoch konnten sich neuronale Netze nicht nur in akademischen Untersuchungen, sondern auch in "echten" praktischen Anwendungen bewähren.

6 Fazit

Die bisherigen Betrachtungen sollen abschließend in einigen kurzen, knappen Thesen zusammengefaßt werden. So sei zunächst nochmals betont, daß es "das" neuronale Netz nicht gibt. Vielmehr existiert eine kaum mehr zu überblickende Fülle an verschiedenen Typen von neuronalen Netzen, innerhalb eines Typs wiederum können vielfältige Varianten existieren. Allgemeine Aussagen und Betrachtungen zu neuronalen Netzen schlechthin sind also gar nicht möglich. Sie beziehen sich zwangsläufig immer auf einen ganz speziellen Typ, gegebenenfalls zusätzlich auf eine klar zu benennende Variante. Die Betrachtungen dieses Beitrags beziehen sich ausschließlich auf die Familie der Perceptrons. Verallgemeinerungen auf die Eigenschaften anderer Typen von neuronalen Netzen sind nicht möglich.

In der "Frühzeit" der Anwendung von Perceptrons auf wirtschaftliche Aufgabenstellungen wurde mitunter der Eindruck verbreitet, Perceptrons seien intelligente Systeme und zu verstandesmäßigen Leistungen wie dem Lernen aus Beispielen fähig. Bei näherer Betrachtung ist dies jedoch nicht der Fall. Perceptrons können als eine Art verallgemeinertes, nichtlineares Regressionsmodell interpretiert werden. Alle wesentlichen Eigenschaften und Voraussetzungen eines Regressionsmodells gelten damit ebenso für Perceptrons. Der Einsatz eines Perceptrons setzt also keineswegs sämtliche Sorgfaltsprinzipien außer Kraft, die im Umgang mit einem Regressionsmodell zu beachten wären.

Perceptrons unterliegen dem klassischen Bias-Varianz-Dilemma mit allen seinen Konsequenzen. Das Kernproblem in der Entwicklung eines Perceptronbasierten Modells besteht in dem Finden der "richtigen" Netzwerkarchitektur (Parametrisierung). Im Sinne der vorgestellten Überlegungen zum Bias-Varianz-Dilemma sollte das Perceptron gerade so groß sein, daß kein Bias existiert, aber

---

[63] Bei Rehkugler/Poddig, 1998, S. 385 ff. findet sich eine Zusammenstellung von empirischen Studien zu diesem Bereich, in denen auch neuronale Netze angewendet wurden; vgl. auch die dort angegebene Literatur.

die Varianz noch minimal ist. Das Perceptron sollte also über so viele Gewichte wie nötig, gleichzeitig aber über so wenig wie möglich verfügen.

Im allgemeinen neigen Perceptrons aber zu einer Überparametrisierung, d.h. sie verfügen über zu viele Gewichte in Bezug auf die vorhandenen Trainingsdaten. Um Überparametrisierungen und in der Folge ein Overfitting der Trainingsdaten zu erkennen, sind Techniken der Validierung einzusetzen. Die "klassische" Variante der einfachen Validierung in Verbindung mit einem Stopped Training ist zwar weit verbreitet, besitzt jedoch zahlreiche gravierende Probleme. Hier ist unbedingt der Einsatz fortgeschrittener Techniken, wie z.B. die nichtlineare Cross-Validierung oder das Forced Overfitting, zu empfehlen.

Zur Optimierung der internen Verbindungsstruktur (d.h. Identifikation der wirklich benötigten Gewichte innerhalb eines Perceptrons) existiert eine kaum noch übersehbare Fülle an Verfahren mit jeweils spezifischen Vor- und Nachteilen. Wünschenswert ist hier der Einsatz von statistischen Gewichtstests, um auch Aussagen über die statistische Signifikanz einzelner Verbindungsgewichte abgeben zu können. Problematisch ist hier allerdings, daß das Vorhandensein redundanter Input- und Hiddenunits zu verzerrten Teststatistiken führen kann. Die Optimierung der Anzahl vorhandener Input- und Hiddenunits sollte daher zunächst erfolgen. Dazu stehen verschiedene Verfahren zur Verfügung. Beim Test auf statistische Signifikanz der Ein- und Ausgangsgewichte einer Hiddenunit existiert jedoch das Problem einer wechselseitigen Abhängigkeit der Testergebnisse. Um nämlich die Ausgangsgewichte testen zu können, müssen zunächst die Eingangsgewichte eindeutig bestimmt sein. Damit diese eindeutig bestimmt werden können, sind statistische Tests der Eingangsgewichte erforderlich. Um diese jedoch zuverlässig durchführen zu können, müssen die Ausgangsgewichte eindeutig bestimmt sein. Dieses Dilemma wird auch als "Identifikationsproblem" bezeichnet. Als praktische Konsequenz ergibt sich daraus, daß keine eindeutige Vorgehensweise bei der Durchführung der statistischen Tests angegeben werden kann.

Die Quintessenz dieses Fazits läßt sich vielleicht noch weiter zu drei einfachen Thesen zusammenfassen. Erstens ist trotz aller gewaltigen und beeindruckenden methodischen Fortschritte der letzten Jahre noch kein ingenieurmäßiges Vorgehensmodell zur Entwicklung optimaler Perceptrons erkennbar. Zweitens hängt damit die Güte eines Perceptron-basierten Prognosemodells im wesentlichen von den Fertigkeiten und Erfahrungen seines Entwicklers ab. Sofern also drittens die konkrete Aufgabenstellung nicht die Verwendung eines Perceptrons zwingend nahelegt, sollte man im Vorfeld der Modellentwicklung alternative Methoden erwägen und prüfen. Perceptrons verfügen unzweifelhaft über ein sehr hohes Leistungspotential, dieses kann aber erst durch entsprechenden Einsatz seines Entwicklers und Anwendung fortgeschrittener Methoden genutzt werden.

Literatur

1. Ackley, D.E., Hinton, G.E., Sejnowski, T.J. (1985): 'A learning algorithm for Boltzmann machines', *Cognitive Science*, 9, S. 147 - 169, Nachdruck in *Neurocomputing, Foundations of Research* (Hrsg. J. A. Anderson und E. Rosenfeld), Cambridge, MA (Third printing 1989), S. 638 -649.
2. Almeida, L. B. (1987): 'A Learning Rule for Asynchronous Perceptrons with Fedback in a Combinatorial Environment', *IEEE First International Conference on Neural Networks, San Diego*, Vol. II, S. 609 - 618.
3. Almeida, L. B. (1988): 'Backpropagation in Perceptrons with Feedback', *Neural Computers* (Hrsg. R. Eckmiller und Ch. von der Malsburg), Berlin, S. 199 - 208.
4. Almeida, L.B. (1989): 'Backpropagation in non-feedforward networks', *Neural Computing Architectures, The design of brain-like machines* (Ed. I. Aleksander), London, S. 74 - 91.
5. Anders, U. (1995): *Neuronale Netze in der Ökonometrie – Die Entmythologisierung ihrer Anwendungen*, Zentrum für Europäische Wirtschaftsforschung GmbH, Discussion Paper No. 95-26, Mannheim.
6. Brock, W.A., Dechert, W. D., Scheinkman, J. A. (1987): *A Test for Independence Based on the Correlation Dimension*, Working Paper, Department of Economics University of Wisconsin, University of Houston and University of Chicago.
7. Caruana, R. (1993): 'Multitask Learning: A Knowledge-Based Source of Inductive Bias', *Proceedings of the 10th International Conference on Machine Learning*, Amherst, S. 41 – 48.
8. Caruana, R. (1995): 'Learning Many Related Tasks at the Same Time with Backpropagation', *Advances in Neural Information Processing Systems*, Vol 7., S. 656 – 664.
9. Fang, Y., Sejnowski, T. J. (1990): 'Faster Learning for Dynamic Recurrent Backpropagation', *Neural Computation*, 2, S. 270 - 273.
10. Finnoff, W., Hergert, F., Zimmermann, H.G. (1993): *Neuronale Lernverfahren mit variabler Schrittweite*, Arbeitspapier, Siemens AG, Zentrale Forschungs- und Entwicklungsabteilung, München.
11. Finnoff, W., Zimmermann, H.G. (1992): *Detecting Structure in Small Datasets by Network Fitting under Complexity Constraints*, Siemens AG, Corporate Research and Development, ZFE IS INF 24, Otto-Hahn-Ring 6, München.
12. Geman, S., Bienenstock, E., Doursat, R. (1992): 'Neural Networks and the Bias/Variance Dilemma', *Neural Computation*, 4, S. 1 – 58.
13. Hanson, S.J., Pratt, L.Y. (1989): 'Comparing biases for minimal network construction with back-propagation', *Advances in Neural Information Processing I* (Ed. D.S. Touretzky), San Mateo, S. 177 - 185.
14. Hecht-Nilson, R. (1987): 'Counterpropagation Networks', *Proceedings of the International Conference on Neural Networks, San Diego, June 1987*, Vol. II, S. 19 - 32.
15. Hecht-Nilson, R. (1987a): 'Counterpropagation Networks', *Applied Optics*, Vol. 26, No. 23 December 1987, S. 4979 - 4984.
16. Hertz, J., Krogh, A., Palmer, R.G. (1991): *Introduction to the Theory of Neural Computation*, Redwood City, CA.
17. Hinton, G.E., Sejnowski, T. (1986): 'Learning and Relearning in Boltzmann Machines', *Parallel Distributed Processing: Explorations in the Microstructure of*

168

Cognition, Volume I, Foundations (Hrsg. D.E. Rumelhart, J.L. McClelland, and the PDP Research Group), Cambridge, MA, S. 282 - 317.

18. Hopfield, J.J. (1982): 'Neural networks and physical systems with emergent collective computational abilities', *Proceedings of the National Academy of Sciences*, 79, S. 2554 - 2558.

19. Hopfield, J.J. (1984): 'Neurons with graded response have collective computational properties like those of two-state neurons', *Proceedings of the National Academy of Sciences*, 81, S. 3088 - 3092.

20. Hornik K. (1991): 'Approximation Capabilities of Multilayer Feedforward Networks', *Neural Networks*, Vol. 4, S. 251-257.

21. Hornik K., Stinchcombe M., White, H. (1989): 'Multilayer Feedforward Networks are Universal Approximators', *Neural Networks*, Vol. 2, S. 359-366.

22. Kerling, M. (1996): 'Corporate Distress Diagnosis – An International Comparision', *Neural Networks in Financial Engineering* (Hrsg. A.-P. Refenes., Y. Abu-Mostafa, J. Moody und A. Weigend), Singapore, S. 407 – 422.

23. Kerling, M. (1998): *Moderne Konzepte der Finanzanalyse – Markthypothesen, Renditegenerierungsprozesse und Modellierungswerkzeuge*, Bad Soden/Ts.

24. Kerling, M., Poddig, Th. (1994): 'Klassifikation von Unternehmen mittels KNN', *Neuronale Netzwerke in der Ökonomie* (Hrsg. H. Rehkugler und H. G. Zimmermann), München, S. 427 - 490.

25. Kohonen, T. (1981): 'Automatic Formations of Topological Maps in a Self-Organizing System', *Proceedings of the 2nd Scandinavian Conference on Image Analysis* (Hrsg. E. Oja und O. Simula), S. 214 - 220.

26. Kohonen, T. (1982): 'Clustering, Taxonomy and Topological Maps of Patterns', *Proceedings of the sixth International Conference on Pattern Recognition, Silver Spring, MD* (IEEE Computer Society), S. 114 - 128.

27. Kohonen, T. (1982a): 'A Simple Paradigm for the Self-Organisation of Structured Feature Maps, Competition and Cooperation in Neural Nets', *Lecture Notes in Biomathematics* (Hrsg. S. Amari und M.A. Arbib), Vol. 45, Berlin, S. 248 - 266.

28. Kohonen, T. (1986): *Learning Vector Quantization for Pattern Recognition*, Tech. Rep. No. TKK-F-A601, Helsinki University of Technology, Finnland.

29. Lee, T.-H., White, H., Granger, C. W. J. (1993): 'Testing for neglected nonlinearity in time series models: A comparison of neural network methods and alternative tests', *Journal of Econometrics*, 56, S. 269 – 290.

30. Masters, T. (1993): *Practical Neural Network Recipes in C++*, Boston.

31. Minsky, M., Papert, S. (1988): *Perceptrons, An Introduction to Computational Geometry*, Expanded Edition, 2nd printing, Cambridge, MA.

32. Moody, J.E., Utans, J. (1992): 'Principled Architecture Selection for Neural Networks: Application to Corporate Bond Rating Prediction', *Advances in Neural Information Processing Systems 4* (Hrsg. J.E. Moody, S.J. Hanson und R.P. Lippmann), San Mateo, CA, S. 683 - 690.

33. Moody, J., Utans, J. (1995): 'Architecture Selection Strategies for Neural Networks: Application to Corporate Bond Rating Prediction', *Neural Networks in the Capital Markets* (Hrsg. A.-P. Refenes), Chichester, S. 277 - 300.

34. Neuneier, R., Tresp, V. (1994): 'Radiale Basisfunktionen, Dichteschätzungen und Neuro-Fuzzy', *Neuronale Netzwerke in der Ökonomie* (Hrsg. H. Rehkugler und H.G. Zimmermann), München, S. 89 - 130.

35. Neuneier, R., Zimmermann, H. G. (1998): 'How To Train Neural Networks', Neural Networks: Tricks of the Trade (Hrsg. G. B. Orr und K.-R. Müller), Berlin, S. 373 – 423.

36. Pi., H. (1993): ,Dependency Analysis and Neural Network Modeling of Currency Exchange Rates', *Proceedings of the First International Workshop on Neural Networks in the Capital Markets*, London.

37. Pi, H., Peterson, C. (1994): 'Finding the Embedding Dimension and Variable Dependencies in Time Series', *Neural Computation*, 6, S. 509 - 520.

38. Pineda, F.J. (1987): 'Generalization of Back-Propagation to Recurrent Neural Networks', *Physical Review Letters*, 59, S. 2229 - 2232.

39. Pineda, F.J. (1988): 'Dynamics and Architecture for Neural Computation', *Journal of Complexity*, 4, S. 216 - 245.

40. Pineda, F.J. (1989): 'Recurrent Back-Propagation and the Dynamical Approach to Adaptive Neural Computation', *Neural Computation*, 1, S. 161 - 172.

41. Poddig, Th. (1992): *Künstliche Intelligenz und Entscheidungstheorie*, Wiesbaden.

42. Poddig, Th. (1994): 'Ein Jackknife-Ansatz zur Strukturextraktion in Multilayer-Perceptrons bei kleinen Datenmengen', *Künstliche Intelligenz in der Finanzberatung* (Hrsg. S. Kirn und Ch. Weinhardt), Wiesbaden, S. 333 - 345.

43. Poddig, Th. (1994a): 'Mittelfristige Zinsprognosen mittels KNN und ökonometrischer Verfahren - Eine Fallstudie über den Umgang mit kleinen Datenmengen -', *Neuronale Netzwerke in der Ökonomie* (Hrsg. H. Rehkugler und H. G. Zimmermann), München, S. 209 - 289.

44. Poddig, Th. (1996): Analyse und Prognose von Finanzmärkten, Bad Soden

45. Poddig, Th. (1999): *Handbuch Kursprognose*, Bad Soden/Ts.

46. Poddig, Th., Huber, C. (1998): 'Renditeprognosen mit Neuronalen Netzen', *Handbuch Portfoliomanagement* (Hrsg. J. M. Kleeberg und H. Rehkugler), Bad Soden/Ts., S. 349 – 384.

47. Poddig, Th., Möller, I., Petersmeier, K. (1999): 'Analysis of non-linear dependencies using the λ-test', erscheint in: *Eufit 99, 7th European Conference on Intelligent Techniques and Soft Computing* (Hrsg. H.-J. Zimmermann).

48. Refenes, A.-P. (1995): 'Methods for Optimal Network Design', *Neural Networks in the Capital Markets* (Hrsg. A.-P. Refenes), Chichester, S. 33 – 54.

49. Rehkugler, H., Kerling, M. (1995): 'Einsatz Neuronaler Netze für Analyse- und Prognose-Zwecke', *Betriebswirtschaftliche Forschung und Praxis*, Heft 3, S. 306 - 324.

50. Rehkugler, H., Poddig, Th. (1998): *Bilanzanalyse*, 4. Auflage, München.

51. Rohwer, R., Forrest, B. (1987): 'Training Time-Dependence in Neural Networks', *IEEE First International Conference on Neural Networks, San Diego*, Vol. II, S. 701 - 708.

52. Rosenblatt, F. (1958): 'The perceptrons: a probabilistic model for information storage and organization in the brain', *Psychological Review*, 65, S. 386 - 408.

53. Rumelhart, D.E., Hinton, G.E., Williams, R.J. (1986): 'Learning Internal Representations by Error Propagation', *Parallel Distributed Processing: Explorations in the Microstructure of Cognition, Volume I, Foundations* (Hrsg. D.E. Rumelhart, J.L. McClelland, and the PDP Research Group), Cambridge, MA S. 318 - 362.

54. Specht, D.F. (1988): 'Probabalistic Neural Network for Classification, Mapping, or Associative Memory', *Proceedings of the IEEE International Conference on Neural Networks*, Vol. 1, S. I-525 - I-532

55. Specht, D.F. (1990): 'Probabilistic Neural Networks', *Neural Networks*, Vol. 3, S. 109 - 118.

56. Specht, D.F. (1991): 'A General Regression Neural Network', *IEEE Transactions on Neural Networks*, Vol. 2, No. 6, S. 568 - 576.

57. Teräsvirta, T., Lin, C.-F., Granger, C. W. J. (1993): 'Power of the neural network linearity test', *Journal of Time Series Analysis*, Vol. 14, No. 2, S. 209 – 220.

58. Utans, J., Moody, J. E. (1991): 'Selecting neural network architectures via prediction risk: Application to corporate bond rating prediction', *Proceedings of the First International Conference on Artificial Intelligence Applications on Wall Street*, Los Alamitos, CA.

59. Wasserman, P.D. (1993): *Advanced Methods in Neural Computing*, New York.

60. Weigend, A.S., Huberman, B.A., Rumelhart, D.E. (1990): *Predicting the future: A connectionist approach*, Stanford-PDP-90-01, PARC-SS1-90-20, Stanford University, Standford, CA.

61. Weigend, A.S., Rumelhart, D.E., Huberman, B.A. (1991): 'Generalization by Weight-Elimination with Application to Forecasting', *Advances in Neural Information Processing III* (Hrsg. R.P. Lippmann und J. Moody), San Mateo, S. 875 - 882.

62. Weigend, A. S., Zimmermann, H. G., Neuneier, R. (1996): 'Clearning', *Neural Networks in Financial Engineering* (Hrsg. A.-P. Refenes., Y. Abu-Mostafa, J. Moody und A. Weigend), Singapore, S. 511 – 521.

63. Wittner, B.S., Denker, J.S. (1988): 'Strategies for Teaching Layered Networks Classification Tasks', *Neural Information Processing Systems* (Hrsg. D.Z. Anderson), New York, S. 850 - 859.

64. White, H. (1989): 'An additional hidden unit test for neglected nonlinearity in multilayer feedforward networks', *Proceedings of the International Joint Conference on Neural Networks*, Washington D.C., Vol. II, S. 451 – 455.

65. Zimmermann, H.G. (1994): 'Neuronale Netze als Entscheidungskalkül - Grundlagen und ihre ökonometrische Realisierung -', in *Neuronale Netzwerke in der Ökonomie* (Hrsg. H. Rehkugler und H.G. Zimmermann), München, S. 1 - 87.

66. Zimmermann, H.G., Hergert, F., Finnoff, W. (1992): *Neuron Pruning and Merging Methods for Use in Conjuction with Weight Elimination*, Siemens AG, Corporate Research and Development, ZFE IS INF 23, Otto-Hahn-Ring 6, München.

67. Zimmermann, H.G., Weigend, A. S. (1996): *Finding Nonlinear Structure Using An Interaction Layer*, Arbeitspapier, Siemens AG, Zentrale Forschungs- und Entwicklungsabteilung, München.

Analyse des Risikos bei "Emerging Markets"- Investments durch Simulation des Portfolio Management-Prozesses

Thorsten Poddig und Hubert Dichtl

Universität Bremen, Lehrstuhl für Allgemeine Betriebswirtschaftslehre, insbesondere für Finanzwirtschaft, Hochschulring 40, D-28359 Bremen.

Zusammenfassung. Aus praktischer Sicht entspricht das Kapitalanlageproblem einem komplexen *Entscheidungsprozeß*, der aus zahlreichen Einzelentscheidungen besteht. Diese Entscheidungen sind insofern von zentraler Bedeutung, da der letztendlich erzielte Anlageerfolg aus ihrem Zusammenwirken resultiert. Die zu treffenden Einzelentscheidungen sind dadurch charakterisiert, daß sie sich gegenseitig beeinflussen. Darüber hinaus ergibt sich aufgrund ihrer Interdependenzen das Problem, daß sich die Auswirkungen einer konkreten Einzelentscheidung auf das Gesamtergebnis kaum isoliert quantifizieren läßt. Aus diesem Grunde dürfte es auch kaum möglich sein, "optimale" Einzelentscheidungen auf analytischem Wege (z.B. mit Hilfe eines deterministischen Modells) zu bestimmen, zumal auch ein theoretisches Modell dafür fehlt.

In dieser Arbeit werden die Risiken von "Emerging Markets"-Investments durch die Simulation des gesamten Portfolio Management-Prozesses analysiert. Dabei wird berücksichtigt, daß sämtliche Entscheidungen auf Grundlage von Prognosen (insbesondere prognostizierte Renditen und Risiken) getroffen werden müssen. Durch die integrierte Modellierung der einzelnen Teilprozesse Finanzanalyse, Portfoliorealisierung und Performancemessung läßt sich das Zusammenwirken der zahlreichen Einzelentscheidungen realitätsnah untersuchen und der Einfluß einzelner Entscheidungen auf das Portfolioergebnis ermitteln (Sensitivitätsanalyse). Die erzielten Ergebnisse liefern wertvolle Hinweise, ob bzw. mit welchen Anlagestrategien in "Emerging Markets" investiert werden sollte.

Keywords: Portfolio Mangement-Prozeß, Simulation, "Emerging Markets", integrierte Modellierung.

1 Einleitung

Mit dem Begriff "Emerging Markets" werden die Aktienmärkte sog. "Schwellenländer" bezeichnet. Hierbei handelt es sich um wirtschaftlich unterentwickelte

Länder, die über ein hohes volkswirtschaftliches Wachstumspotential verfügen.[1] Die Kapitalanlagen in diesen Ländern gelten als sehr renditeträchtig, aber auch als sehr riskant.[2] Zu den "Emerging Markets" zählen beispielsweise die Aktienmärkte Lateinamerikas, Ost- und Südasiens oder auch die Märkte des mittleren Ostens.[3]

Nach der Portfolio Selection-Theorie von MARKOWITZ sollten Wertpapiere (und somit auch "Emerging Markets"-Aktien) dann in ein Portfolio aufgenommen werden, wenn sie eine hohe Rendite und eine geringe Renditeschwankung (gemessen durch die Volatilität oder Varianz) erwarten lassen. Darüber hinaus sollten sie kaum bzw. sogar negativ mit den sonstigen Wertpapieren des Portfolios korreliert sein.[4] Zur Beurteilung von "Emerging Markets"-Investments werden deshalb häufig die Mittelwerte, Varianzen (bzw. Volatilitäten) und Korrelationen von ex post realisierten Renditen berechnet und darauf basierend auf die Vorteilhaftigkeit von solchen Anlagen geschlossen.[5] Bei dieser Sichtweise wird implizit unterstellt, daß das gesamte *Investmentrisiko* durch die historisch gemessenen Varianzen und Korrelationen (als Schätzer für die jeweiligen zukünftigen Größen) erschöpfend erfaßt wird. Vor dem Hintergrund des praktischen Portfolio Managements erscheint diese Vorgehensweise zur Beurteilung von "Emerging Markets"-Investments jedoch als unzureichend.

Nach SCHMIDT-VON RHEIN lassen sich unter dem Begriff *Portfolio Management* all jene Aufgaben subsumieren, die im Zusammenhang mit einer Kapitalanlageentscheidung zu lösen und durchzuführen sind.[6] Bei dieser Sichtweise entspricht das Kapitalanlageproblem einem komplexen *Entscheidungsprozeß*, der aus zahlreichen einzelnen *Teilprozessen* besteht.[7] Zur Durchführung des Portfolio Management-Prozesses müssen somit zahlreiche *Einzelentscheidungen* getroffen werden. Die Frage, ob ausschließlich in die Märkte entwickelter Länder investiert werden sollte oder auch in "Emerging Markets", ist keinesfalls erschöpfend. So muß beispielsweise noch geklärt werden, ob man die damit verbundenen Währungsrisiken durch geeignete *Absicherungsstrategien ("Hedge-Strategien")* eliminieren oder übernehmen sollte?[8] Darüber hinaus stellt sich die Frage, ob im Rahmen einer sog. *passiven* Strategie ein vorgegebenes Benchmarkportfolio (z.B. ein

---

[1] Zu einer ähnlichen Definition von "Emerging Markets" siehe Nielsen, 1993, S. 287. Zur Charakterisierung von "Emerging Markets" siehe auch Divecha et al., 1992, S. 42.

[2] Vgl. Divecha, 1994, S. 340-341 und Divecha et al., 1992, S. 42-43. In diesen Quellen finden sich auch Gründe für die hohen Risiken der "Emerging Markets".

[3] Umfassende Aufstellungen von Ländern, welche zu den "Emerging Markets" gerechnet werden, finden sich in Nielsen, 1993, S. 288; Divecha et al., 1992, S. 42 oder auch Divecha, 1994, S. 341.

[4] Siehe hierzu Markowitz, 1952.

[5] Siehe beispielsweise Nielsen, 1993, S. 288-289 oder auch Divecha, 1994, S. 340-342.

[6] Vgl. Schmidt-von Rhein, 1996, S. 13.

[7] Vgl. Schmidt-von Rhein, 1996, S. 13.

[8] Zwischen den beiden Extremen 0% bzw. 100% zu hedgen existieren viele weitere Zwischenformen. Siehe hierzu beispielsweise Gastineau, 1995; Black, 1995; Jorion, 1994; Cantaluppi, 1994.

Marktindex) nachgebildet werden soll oder ob man versuchen sollte, durch eine sog. *aktive* Strategie von dem Benchmarkportfolio gezielt abzuweichen, um ein besseres Ergebnis zu erreichen.[9] Die aktive Anlagestrategie basiert dabei auf der Annahme, daß sich durch eine adäquate Finanzanalyse ein besseres Ergebnis als jenes des vorgegebenen Benchmarkportfolios erzielen läßt. Die hier aufgeführten exemplarischen Fragen sind bei weitem nicht vollständig. *Diese Fragen sind insofern von zentraler Bedeutung, da der letztendlich erzielte Anlageerfolg aus dem Zusammenwirken dieser einzelnen Entscheidungen resultiert.*

Diese Sichtweise des Portfolio Management-Prozesses zeigt, daß die ausschließliche Betrachtung von Varianzen und Korrelationen als Investmentrisiko zu eng (d.h. unvollständig) und deshalb inadäquat ist. Daher ist auch die ausschließliche Analyse von Mittelwerten, Varianzen und Korrelationen historischer Renditen zur Beurteilung von "Emerging Markets"-Investments aus praktischer Sicht unzureichend. Vor diesem Hintergrund wird im weiteren Verlauf dieser Arbeit unter dem Begriff *"Investmentrisiko"* ganz allgemein *die Gefahr* verstanden, *ein suboptimales bzw. inkonsistentes Anlagekonzept zu wählen* und dadurch ein schlechtes Anlageergebnis zu erzielen. Das Anlagekonzept entspricht der Summe aller einzelnen Entscheidungen.

Die zu treffenden Einzelentscheidungen sind dadurch charakterisiert, daß sie sich gegenseitig beeinflussen. So ist es beispielsweise vorstellbar, daß sich eine aktive Strategie bei einer ausschließlichen Berücksichtigung der Assets entwickelter Länder einer passiven als überlegen erweist, während bei einer Erweiterung des Anlageuniversums um "Emerging Markets" ggf. die passive Anlagestrategie der aktiven vorzuziehen ist. Darüber hinaus ergibt sich aufgrund der Interdependenzen der Einzelentscheidungen das Problem, daß sich die Auswirkungen einer konkreten Einzelentscheidung auf das Gesamtergebnis kaum isoliert quantifizieren läßt. Aus diesem Grunde dürfte es auch kaum möglich sein, das "optimale" Anlagekonzept (als Bündel von Einzelentscheidungen) auf analytischem Wege (z.B. mit Hilfe eines deterministischen Modells) zu bestimmen, zumal auch ein theoretisches Modell dafür fehlt.

Aufgrund der Unmöglichkeit der analytischen Bestimmung eines "optimalen" Anlagekonzepts erscheint es sinnvoll, das Zusammenwirken der dahinter stehenden zahlreichen Einzelentscheidungen unter "realen Bedingungen" zu simulieren, um so die Auswirkungen auf die Portfolio-Performance feststellen zu können. Die dabei gewonnenen Erkenntnisse dienen als Ausgangsbasis für die zukünftig zu treffenden Entscheidungen. "Reale Bedingungen" bedeutet, daß zahlreiche Entscheidungen auf Grundlage von Prognosen (z.B. prognostizierte Renditen und Risiken der Assets)[10] getroffen werden müssen. Eine realitätsgerechte Simulation muß diesen Sachverhalt - auch wenn die Simulation anhand von ex post Daten durchgeführt wird - berücksichtigen. Solche Simulationen, die zwar anhand von ex

---

[9] Zu einer Unterscheidung zwischen einem aktiven und passiven Portfolio Management siehe beispielsweise Rudolph, 1993, S. 17 oder auch Rudolph, 1995, S. 39.

[10] Siehe hierzu Markowitz, 1952 und Markowitz, 1987.

post Daten durchgeführt werden, bei denen aber die jeweiligen Entscheidungen auf Grundlage von Prognosen basierend auf der damals tatsächlich zur Verfügung stehenden Informationsmenge getroffen werden, seien im weiteren Verlauf als *"pseudo ex ante"-Simulationen* bezeichnet. Das zentrale Kennzeichen von realitätsgerechten Prognosen ist darin zu sehen - um es nochmals zu betonen -, daß zum jeweiligen Prognosezeitpunkt ausschließlich jene Information für die Prognose verwandt werden darf, die zu diesem Zeitpunkt auch tatsächlich zur Verfügung stand.

Das Ziel dieser Arbeit liegt darin, die Risiken von "Emerging Markets"-Investments im hier dargestellten umfassenden Sinne durch die Simulation des Portfolio Management-Prozesses zu analysieren, um so Anhaltspunkte für die anschließende Risikosteuerung zu erhalten. In dieser Studie wird exemplarisch die Frage untersucht, ob "Emerging Markets" in das Anlageuniversum mit aufgenommen werden sollten und welche Investmentstrategie (z.B. aktive oder passive) man in diesem Falle wählt. Die Untersuchung wurde mit Hilfe einer prototypischen Realisierung des sog. *integrierten Prognose- und Entscheidungssystems (IPES)* durchgeführt, das speziell zur Entscheidungsanalyse unterschiedlichster Fragestellungen im Portfolio Management entwickelt wurde.[11] Mit dem System können die oben erläuterten "pseudo ex ante"-Simulationen durchgeführt werden.

In Abschnitt 2 wird zunächst der *Portfolio Management-Prozeß* näher betrachtet, da dieser den Ausgangspunkt für die durchzuführenden Simulationen bildet. Der Abschnitt 3 beinhaltet eine Darstellung jener *finanzwirtschaftlichen, statistischen und ökonometrischen* Methoden, die bei der Durchführung der Simulationen zum Einsatz kommen. Diese Simulationen und die dabei erzielten Resultate sind in Abschnitt 4 beschrieben. Abschnitt 5 beendet die Arbeit mit einer thesenförmigen Zusammenfassung und einem Ausblick.

2 Betrachtung des Portfolio Management-Prozesses als Ausgangspunkt der Simulation

In der nachfolgenden Abbildung ist der gesamte Portofolio Management-Prozeß vor dem Hintergrund einer geplanten Simulation dargestellt.[12]

---

[11] Dieses System ist näher beschrieben in Poddig/Dichtl, 1998.

[12] Den Ausgangspunkt für die nachfolgenden Ausführungen bildet ein Portfolio Management-Prozeß, wie er bei Schmidt-von Rhein, 1996, S. 14ff. dargestellt ist. Zu alternativen Darstellungen des Portfolio Management-Prozesses siehe beispielsweise Bauer, 1992, S. 5-11; Matuschka/Döttinger, 1993, S. 585 oder auch Solnik, 1996, S. 590-598.

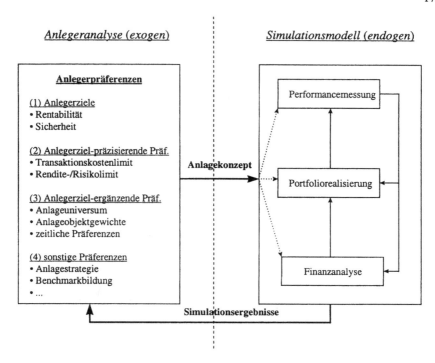

Anlegeranalyse (exogen)   *Simulationsmodell (endogen)*

Anlegerpräferenzen

(1) Anlegerziele
• Rentabilität
• Sicherheit

(2) Anlegerziel-präzisierende Präf.
• Transaktionskostenlimit
• Rendite-/Risikolimit

(3) Anlegerziel-ergänzende Präf.
• Anlageuniversum
• Anlageobjektgewichte
• zeitliche Präferenzen

(4) sonstige Präferenzen
• Anlagestrategie
• Benchmarkbildung
• ...

Anlagekonzept

Performancemessung

Portfoliorealisierung

Finanzanalyse

Simulationsergebnisse

Abbildung 1. Simulation eines Portfolio Management-Prozesses

Bei dieser Sichtweise wird der gesamte Portfolio Management-Prozeß in die einzelnen Teilprozesse *Anlegeranalyse*, *Finanzanalyse*, *Portfoliorealisierung* und *Performancemessung* unterteilt. Bei der Anlegeranalyse werden die *Präferenzen* des Anlegers analysiert und zum sog. *Anlagekonzept* aggregiert. Aus der Abbildung ist ersichtlich, daß im Rahmen der Anlegeranalyse zahlreiche Entscheidungen getroffen werden müssen. So wird dort unter anderem festgelegt, wie das betrachtete Anlageuniversum aussieht (mit/ohne Emerging Markets) oder welche Anlagestrategie (aktiv oder passiv) verfolgt werden soll. Da durch die hier getroffenen Entscheidungen der Anlageerfolg im wesentlichen vorherbestimmt wird, spiegeln sich im Anlagekonzept die Investmentrisiken (im umfassenden Sinne) wider. Die Bereitstellung von Prognosen für die zukünftigen Renditen und Risiken der einzelnen Assets für das vom Investor präferierte Anlageuniversum ist Aufgabe der Finanzanalyse, einem weiteren Teilprozeß. Diese zukünftigen Renditen und Risiken sind die wesentlichen Inputparameter für die nachfolgende Portfoliorealisierung.[13] Den letzten Teilprozeß stellt die sog. Performancemessung zur Ermittlung des erzielten Anlageerfolgs dar.

---

[13] Dies unterstellt die Portfoliotheorie nach MARKOWITZ. Vgl. Markowitz, 1952 und Markowitz, 1987.

Die *Anlegeranalyse* ist nicht Bestandteil des Simulationsmodells (exogener Teilprozeß). Dies erscheint insofern auch nicht als notwendig bzw. sinnvoll, da im Regelfall konkrete Anlegerpräferenzen vorliegen. Mit Hilfe des Simulationsmodells sollen lediglich die Teilprozesse *Finanzanalyse, Portfoliorealisierung und Performancemessung* (endogene Teilprozesse) modelliert und ihr Zusammenwirken simuliert werden. Die individuellen Präferenzen des Anlegers dienen hierzu als Ausgangspunkt. Aus der Grafik ist der dynamische Charakter des Portfolio Management-Prozesses ersichtlich, der in *zwei eigenständigen, jeweils geschlossenen Regelkreisläufen* zum Ausdruck kommt. Der *erste Kreislauf* findet außerhalb des Simulationsmodells statt, der *zweite* wird komplett mit Hilfe des Softwarewerkzeugs in Form einer Simulation modelliert.

Im Rahmen des ersten Kreislaufs werden die bei der Anlegeranalyse bestimmten Anlegerpräferenzen zum sog. *Anlagekonzept* verdichtet. Dieses dient als Ausgangspunkt für die durchzuführende Simulation des Portfolio Management-Prozesses, bestehend aus den einzelnen Teilprozessen Finanzanalyse, Portfoliorealisierung und Performancemessung. Nachdem die Simulation durchgeführt wurde, kann die Anlegeranalyse - unter Berücksichtigung der *Simulationsergebnisse* - nochmals wiederholt und der Kreislauf ggf. von neuem durchlaufen werden. Mit Hilfe dieser Vorgehensweise läßt sich beispielsweise überprüfen, wie ein konkretes Anlagekonzept (bestehend aus zahreichen Einzelentscheidungen) im Rahmen einer "pseudo ex ante"-Simulation in der Vergangenheit abgeschnitten hätte. Durch eine gezielte Veränderung einzelner Anlegerpräferenzen und eine Wiederholung der Simulation läßt sich der Einfluß dieser konkreten Entscheidungsgröße auf die Portfolio-Performance ermitteln (Sensitivitätsanalyse). Auf diese Weise ist die Analyse der einem Anlagekonzept anhaftenden Entscheidungsrisiken möglich.

Der zweite Kreislauf wird vollständig mit Hilfe des Softwaremodells simuliert. Aus der obigen Abbildung ist ersichtlich, daß auch die *Finanzanalyse* in die Simulationsumgebung integriert ist. Die wesentliche Aufgabe der Finanzanalyse besteht in der Bereitstellung von Prognosen für die zukünftigen Renditen und Risiken der betrachteten Finanztitel. Legt man die Portfoliotheorie von MARKOWITZ zugrunde[14], so handelt es sich bei diesen beiden Größen um die zentralen Inputparameter für die nachfolgende Portfoliorealisierung. Eine Simulation der Finanzanalyse bedeutet dabei, daß die Prognosemodelle für die zukünftigen Renditen und Risiken automatisiert durch den Computer generiert werden müssen. Dies erscheint insofern als notwendig, da oftmals für jedes betrachtete Asset ein eigenständiges Prognosemodell zur Vorhersage der zukünftigen Rendite und des Risikos erforderlich sein kann. Dieser Aufwand läßt sich manuell nur schwer bewältigen und eine manuelle Erstellung wäre im übrigen für ein Simulationsmodell ungeeignet. Die Prognosen der Finanzanalyse werden unmittelbar an den nächsten Teilprozeß (der *Portfoliorealisierung*) weitergeleitet. Beim ersten Durchlauf wird

---

[14] Vgl. Markowitz, 1952 und Markowitz, 1987.

das Portfolio, basierend auf den Ergebnissen der Finanzanalyse, erstmalig gebildet *(Portfoliobildung)*, bei allen weiteren Durchläufen führen die Resultate der vorgelagerten Finanzanalyse zu entsprechenden Umschichtungen des Portfolios *(Portfoliorevision)*. Der Anlageerfolg der realisierten Portfoliostruktur wird anschließend mittels der *Performancemessung* überprüft. Die ermittelte Performance der aktuellen Periode bzw. von vorgelagerten Perioden kann dazu genutzt werden, nach fest vorgegebenen Regeln, völlig automatisiert in den Finanzanalyse- und/oder den Portfoliorealisierungsteilprozeß der nachfolgenden Periode einzugreifen.[15] Durch diese Rückkoppelungsmöglichkeit entsteht ebenfalls ein geschlossener Kreislauf. Ziel ist es hier, auch dynamische Anpassungs- und Revisionsstrategien als Elemente einer umfassenden Investmentstrategie simulieren zu können.

3 Methodische Grundlagen der zu simulierenden Teilprozesse

Im folgenden werden die methodischen Grundlagen (finanzwirtschaftliche, statistische und ökonometrische) von jenen Verfahren erläutert, die bei den Simulationen eingesetzt werden.

3.1 Simulation der Portfoliorealisierung

Zur Simulation der Realisierung eines Portfolios wird der Ansatz von MARKOWITZ angewandt.[16] Bei der Portfoliooptimierung nach MARKOWITZ besteht die Aufgabe darin, den Anlagebetrag so auf die einzelnen Anlageobjekte eines Anlageuniversums aufzuteilen, daß der individuelle "Nutzen" des Investors maximiert wird. Der "Nutzen" wird dabei durch die *zukünftig erwartete Portfoliorendite* und das *zukünftige Risiko* des Portfolios bestimmt. Die erwartete Portfoliorendite μ_p entspricht der gewichteten Summe der erwarteten Renditen der n einzelnen Anlagen μ_i, wobei als Gewichtungsfaktor der Anteil x_i des Anlageobjekts i am Gesamtportfolio dient:

$$\mu_p = \sum_{i=1}^{n} x_i \mu_i \tag{1}$$

Das zukünftige Gesamtrisiko des Portfolios σ_p^2 ergibt sich als gewichtete Summe der zukünftigen Varianzen und Kovarianzen der n einzelnen Assets:

---

[15] Siehe hierzu Abschnitt 3.3.
[16] Vgl. Markowitz, 1952 und Markowitz, 1987. Eine einführende Darstellung findet sich beispielsweise in Elton/Gruber, 1995 oder Steiner/Bruns, 1996.

$$\sigma_p^2 = \sum_{i=1}^{n} \sum_{j=1}^{n} x_i x_j \sigma_{ij} \tag{2}$$

Für $i=j$ entspricht die Kovarianz σ_{ii} der Varianz der Renditen des i-ten Anlageobjekts. Die Bereitstellung der erwarteten Renditen und Risiken ist Aufgabe der Finanzanalyse, die dem Teilprozeß der Portfoliorealisierung vorgelagert ist.

Da die Portfoliotheorie nach MARKOWITZ von einem *risikoaversen* Investor ausgeht, besteht die Aufgabe darin, einen vorgegebenen Anlagebetrag so auf die verschiedenen Finanztitel aufzuteilen (Bestimmung der x_i), daß eine möglichst hohe Portfoliorendite mit einem möglichst geringen Risiko erwirtschaftet wird. Mit Hilfe des folgenden Ansatzes läßt sich das optimale Portfolio bestimmen:[17]

$$\max \Phi = \lambda \cdot \mu_p - \sigma_p^2 \tag{3}$$

mit den Nebenbedingungen:

$$\sum_{i=1}^{n} x_i = 1 \tag{a}$$

$$x_i \geq 0 \tag{b}$$

Bei dem Ansatz wird unterstellt, daß die Präferenzfunktion Φ des Investors die in Gleichung (3) beschriebene Gestalt aufweist. Die *investorspezifische* "trade off"-Beziehung zwischen der Rendite und dem Risiko des Portfolios wird dabei mittels des sog. *Risikotoleranzparameters* λ modelliert, für den gilt: $\lambda \geq 0$. Der Risikotoleranzparameter λ gibt an, welchen Risikoanstieg der Investor maximal akzeptiert, wenn die erwartete Rendite um eine Einheit steigt. Je höher dieser Parameter gesetzt wird, desto weniger risikoavers ist der Investor (et vice versa). Wird der Parameter λ auf Null gesetzt, so wird gemäß Gleichung (3) das negative Portfoliorisiko $\left(-\sigma_p^2 \right)$ maximiert, was äquivalent ist mit der Minimierung des positiven Portfoliorisikos $\left(\sigma_p^2 \right)$.[18] Das hieraus resultierende Portfolio ist das sog. *Minimum-Varianz-Portfolio.*[19] Es handelt sich dabei um jene Wertpapiermischung, die zukünftig (ungeachtet der Renditeerwartungen) vermutlich das geringste Risiko

---

[17] Vgl. Sharpe, 1963, S. 277-279. Dieser Ansatz ist auch näher behandelt bei Hielscher, 1969, S. 174-185; Gügi, 1996, S. 78-81; Uhlir/Steiner, 1993, S. 145ff. oder auch Franke/Hax, 1995, S. 312-316.

[18] Vgl. Gügi, 1996, S. 78 und Uhlir/Steiner, 1993, S. 147.

[19] Siehe hierzu beispielsweise Kleeberg, 1995.

aufweisen wird. Zur Bestimmung der individuellen Risikotoleranz eines bestimmten Investors werden in der Literatur verschiedene Verfahren diskutiert, die jedoch an dieser Stelle nicht näher erläutert werden.[20] Weiterhin sind in (3) zwei Nebenbedingungen formuliert. So muß sich die Summe aller Wertpapieranteile zu eins addieren und außerdem dürfen keine negativen Wertpapieranteile gehalten werden (keine Leerverkäufe).[21] Darüber hinaus können beliebige weitere Nebenbedingungen eingeführt werden. In diesem Zusammenhang ist insbesondere an den praxisrelevanten Fall zu denken, den Investitionsanteil in einzelne Assets durch die Vorgabe von Obergrenzen zu beschränken (z.B. max. 10% des Anlagebetrags in ein einzelnes Asset).[22] Solche Nebenbedingungen werden im weiteren Verlauf als Holding-Restriktionen bezeichnet, da sie sich auf die *Bestände* der Assets beziehen. Das in (3) formulierte Problem läßt sich mit Hilfe der sog. *quadratischen Programmierung* lösen.[23] Das Verfahren liefert als Output jene Wertpapieranteile x_i ($i=1..n$), bei denen die obige Präferenzfunktion unter Berücksichtigung der Nebenbedingungen und der vorgegebenen Risikotoleranz maximiert wird.

Ein Problem des MARKOWITZ-Ansatzes liegt darin, daß es sich um ein *Einperiodenmodell* handelt.[24] Basierend auf der erwarteten Rendite und den prognostizierten Risiken liefert das Modell eine konkrete Empfehlung, wie der Anlagebetrag auf die einzelnen Assets aufzuteilen ist. Die Theorie gibt aber keine Hinweise, wie lange eine Periode dauert bzw. wie nach Ablauf der einen Periode zu verfahren ist. Im praktischen Einsatz wird im Regelfall so vorgegangen, daß eine adäquate Periodendauer (z.B. ein Monat) definiert wird und die Finanzanalyse jeweils von einer auf die nächste Periode Rendite- und Risikoprognosen bereitstellt. Basierend auf diesen periodischen Prognosen wird dann jeweils die oben beschriebene (einperiodische) Portfoliooptimierung vorgenommen. Die Portfolioumschichtungen von einem Zeitpunkt auf den anderen können ebenfalls mit Hilfe von Nebenbedingungen (*Turnover-Restriktionen*) begrenzt werden.

3.2   Simulation der Finanzanalyse

Ein zentrales Problem ist bei der Portfoliooptimierung nach MARKOWITZ darin zu sehen, daß die Optimierung auf den *zukünftig erwarteten* Renditen und den *zukünftigen* Risiken basiert. Da die somit relevanten Renditen und Risiken zum Betrachtungszeitpunkt nicht bekannt sind, wird die erzielte Portfolioperformance wesentlich davon abhängen, inwieweit es gelingt, diese zukünftigen Größen ad-

---

[20] Siehe hierzu Gügi, 1996, S. 138ff.

[21] In der Bundesrepublik sind beispielsweise Leerverkäufe für Kapitalanlagegesellschaften gemäß §9 Abs. 5 KAGG nicht zugelassen.

[22] Zur Einführung weiterer praxisbezogener Restriktionen siehe auch Kleeberg, 1995, S. 177-182.

[23] Vgl. Franke/Hax, 1995, S. 314.

[24] Vgl. beispielsweise Perridon/Steiner, 1997, S. 250.

äquat zu prognostizieren.[25] Die Bereitstellung von Prognosen für diese zukünftigen Größen ist Aufgabe der Finanzanalyse, die dem Teilprozeß der Portfoliorealisierung unmittelbar vorgelagert ist.[26]

Automatisierte Renditeprognosen durch eine Kombination der Regressionsanalyse mit der Faktorenanalyse und dem Jackknife-Ansatz

Ein einfacher und gebräuchlicher Ansatz besteht darin, Mittelwerte von realisierten Renditen als Schätzer für den zukünftigen Erwartungswert einzusetzen.[27] Die Güte der historischen Mittelwerte als Schätzer für die zukünftig erwartete Rendite wird jedoch als sehr gering eingestuft.[28] Im folgenden wird ein alternatives Verfahren zur Renditeprognose vorgestellt, das aufgrund seiner ausgefilterten Methodik bessere Renditeprognosen erhoffen läßt. Hierbei werden die einzelnen Arbeitsschritte eines Ökonometrikers beim Modellbau (Datenaufbereitung, Auswahl der Input-Größen für das Modell, Schätzung der Modellparameter, Modellselektion) automatisiert durchgeführt. Nachdem die Modelle (völlig automatisiert) generiert wurden, können damit auch die Prognosen (ebenfalls ohne manuelle Eingriffe) erzeugt werden. So können für das gesamte Anlageuniversum methodisch "ausgefeiltere" Renditeprognosen zur Verfügung gestellt werden, um darauf aufbauend (unter Berücksichtigung der vorhergesagten Risiken) im Rahmen der Portfoliorealisierung die konkreten Anlageentscheidungen zu treffen.

---

[25] Für eine überblicksartige Kurzdarstellung alternativer Verfahren zur Renditeprognose siehe beispielsweise Rehkugler/Poddig, 1995, Spalte 1336-1348 oder auch Rehkugler, 1995, S. 384-393. Alternative Verfahren zur Risikoprognose sind dargestellt bei Gügi, 1996, S. 68-70.

[26] Siehe hierzu die Abbildung 1 in Abschnitt 2.

[27] Siehe hierzu beispielsweise Radcliffe, 1994, S. 148-149.

[28] Vgl. Bühler/Zimmermann, 1994, S. 213; Michaud, 1989, S. S. 34; Stucki, 1994, S. 508.

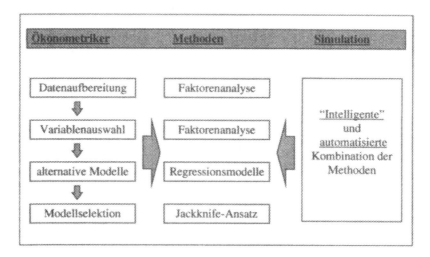

Abbildung 2. "Simulation eines Ökonometrikers"

In der Abbildung sind die einzelnen Arbeitsschritte eines Ökonometrikers bei der Entwicklung eines Renditeprognosemodells aufgeführt.[29] Im Rahmen der *Datenaufbereitung* wird zunächst (unter anderem) das Datenmaterial hinsichtlich der zufälligen Störeinflüsse (*"Rauschen"*) bereinigt. Dies ist notwendig, damit die eigentlichen Zusammenhänge zwischen den Daten leichter identifiziert werden können. Im nächsten Schritt werden die Zusammenhänge zwischen der zu prognostizierenden Größe und den potentiellen Einflußgrößen (z.B. mit Hilfe einer Korrelationsanalyse) untersucht. Dabei werden jene Variablen aus allen potentiellen Einflußgrößen selektiert, die in der Modellierung berücksichtigt werden (*Variablenauswahl*). Basierend auf den Ergebnissen dieser Einflußanalyse wird anschließend ein geeignetes Verfahren herangezogen und die Modellparameter anhand historischer Daten geschätzt. Im Regelfall wird man jedoch nicht "das" ultimative Prognosemodell auf Anhieb finden, sondern man wird mehrere *alternative Modelle* entwickeln. Im letzten Schritt wird von diesen alternativen Modellen ein konkretes zur Prognose ausgewählt, von dem man sich die beste Prognosefähigkeit erhofft (*Modellselektion*). Zur Durchführung dieser einzelnen Arbeitsschritte stehen dem Ökonometriker eine Vielzahl an Methoden zur Verfügung. Im folgenden wird die *Faktorenanalyse* (zur Rauschfilterung und Variablenauswahl), die *Regressionsanalyse* (als Prognosemodell) und der *Jackknife-Ansatz* (zur Modellselektion) betrachtet. Soll nun das Vorgehen eines Ökonometrikers im Rahmen einer "automatisierten Finanzanalyse" simuliert werden, so müssen die einzelnen Methoden "intelligent" und "automatisiert" kombiniert werden.

---

[29] Zur Vorgehensweise bei der Entwicklung eines Renditeprognosemodells vgl. Poddig, 1999, S. 381ff.

Den Ausgangspunkt zur Faktorenanalyse bilden die Zeitreihen von all jenen Variablen, die als potentielle Erklärungsvariablen für die einzelnen Renditeprognosemodelle herangezogen werden können. Diese l Zeitreihen lassen sich in einer Matrix anordnen, die nachfolgend als Datenmatrix **X** bezeichnet wird. Im Rahmen der Faktorenanalyse werden nun "künstliche Zeitreihen" (sog. *Faktoren* bzw. *Komponenten*) in der Weise generiert, daß damit die Varianz der Datenmatrix **X** weitgehend adäquat nachgebildet werden kann.[30] Der erste Faktor (Spaltenvektor **f₁**) erklärt dabei einen möglichst großen Anteil der Varianz der Datenmatrix **X**. Der zweite Faktor (Spaltenvektor **f₂**) erklärt danach einen möglichst großen Anteil jener Restvarianz, die nicht durch den ersten Faktor erfaßt werden konnte. Der zweite Faktor wird also so konstruiert, daß er orthogonal zum ersten ist. Werden noch weitere Faktoren extrahiert, so werden sie nach dem gleichen Schema konstruiert. Der Erklärungsgehalt der einzelnen Faktoren nimmt von Faktor zu Faktor ab. Somit kann die Datenmatrix **X** bereits mit relativ wenigen (k) Faktoren weitgehend gut approximiert werden. Welchen konkreten Wert nun k annehmen sollte, wird im weiteren Verlauf noch geklärt.

Werden die k Faktoren für die weitere Modellierung eingesetzt, so wird damit implizit eine "Rauschfilterung" (Datenaufbereitung) vorgenommen und gleichzeitig das Problem der Variablenauswahl gelöst. Bei $k<l$ kann die originäre Datenmatrix **X** nur approximativ in der Weise nachgebildet werden, daß man mit Hilfe der k Faktoren einen möglichst großen Anteil der Varianz von **X** erklärt. Die einzelnen (vermutlich verrauschten) Datenpunkte werden also durch künstliche Indizes ersetzt, welche lediglich die grobe Struktur der Datenmatrix **X** nachbilden. Unter der Annahme, daß die nicht erklärte Restvariabilität der Datenmatrix **X** auf zufälligen, unsystematischen Einflüssen beruht, wird durch die Faktorenanalyse implizit eine Rauschfilterung vorgenommen. Ferner müssen aus allen potentiellen Einflußvariablen für die weitere Modellierung jene ausgewählt werden, von denen man einen nachhaltigen und zeitstabilen Einfluß vermutet. Die Berücksichtigung von sämtlichen l potentiellen Einflußgrößen ist dabei nicht sinnvoll, da das Modell aufgrund der "Überparameterisierung" die vorliegenden Daten mehr oder weniger perfekt "auswendig lernt", ohne jedoch die zugrunde liegende Struktur zu modellieren.[31] Solche Modelle sind für die Erstellung von Prognosen völlig untauglich. Da sich der Einfluß der verschiedenen Variablen im Zeitablauf ändern kann, besteht die Gefahr bei einer Vorauswahl der Erklärungsvariablen darin, zukünftig relevante Einflußfaktoren bereits im Vorfeld als irrelevant zu identifizieren und deshalb zu eliminieren. Setzt man jedoch die (wenigen) k Faktoren für die weitere Modellierung ein, so besitzt man ebenfalls ein Modell mit wenig erklärenden Variablen und somit wenig zu schätzenden Parametern. Durch die Anwendung der k Faktoren werden jedoch implizit sämtliche l potentiellen Einflußgrößen berück-

---

[30] Die Methodik der Hauptkomponentenanalyse als eine Form der Faktorenanalyse ist ausführlich dargestellt in Theil, 1971, S. 46ff.

[31] Man bezeichnet dies auch als "overfitting". Siehe hierzu Poddig, 1999, S. 422-431.

sichtigt, da die *k* Faktoren so konstruiert wurden, daß sie einen Großteil der Varianz *aller* potentiellen Einflußgrößen erklären können.

Als Renditeprognosemodell läßt sich das *lineare Regressionsmodell* einsetzen:[32]

$$y_{t+1} = \beta_0 + \beta_1 x_{1t} + \beta_2 x_{2t} + \ldots + \beta_k x_{kt} + \varepsilon_{t+1} \tag{4}$$

Die *zukünftige* Rendite eines Assets (y_{t+1}) wird durch *k* exogene Einflußgrößen ($x_{1t}..,x_{kt}$) sowie durch eine Störgröße (ε_{t+1}) erklärt. Der Parameter β_0 entspricht der Regressionskonstante und die Größen $\beta_1,..,\beta_k$ den jeweiligen Regressionskoeffizienten. Wird keine Faktorenanalyse eingesetzt, so handelt sich dabei um jene *k* exogenen Größen, die man aus allen *l* potentiellen Einflußgrößen im Rahmen der Variablenauswahl selektiert hat. Der Zeitindex *t* bei den *k* erklärenden Variablen ($x_{1t}..,x_{kt}$) verdeutlicht, daß für die Prognose der zukünftigen Rendite (y_{t+1}) ausschließlich solche Informationen herangezogen werden können, die zum aktuellen Zeitpunkt *t* bekannt sind.[33] Zur Beseitigung des Problems der Variablenauswahl und zur Durchführung einer Rauschfilterung werden anstatt der Werte von *k* Einflußgrößen zum Zeitpunkt *t* die Werte der *k* Faktoren ($f_{1t}..,f_{kt}$) eingesetzt:

$$y_{t+1} = \beta_0 + \beta_1 f_{1t} + \beta_2 f_{2t} + \ldots + \beta_k f_{kt} + \varepsilon_{t+1} \tag{5}$$

Da die *k* Faktoren zueinander orthogonal sind, sind sie auch gleichzeitig voneinander linear unabhängig (keine Multikollinearität). Die Regressionskonstante β_0 und die *k* Regressionskoeffizienten ($\beta_1,..,\beta_k$) sind nicht beobachtbar und werden daher anhand von Daten aus der Vergangenheit mittels der *Kleinste-Quadrate-Methode* (ordinary least squares, OLS) geschätzt.[34] Damit können mit Informationen, die zum heutigen Zeitpunkt *t* bekannt sind, ex ante Prognosen durchgeführt werden.[35]

Für die Anwendung muß noch bestimmt werden, wieviele Faktoren extrahiert und im Rahmen des Regressionsmodells eingesetzt werden sollten. Je mehr Faktoren extrahiert und in das Regressionsmodell eingesetzt werden, desto exakter läßt sich die originäre Datenmatrix **X** nachbilden, aber desto höher ist die Gefahr des "overfittings" durch zu viele Regressionskoeffizienten. Im Regelfall werden daher verschiedene alternative Modelle geschätzt, von denen anschließend eines (nämlich das vermutlich prognosestärkste) anhand eines bestimmten Kriteriums ausge-

---

[32] Zur linearen Regression siehe beispielsweise Bleymüller/Gehlert/Gülicher, 1996, S. 139ff.; Eckey/Kosfeld/Dreger, 1995, S. 18ff. oder auch Pindyck/Rubinfeld, 1998, S. 57ff. Zur Prognose mit linearen Regressionsmodellen siehe beispielsweise Pindyck/Rubinfeld, 1998, S. 202.

[33] Hierzu gehören natürlich auch Beobachtungen vor dem Zeitpunkt t (z.B. x_{t-1}, x_{t-2} ...).

[34] Das Verfahren der OLS-Schätzung ist beispielsweise beschrieben in Eckey/Kosfeld/Dreger, 1995, S. 23-29 oder auch Bleymüller/Gehlert/Gülicher, 1996, S. 141-143 und S. 164-167.

[35] Der Störterm ε_{t+1} wird bei der Prognose vernachlässigt, da er einen Erwartungswert von null besitzt.

wählt wird. Neben der Anwendung sog. *Informationskriterien* zur Modellselektion (z.B. das *Akaike Informationskriterium*), besteht eine alternative Strategie darin, mehrere Modelle mit einer unterschiedlichen Parameteranzahl zu schätzen und ihre "out of sample"-Prognosefähigkeit zu überprüfen.[36] Ein hierzu geeignetes Maß ist der sog. *Mean Square Error* (MSE) zwischen den tatsächlichen und den prognostizierten Werten, welcher anhand von Daten berechnet wird, die <u>nicht</u> zur Parameterschätzung eingesetzt wurden. Die folgende Abbildung veranschaulicht das Konzept von zwei solchen Modellselektionsstrategien:[37]

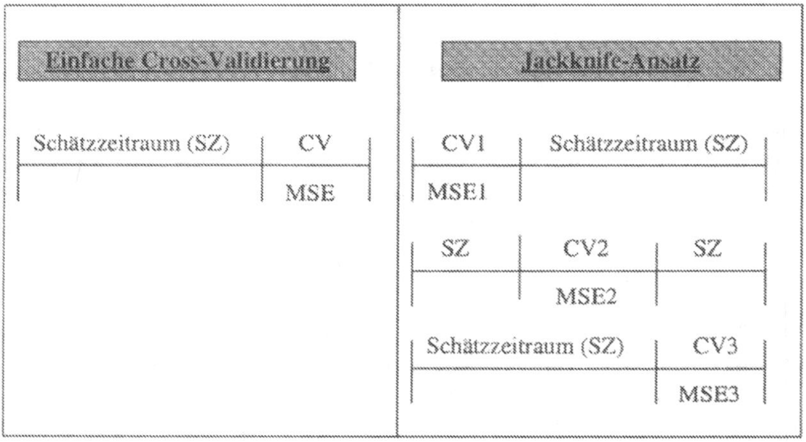

Einfache Cross-Validierung		Jackknife-Ansatz	
Schätzzeitraum (SZ)	CV	CV1	Schätzzeitraum (SZ)
	MSE	MSE1	
		SZ	CV2	SZ
			MSE2	
		Schätzzeitraum (SZ)	CV3
			MSE3

Abbildung 3. Modellselektionskriterien

Die erste Möglichkeit entspricht einer *einfachen Cross-Validierung*. Hierzu wird das gesamte ex post Datenmaterial[38] in einen sog. *Schätzzeitraum* (SZ) und einen *Cross-Validierungszeitraum* (CV) eingeteilt. Anhand der Daten des Schätzzeitraums werden nun alternative Modelle (z.B. ein 1-Faktor-Modell, ein 2-Faktoren-Modell usw.) geschätzt und ihre Prognoseleistung anhand des Mean Square Errors (MSE) in dem Cross-Validierungs-Zeitraum (also "out of sample") getestet. Man wählt anschließend jenes j-Faktoren-Modell als finales Prognose-Modell aus, welches den geringsten MSE in der CV-Menge aufweist. Anschließend wird dieses j-Faktoren-Modell nochmals anhand des gesamten Datenmaterials neu geschätzt. Ein Nachteil dieses Verfahrens besteht jedoch in der Sensitivität gegenüber der Aufteilung des Datenmaterials. Je nachdem, wie man den Schätz- und den Cross-Validierungszeitraum definiert, erhält man unterschiedliche MSE's und somit

---

[36] Zur Modellselektion mit Hilfe von Informationskriterien und der "out of sample"-Prognosefähigkeit siehe die Studie bei Poddig, 1999, S. 502-509.

[37] Diese beiden Verfahren sind ausführlich dargestellt in Poddig, 1999, S. 431ff.

[38] Natürlich exklusive der Daten für die "pseudo ex ante"-Prognosen.

möglicherweise ein anderes *j*-Faktorenmodell als bestes Prognosemodell. Ferner ist die Anwendung dieser Strategie äußerst problematisch bei geringen Datenmengen. In diesem Fall kann man nur sehr wenige Daten in die CV-Menge einstellen. Damit wird jedoch der ohnehin schon geringe Schätzzeitraum weiter verkleinert und durch die geringe CV-Menge erhält man auch kaum eine valide Abschätzung der zukünftigen Prognoseleistung.

Diese Probleme können mit Hilfe des sog. *Jackknife-Ansatzes* deutlich entschärft werden.[39] Hierzu wird das ex post Datenmaterial in mehrere gleich große Klassen eingeteilt. Anschließend werden die Daten der ersten Klasse (als CV-Menge) entnommen und die Parameterschätzung für das betrachtete Modell anhand der restlichen Daten durchgeführt. Die Prognoseleistung wird anhand des MSE (in Abbildung MSE1) auf den Daten der ersten Klasse (CV1) gemessen. Anschließend werden die entnommenen Daten wieder zurückgestellt und die Daten der zweiten Klasse als CV-Menge (CV2) entnommen. Die Parameterschätzung für das betrachtete Modell wird wieder anhand aller sonstigen Daten vorgenommen und die Prognoseleistung wieder anhand des MSE (in Abbildung MSE2) in der CV-Menge überprüft. Dieses Verfahren wird solange wiederholt, bis jede Klasse exakt einmal als Cross-Validierungsmenge benutzt wurde. In der Abbildung sind aus Vereinfachungsgründen drei Klassen dargestellt, wobei jedoch eine beliebige Klasseneinteilung vorgenommen werden kann. Im Extremfall werden 1-Elementige-Klassen gebildet, wobei das Verfahren dann als *"one-hold-out"*-Methode bezeichnet wird. Die für jede Klasse berechneten *Mean Square Errors* werden zu einem *mittleren Mean Square Error* aggregiert. Dieses Verfahren wird für jedes alternative Modell (1-Faktor-Modell, 2-Faktoren-Modell usw.) durchgeführt und anschließend jenes Modell zur Prognose selektiert, welches den geringsten *mittleren Mean Square Error* aufweist.

Generierung von Risikoprognosen

Für die Realisierung eines Portfolios mit Hilfe des MARKOWITZ-Ansatzes sind neben den erwarteten Renditen auch die zukünftigen Varianzen und Kovarianzen zwischen den einzelnen Asset-Renditen erforderlich. Die zukünftigen und daher unbekannten Varianzen und Kovarianzen werden häufig durch die entsprechenden empirischen Größen geschätzt, die sich aus ex post Renditen (Stichprobe vom Umfang m) berechnen lassen.[40] Der Schätzer für die zukünftige Varianz des Assets i ($\hat{\sigma}^2_{it+1}$) ergibt sich demnach wie folgt:

$$\hat{\sigma}^2_{it+1} = \frac{1}{m-1} \sum_{l=0}^{m-1} \left(R_{it-l} - \overline{R}_{it} \right)^2 \tag{6}$$

---

[39] Siehe hierzu Poddig, 1999, S. 438ff. sowie die dort angegebene Literatur.
[40] Vgl. Radcliffe, 1994, S. 148-149.

Dabei entspricht R_{it-l} der Rendite des Assets i zum Zeitpunkt t-l und $\overline{R}_{it}$ der mittleren Assetrendite zum Zeitpunkt t über die letzten m Perioden. In analoger Weise läßt sich die empirische Kovarianz zwischen dem Asset i und j als Schätzer für die zukünftige, unbekannte Kovarianz zwischen diesen beiden Assets berechnen:

$$\hat{\sigma}_{ijt+1} = \frac{1}{m-1} \sum_{l=0}^{m-1} \left(R_{it-l} - \overline{R}_{it} \right)\left(R_{jt-l} - \overline{R}_{jt} \right) \tag{7}$$

Damit zu einem Zeitpunkt t stets die aktuellsten Informationen (d.h. die aktuellsten Renditen) in der Berechnung berücksichtigt werden, werden in (6) und (7) die Varianzen und Kovarianzen rollierend über einem Zeitfenster mit fester Länge m geschätzt. Die geschätzten Varianzen und Kovarianzen sämtlicher Assets (hier: n Assets) werden häufig in Form einer sog. *Kovarianzmatrix* dargestellt, wobei sich auf der Diagonalen die geschätzten Varianzen und außerhalb die geschätzten Kovarianzen befinden.

Wie empirische Studien belegen (z.B. CHOPRA/ZIEMBA, 1993), führen Schätzfehler bei den prognostizierten Renditen zu den größten Abweichungen vom optimalen Portfolio. Nach den prognostizierten Renditen besitzen die vorhergesagten Varianzen den zweitgrößten und die Kovarianzen den drittgrößten Einfluß auf das Portfolioergebnis. Insofern sollte ein Großteil der Entwicklungskapazitäten zur Verbesserung der Renditeprognosen eingesetzt werden.[41] Darüber hinaus wird im Unterschied zu den historischen Renditemittelwerten (als Schätzer für die erwarteten Renditen) die Schätzgüte der historischen Kovarianzmatrix als Schätzer für die zukünftigen Risiken aufgrund der Zeitstabilität als wesentlich höher eingestuft.[42]

3.3 Simulation der Performancemessung

Bei der Performancemessung handelt es sich um jenen Teilprozeß, welcher der Portfoliorealisierung unmittelbar nachgelagert ist. Die Aufgabe der Performancemessung liegt darin, den Erfolg der Portfoliorealisierung festzustellen. Unter *"Simulation der Performancemessung"* wird der Sachverhalt verstanden, daß die Konsequenzen aus der festgestellten Performance für die vorgelagerten Teilprozesse simuliert werden können. Zur Simulation dieser *Rückkoppelung* sollten bestimmte *Regeln* formuliert werden, mit denen, basierend auf den Ergebnissen der Performancemessung der aktuellen Periode (und ggf. von vorangegangenen), *automatisiert* in die Portfoliorealisierung und/oder die Finanzanalyse eingegriffen wird. So könnte man beispielsweise, nachdem in mehreren aufeinander folgenden

---

[41] So auch Rudolph, 1995, S. 37.
[42] Vgl. beispielsweise Bühler/Zimmermann, 1994, S. 213 und Kaplanis, 1988, S. 73.

Perioden eine negative Performance festgestellt wurde, den Risikotoleranzfaktor bei der Portfoliooptimierung heruntersetzen. Diese Rückkoppelungsmöglichkeiten werden im Rahmen der später vorzustellenden Simulationen nicht eingesetzt und daher auch nicht weiter behandelt.

Zur Performancemessung wird in den nachfolgend durchgeführten Simulationen lediglich die sog. *Sharpe-Ratio ("Reward-to-Variability Ratio")* eingesetzt, die wie folgt definiert ist:[43]

$$SR_p = \frac{\overline{R}_p - R_f}{\sigma_p} \tag{8}$$

Von der Portfoliodurchschnittsrendite $\overline{R}_p$ wird der risikolose Zins R_f abgezogen und durch die empirische Standardabweichung σ_p der Portfoliorenditen dividiert. Eine hohe Sharpe-Ratio ist als positiv und eine geringe als negativ zu werten. Neben der einfachen Berechnungsweise ist ein wesentlicher Vorteil der Sharpe-Ratio, daß damit exakt jene Größen (nämlich die Rendite und das Risiko) gemessen werden, die als zentrale Anlegerziele gelten und aufgrund deren die Portfoliooptimierung beim MARKOWITZ-Ansatz vorgenommen wird.

4 Analyse der Investmentrisiken von "Emerging Markets" durch eine Simulation des Portfolio Management-Prozesses

4.1 Untersuchungsziel und Beschreibung des Datenmaterials

Die vorliegende Untersuchung soll zeigen, wie sich die Risiken von "Emerging Markets"-Investments anhand von Simulationen des Portfolio Management-Prozesses analysieren lassen. Dabei wird als Risiko hier ganz allgemein die Gefahr verstanden, ein suboptimales bzw. inkonsistentes Anlagekonzept zu wählen und dadurch eine schlechte Portfolio-Performance zu erzielen (siehe Abschnitt 1). Im folgenden werden aus Platzgründen ausschließlich zwei Fragestellungen exemplarisch untersucht: Zum einen wird analysiert, ob "Emerging Markets" in das Anlageuniversum mit aufgenommen werden sollten. Zum anderen wird der Frage nachgegangen, welche Anlagestrategie man verfolgen sollte. Dabei wird eine aktive Strategie, eine passive und das Minimum-Varianz-Portfolio miteinander verglichen.[44] Die Abbildung 1 in Abschnitt 2 zeigt, daß diese Fragestellungen (wesentliche) Bestandteile eines Anlagekonzepts sind.

---

[43] Vgl. Sharpe, 1966, S. 123.

[44] Zur Fragestellung, ob man bei "Emerging Markets"-Investments eine aktive oder passive Strategie durchführen sollte, siehe auch Errunza, 1994. Aufgrund des Fehlens eines

Aufgrund der zentralen Bedeutung der Assetklassen- und Länderallokation hinsichtlich der erzielten Performance,[45] werden für die nachfolgende Untersuchung Aktien- und Bondindizes diverser Länder zugrunde gelegt. Dabei wird unterstellt, daß diese real erwerbbar sind. Bei einer praktischen Umsetzung müßten diese Indizes adäquat nachgebildet werden (z.B. mit Indexpartizipationsscheinen oder im Rahmen eines Index-Tracking). Probleme, die dabei auftreten können, werden im weiteren Verlauf nicht betrachtet.[46]

Das Anlageuniversum ohne "Emerging Markets" soll dabei aus den *Aktien-* und *Bondmärkten* der *BRD*, der *USA* und *Japan* bestehen. Die Aktienmärkte werden durch die Performanceindizes von Morgan Stanley repräsentiert und die Bondmärkte durch die sog. Benchmark-Indizes (10 Jahre, ebenfalls Performanceindizes). Bei der Berücksichtigung von "Emerging Markets" werden diese 6 Assets um die Morgan Stanley Aktienindizes der Länder *Taiwan* (Ostasien), *Malaysia* (Südasien) und *Griechenland* (Europa) ergänzt. Der Vorauswahl dieser drei "Emerging Markets" lag zum einen das Ziel zugrunde, eine gewisse regionale Diversifikation zu erreichen. Darüber hinaus wurden aus den einzelnen Regionen jene Länder ausgewählt, die ein relativ hohes Rendite-Risikoverhältnis aufwiesen und nur gering mit den sonstigen Assets des Anlageuniversums korreliert waren. *Für diese Beurteilung wurde jedoch kein Datenmaterial des zukünftigen Simulationszeitraums herangezogen, da dies (aus Modellsicht) der unbekannten Zukunft entspricht.* Die Auswahl der drei Schwellenländer basierte ausschließlich auf jenem Datenmaterial, das auch zur Modellentwicklung (Parameterschätzung, Modellselektion usw.) herangezogen wurde. Bei den nachfolgenden Simulationen wurde ferner unterstellt, daß sämtliche internationalen Kapitalanlagen gegen die Währungsrisiken vollständig abgesichert wurden. Empirische Befunde sprechen dafür, daß der Diversifikationseffekt bei internationalen Anlagen durch ein "Währungshedging" erhöht werden kann.[47]

Als *Gesamtanlageperiode* soll dabei der Zeitraum von 10:1996 bis 09:1998 (24 Monate) simuliert werden. Im Rahmen der aktiven Strategie werden die Pro-

---

allgemein akzeptierten Länderselektionsmodells und von Marktunvollkommenheiten, wird dort auf nachhaltige Erfolgschancen einer aktiven Strategie geschlossen. Zur Umsetzung einer aktiven Strategie wird ein qualitativer Ansatz propagiert, da die Implementierung quantitativer Modelle aufgrund der Datenverfügbarkeit bei "Emerging Markets" äußerst problematisch (bzw. nahezu unmöglich) erscheint. Da die dort geäußerten Thesen nicht empirisch untermauert wurden, wird diese Studie hier nicht weiter betrachtet.

[45] Vgl. Brinson et al., 1984. Dies gilt auch für "Emerging Markets". Vgl. Divecha et al., 1992, S. 47.

[46] Ein "tracking" von "Emerging Markets" wird jedoch aufgrund ihrer Homogenität (die Aktien eines bestimmten Marktes bewegen sich gleichgerichtet mit diesem Markt) weitgehend als problemlos erachtet. Vgl. Divecha et al., 1992, S. 50.

[47] Siehe Aggarwal/DeMaskey, 1997, S. 88 und Hauser et al., 1994, S. 76 sowie die dort angegebene Literatur. Hauser et al., 1994 zeigen jedoch, daß bei "Emerging Markets" in bestimmten Fällen ein Währungshedging nicht immer vorteilhaft ist.

gnosen monatlich erstellt und die daraus resultierenden Umschichtungen in diesem Zeitraum ebenfalls monatlich vorgenommen. *Dieser Simulations-Zeitraum stellt aus der Sicht der zu entwickelnden und eingesetzten Prognosemodelle die unbekannte Zukunft dar. Das bedeutet, daß alle in diesem Zeitraum benötigten Informationen (erwartete Renditen und Risiken) prognostiziert werden müssen.* Da dieser Zeitraum nicht für die Entwicklung der Prognosemodelle zur Verfügung steht, wird er im weiteren Verlauf als *"out of sample"*-Zeitraum bezeichnet. *Um eine realitätsnahe Simulation zu gewährleisten, werden zur Entwicklung der Prognosemodelle und der anschließenden Modellselektion ausschließlich Daten verwandt, die vor diesem Zeitraum liegen.* Dieses Datenmaterial umfaßt die Monatsendstände der oben aufgeführten Assets im Zeitraum von 01:1988 bis 09:1996. Es wird im weiteren Verlauf als *"in sample"*-Daten bezeichnet. Da die "Emerging Markets"-Aktienindizes vor 1988 nicht verfügbar waren, steht mit 105 Datenpunkten eine relativ begrenzte Stichprobe zur Parameterschätzung zur Verfügung. Aus diesem Grunde wurde der "out of sample"-Simulationszeitraum (10:1996 bis 09:1998) mit 24 Datenpunkten bewußt nicht größer gewählt. Der adäquate 2-Jahreszins (notwendig zur Berechnung der Sharpe-Ratio) betrug im Simulationszeitraum 3.88% p.a. Dynamische Rückkoppelungsstrategien von der Performancemessung zu den vorgelagerten Teilprozessen Portfoliorealisierung und/oder Finanzanalyse (siehe hierzu Abschnitt 3.3.) werden in dieser Untersuchung nicht simuliert.

4.2   Die passiven Strategien

Im Rahmen einer passiven Strategie werden einzelne Assets bzw. Asset-Klassen gekauft und bis zum Ende des Anlagezeitraums gehalten. Da die passive Strategie abschließend mit der aktiven verglichen wird, entspricht das passiv gehaltene Portfolio einem *Benchmark-Portfolio.* Für eine adäquate Benchmark nennt SHARPE, 1992 die folgenden Kriterien:[48]

- Die Benchmark soll eine real erwerbbare Alternative darstellen.

- Der Erwerb der Benchmark soll mit niedrigen Kosten verbunden sein.

- Die Benchmark soll gut diversifiziert sein.

- Die Benchmark soll bekannt sein, bevor die Anlageentscheidungen getroffen werden.

- Für die Benchmark sollen die gleichen Restriktionen wie für das Portfolio gelten.[49]

---

[48] Vgl. Sharpe, 1992, S. 16.
[49] Vgl. Lerbinger, 1984, S. 65.

Damit die passive Strategie abschließend mit der aktiven sinnvoll verglichen werden kann, sollten diese Kriterien bei der Implementierung der passiven Strategie
weitgehend eingehalten werden. Vor diesem Hintergrund scheint eine sinnvolle
passive Strategie darin zu bestehen, den gleichen Anteil in alle betrachteten
Märkte zu investieren und diese Anteile über die Zeit hinweg konstant zu halten.
Für das Anlageuniversum ohne "Emerging Markets" ergibt sich in diesem Fall für
einen Markt (= Asset) i der folgende Anteil x_{it}:

$$x_{it} = 1 / 6 = 0.166 \qquad \text{für alle } i=1..6 \text{ Märkte und } t=1..24 \text{ Perioden}$$

Diese Strategie wird im weiteren Verlauf als PASSIV-DM bezeichnet. Die Erweiterung "DM" bedeutet, daß es sich hier um die passive Strategie bei einer ausschließlichen Betrachtung der sog. *"Developed Markets"* (Aktien- und Bondmärkte der BRD, Japan und USA) handelt. Analog wird mit PASSIV-EM jene
passive Strategie bezeichnet, welche auch die *"Emerging Markets"* (Aktienmärkte
Taiwans, Malaysia und Griechenlands) zusätzlich mit berücksichtigt. In diesem
Fall würde sich bei einer (über die Zeit hinweg konstant gehaltenen) gleichen Gewichtung für einen Markt (= Asset) i der folgende Anteil x_{it} ergeben:

$$x_{it} = 1 / 9 = 0.111 \qquad \text{für alle } i=1..9 \text{ Märkte und } t=1..24 \text{ Perioden}$$

Bei diesen beiden erläuterten passiven Strategien handelt es sich lediglich um
mögliche Konzepte, welche die oben aufgeführten Benchmark-Kriterien in diesem
Beispiel weitgehend erfüllen. Jedoch sind zahlreiche weitere passive Strategien
denkbar, die jedoch an dieser Stelle nicht weiter angesprochen werden. In der
nachfolgenden Tabelle ist die Performance der beiden passiven Strategien im
Zeitraum 10:1996 bis 09:1998 (24 Monate) aufgeführt:

Tabelle 1. Performance der passiven Strategien

	$\overline{R}_p - R_f$	σ_p	SR_p	%-Rendite (p.a.)
PASSIV-DM	0.0062	0.0259	0.2403	11.90%
PASSIV-EM	0.0009	0.0429	0.0208	5.01%

Die Berechnung der Performance (mittlere Überschuß-Rendite ($\overline{R}_p - R_f$),
Risiko (σ_p) und Sharpe-Ratio (SR_p)) basiert auf stetigen Monatsrenditen (Log-

Differenzen der Index- bzw. Kursstände).[50] Da Prozent-Renditen auf Jahresbasis leichter interpretierbar sind, sind diese in der letzten Spalte angegeben (keine Überschuß-Renditen!). Bei sämtlichen internationalen Anlagen wurde unterstellt, daß der deutsche Investor die damit verbundenen Währungsrisiken vollständig abgesichert hätte.

Die Tabelle zeigt, daß sich die Strategie PASSIV-DM (keine Berücksichtigung von "Emerging Markets") der Strategie PASSIV-EM (Berücksichtigung der "Emerging Markets") hinsichtlich der Sharpe-Ratio als überlegen erweist. Dieser Vorteil ist zum einen auf den nachhaltigen Anstieg des Risikos durch die Hinzunahme der "Emerging Markets" (von 0.0259 auf 0.0429) zurückzuführen. Jedoch führte die Berücksichtigung der "Emerging Markets" auch zu einer nachhaltigen Abnahme der Rendite (von 11.90% auf 5.01% p.a.). Die Performanceabnahme durch Hinzunahme der Aktienmärkte Taiwans, Malaysias und Griechenlands könnte jedoch auch darauf zurückzuführen sein, daß mit der passiven Strategie ggf. eine inadäquate Anlagestrategie gewählt wurde. Aus diesem Grunde werden anschließend die jeweiligen Minimum-Varianz-Portfolios ermittelt.

4.3   Die Minimum-Varianz-Portfolios

Diese Anlagestrategie ist dadurch gekennzeichnet, daß die Portfoliobildung ausschließlich auf Risikoprognosen basiert. Die Minimum-Varianz-Portfolios wurden im "out of sample"-Zeitraum von 10:1996 bis 09:1998 für jeden Monat bestimmt. Auf diese Weise wurde das Portfolio insgesamt 24 mal, basierend auf der jeweils aktuellsten Risikoprognose, umstrukturiert. Dabei wurden für den Deutschen Aktienmarkt 0.5% Transaktionskosten, für alle ausländischen Aktienmärkte 0.8% und für alle Bondmärkte (BRD, USA und Japan) 0.1% unterstellt. Leerverkäufe, d.h. negative Portfoliogewichte, wurden durch eine entsprechende Restriktion im Optimierungsalgorithmus nicht zugelassen. Um realitätsnahe Portfoliostrukturen zu erzeugen, wurde eine sog. *Holding*-Restriktion von 25% für jedes einzelne Asset eingeführt. Diese besagt, daß zu jedem Zeitpunkt maximal 25% des gesamten Kapitals in ein einzelnes Asset investiert werden kann. Darüber hinaus wurde eine sog. *Turnover*-Restriktion von 5 Prozentpunkten definiert, welche die Portfolio-Umschichtungen begrenzt. Damit kann beispielsweise ein Wertpapierbestand von 10% (bezogen auf den Gesamtanlagebetrag) von einem Zeitpunkt auf den nächsten auf max. 15% erhöht oder auf max. 5% gesenkt werden. Dies führt zu einer Begrenzung der umschichtungsabhängigen Transaktionskosten.

Als Risikomodell kam die empirische Kovarianzmatrix (berechnet anhand ex post realisierter Renditen) als Schätzer für die zukünftige (unbekannte) Kovarianzmatrix zum Einsatz. Da die Theorie keine Periodenanzahl zur Berechnung der

---

[50] Zur Berechnung der Überschuß-Rendite wurde von der durchschnittlichen monatlichen Portfoliorendite der adäquate risikolose Zins abgezogen. Hierzu wurde der 2-Jahreszins (3.88%p.a.) in eine stetige monatliche Rendite umgerechnet.

empirischen Kovarianzmatrix explizit vorgibt, wurde alternativ eine unterschiedliche Periodenanzahl zur Berechnung des Minimum-Varianz-Portfolios herangezogen, um Aussagen über die Sensitivität der Portfolioperformance hinsichtlich dieses "Freiheitsgrades" zu erhalten. Z.B. wurde bei einer Periodenanzahl von 48 Monaten die Kovarianzmatrix für 10:1996 durch die empirische Kovarianzmatrix geschätzt, die sich mittels der 48 stetigen Renditen von 10:1992 bis 09:1996 ergab. Die Ermittlung des Schätzers für die Kovarianzmatrix von 11:1996 basierte auf den stetigen Renditen von 11:1992 bis 10:1996 usw. Durch dieses rollierende Verfahren wurde für die Prognose der Kovarianzmatrix die jeweils aktuellste Renditeinformation berücksichtigt, die zum Prognosezeitpunkt tatsächlich zur Verfügung stand. Auf diese Weise wurde für alle 6 entwickelten Märkte die zukünftige Kovarianzmatrix jeweils 24 mal im "out of sample"-Zeitraum geschätzt.

In der nachfolgenden Tabelle sind die Resultate für ein Anlageuniversum ohne "Emerging Markets" aufgeführt. Dies kommt in der Bezeichnung MVP-DM (Minimum-Varianz-Portfolios Developed Markets) zum Ausdruck. Die der Berechnung zugrunde gelegte Anzahl an Renditeperioden ist in Klammern angegeben (36, 48 und 60 Renditeperioden).

Tabelle 2. Performance der Minimum-Varianz-Portfolios (ohne "Emerging Markets")[51]

	$\overline{R}_p - R_f$	σ_p	SR_p	%-Rendite (p.a.)	Alpha/Signif.
MVP-DM (36P.)	0.0060	0.0152	0.3920	11.63%	0.0029/0.10
MVP-DM (48P.)	0.0060	0.0152	0.3961	11.63%	0.0029/0.10
MVP-DM (60P.)	0.0066	0.0149	0.4407	12.44%	0.0035/0.05

Tabelle 2 zeigt, daß die Wahl der Periodenanzahl zur Berechnung der historischen Kovarianzmatrix (als Schätzer für die zukünftige) einen Einfluß auf die Performance des Minimum-Varianz-Portfolios ausübt. Bei 60 Perioden weist das MVP die höchste Überschußrendite und das geringste Risiko auf.

Ein Vergleich mit Tabelle 1 verdeutlicht, daß sich ausschließlich das MVP mit 60 Perioden gegenüber der passiven Strategie (PASSIV-DM) hinsichtlich der erzielten Rendite (bzw. Überschuß-Rendite) als überlegen erweist. Sämtliche Minimum-Varianz-Portfolios weisen jedoch ein eindeutig niedrigeres Risiko als die Strategie PASSIV-DM auf. Dies führt dazu, daß sich alle Minimum-Varianz-Portfolios (ohne Berücksichtigung der "Emerging Markets") der entsprechenden

---

[51] In der letzten Spalte der Tabelle wurde (wie bei allen nachfolgenden Tabellen) das Jensen-Alpha sowie das zugehörige Signifikanzniveau ergänzt. Diese Information ist rein nachrichtlich zu verstehen und wird nicht weiter ausgewertet.

passiven Strategie (PASSIV-DM) hinsichtlich der Sharpe-Ratio als überlegen erweisen.

In einem nächsten Schritt wurde das Anlageuniversum um die Aktienmärkte der Länder Taiwans, Malaysias und Griechenlands durch die Hinzunahme der entsprechenden Morgan Stanley Aktienindizes erweitert. Das Anlageuniversum umfaßt somit 3 Bond- und 6 Aktienindizes. Mit diesem neuen Anlageuniversum wurden die Minimum-Varianz-Portfolios (MVP-EM) ohne weitere Veränderungen analog zu oben ermittelt.

Tabelle 3. Performance der Minimum-Varianz-Portfolios (mit "Emerging Markets")

	$\overline{R}_p - R_f$	σ_p	SR_p	%-Rendite (p.a.)	Alpha/Signif.
MVP-EM (36P.)	0.0057	0.0162	0.3535	11.23%	0.0054/0.01
MVP-EM (48P.)	0.0060	0.0156	0.3850	11.63%	0.0057/0.01
MVP-EM (60P.)	0.0068	0.0151	0.4486	12.71%	0.0065/0.00

Wie aus einem Vergleich der Tabellen 3 und 2 ersichtlich ist, brachte die Erweiterung des Anlageuniversums um die Aktienmärkte der drei Schwellenländer Taiwan, Malaysia und Griechenland keine wesentlichen Änderungen bei den Minimum-Varianz-Portfolios. Eine Analyse der Portfoliogewichte zeigte, daß bei den Minimum-Varianz-Portfolios nachhaltig in alle drei Bondmärkte (häufig bis zur zulässigen Obergrenze von jeweils 25%) investiert wurde. Anlagen in den "Emerging Markets" wurden kaum bzw. nahezu überhaupt nicht durchgeführt. Vermutlich überkompensieren die hohen Renditeschwankungen dieser Märkte (große Varianzen) ihren Diversifikationsvorteil (niedrige Korrelationen bzw. Kovarianzen mit den entwickelten Märkten).

Als Zwischenfazit läßt sich festhalten, daß die Erweiterung des Anlageuniversums um die Aktienmärkte Taiwans, Malaysias und Griechenlands weder bei der passiven Strategie, noch bei der Realisierung eines Minimum-Varianz-Portfolios zu einer Erhöhung der Performance geführt hat. Bei den entwickelten Märkten beruht der Vorteil der MVP's gegenüber der passiven Strategie auf dem deutlich geringeren Risiko. Bei dem Anlageuniversum mit "Emerging Markets" spiegelt sich der Vorteil der MVP's gegenüber der passiven Strategie sowohl auf der Rendite als auch auf der Risikoseite wider. Im nachfolgenden Kapitel wird geprüft, ob die Berücksichtigung von "Emerging Markets" ggf. bei der Durchführung von aktiven Strategien zu einer höheren Performance führt.

4.4 Die aktiven Strategien

Bei der Durchführung einer aktiven Strategie ist von zentraler Bedeutung, ob eine hinreichend gute Prognose der betrachteten Märkte in der Weise gelingt, daß (unter Berücksichtigung der anfallenden Transaktionskosten) eine Portfolio-Performance erzielt wird, die über der passiven Strategie und dem Minimum-Varianz-Portfolio liegt. An dieser Stelle wird bereits ein zentrales Problem sichtbar: Damit diese Fragestellung beantwortet werden kann, ist letztendlich die Entwicklung von 6 bzw. 9 (ohne/mit "Emerging Markets") individuellen Renditeprognosemodellen für jeden der 24 Monate erforderlich, was bei manueller Entwicklung mit einem großen Zeitaufwand verbunden wäre. Aus diesem Grunde muß die Finanzanalyse vollautomatisiert ablaufen. Dies bedeutet, daß der Computer die Entwicklung der 6 bzw. 9 individuellen Prognosemodelle für jeden neuen Monat (insgesamt 24) völlig selbständig durchführt. Diese Modelle könnten vor einem echten "Praxiseinsatz" noch per Hand modifiziert, erweitert und verbessert werden. Für eine erste Abschätzung des Erfolgspotentials einer aktiven Strategie (mit einem begrenzten Aufwand), sollte die "simulierte Finanzanalyse" jedoch vollständig ausreichend sein.

Zur "automatisierten" Generierung der Renditeprognosen soll dabei das in Abschnitt 3.2.1 beschriebene Verfahren zum Einsatz kommen, bei dem die einzelnen Arbeitsschritte eines Ökonometrikers simuliert werden. Dabei werden in einem ersten Schritt alle potentiellen Einflußgrößen mit Hilfe der Faktorenanalyse auf wenige Faktoren "verdichtet". Als Renditeprognosemodell kommt anschließend das lineare Regressionsmodell zum Einsatz, wobei die erzeugten Faktoren als erklärende Variablen herangezogen werden. Es werden mehrere Faktorenmodelle (1-Faktor-Modell, 2-Faktoren-Modell ...) geschätzt, wobei das vermutlich prognosestärkste mit Hilfe des sog. Jackknife-Ansatzes ausgewählt wird. Dieses Verfahren wird automatisiert für jedes einzelne Asset (6 ohne bzw. 9 mit "Emerging Markets") in jedem der 24 Monate angewandt. Dabei gilt noch zu klären, welche Daten als potentielle Einflußgrößen prinzipiell herangezogen werden könnten. Hierzu wird auf die "Technical Intermarket Theorie" von MURPHY, 1991 zurückgegriffen, nach der sich die Rohstoff-, Währungs-, Bond- und Aktienmärkte gegenseitig kausal beeinflussen. Ohne auf diese Theorie hier näher einzugehen, sind nach ihr die historisch realisierten Renditen dieser Märkte ausreichend, um die zukünftigen Renditen zu prognostizieren. Zur Prognose der Aktien- und Bondmärkte der BRD, der USA und Japans werden also die historisch realisierten Renditen dieser Märkte sowie jene der entsprechenden Währungen und des Rohstoffindex CRBI herangezogen. Bei der Berücksichtigung der drei "Emerging Markets" werden zusätzlich noch die Renditen der Wechselkurse dieser Länder zur Deutschen Mark als potentielle Einflußfaktoren berücksichtigt. Die nach der "Technical Intermarket Theorie" benötigten Bondindizes der Länder Taiwan, Malaysia und Griechenland standen für den Zeitraum der Modellentwicklung

(01:1988 bis 09:1996) nicht zur Verfügung.[52] Daher mußte auf diese verzichtet werden.

Die "Technical Intermarket Theorie" liefert keine Anhaltspunkte, mit welcher zeitlichen Verzögerung diese potentiellen Einflußgrößen auf die zu prognostizierenden Variablen wirken. Die Beantwortung dieser Fragestellungen ist die Aufgabe des Ökonometrikers bzw. Statistikers im Rahmen der Modellentwicklung. Der Modellentwickler könnte beispielsweise die Korrelationsanalyse einsetzen, um zu entscheiden, welcher "exogene" Markt mit welcher Wirkungsverzögerung auf einen zu prognostizierenden Markt wirkt. Da 6 bzw. 9 Märkte prognostiziert werden sollen, ist dieses Verfahren insgesamt 6 bzw. 9 mal durchzuführen, wobei jeweils sämtliche potentiellen Einflußgrößen berücksichtigt werden müssen.

Im Rahmen der "automatisierten Finanzanalyse" wird das Problem der unbekannten Wirkungsverzögerungen in der Weise gelöst, daß sämtliche potentiellen Einflußgrößen mit 1-, 2-, und 3-monatiger Verzögerung berücksichtigt werden. Für das Anlageuniversum ohne "Emerging Markets" stehen somit für jedes der 6 Renditeprognosemodelle insgesamt 27 (9x3) potentielle Einflußgrößen zur Verfügung. Werden die "Emerging" Markets in das Anlageuniversum mit aufgenommen, so liegen für jedes der 9 Renditeprognosemodelle insgesamt 36 (12x3) potentielle Einflußvariablen vor. Diese potentiellen Einflußgrößen bilden den Dateninput für die Faktorenanalyse, mit der bis zu 8 Faktoren extrahiert wurden. Die Faktoren werden in dem Regressionsmodell zur Renditeprognose als erklärende Variablen eingesetzt. Da nicht bekannt ist, wieviel erklärende Variablen (Faktoren) das prognosestärkste Modell umfaßt, wurden für jeden Markt 8 einzelne Modelle (1-Faktor-Modell, 2-Faktoren-Modell, ..., 8-Faktoren-Modell) erzeugt. Mit Hilfe des Jackknife-Ansatzes wurde für jeden einzelnen Markt jenes j-Faktoren-Modell ausgewählt, welches den geringsten "mittleren Mean Square Error" aufwies. Für die Modellentwicklung bzw. -selektion stand dabei ausschließlich das Datenmaterial von 01:1988 bis 09:1996 (105 Datenpunkte) zur Verfügung. Aufgrund der 105 Datenpunkte wurde beim Jackknife-Ansatz mit 7 Klassen gearbeitet, wobei jede Klasse 15 Datenpunkte umfaßte. Eine Berücksichtigung von weniger als 7 Klassen erschien als nicht sinnvoll, da damit der Parameterschätzung zu viele Datenpunkte entzogen werden. Bei der Vorgehensweise wurde konsequent berücksichtigt, daß *der Zeitraum von 10:1996 bis 09:1998 (aus Modellsicht) der unbekannten Zukunft entspricht und daher nicht für die Modellentwicklung herangezogen werden darf.* Auf diese Weise wurde für alle 6 bzw. 9 betrachteten Märkte (ohne/mit "Emerging Markets") in jedem der 24 Monate jeweils ein Prognosemodell generiert und damit für jedes Asset (Markt) jeweils 24-mal eine Ein-Monatsprognose (Zeitraum von 10:1996 bis 09:1998) erstellt. Als Risikoprognose wurde die historische Kovarianzmatrix herangezogen, für deren Berechnung jeweils die Renditen der letzten 60 Monate berücksichtigt wurden (siehe hierzu Kap. 4.3). Zur Portfoliooptimierung wurde das in Kap. 3.1 beschriebene Modell (siehe dort die Gleichung (3)) eingesetzt, wobei der Risikotoleranzparameter λ mit einem Wert von 0.5 belegt wurde.

---

[52] Entsprechende Bondindizes für "Emerging Markets" sind erst ab ca. 1994 verfügbar.

Negative Gewichte (d.h. Leerverkäufe) wurden bei der Optimierung nicht zugelassen. Analog zu den Minimum-Varianz-Portfolios wurde eine Holding-Restriktion von 25% und eine Turnover-Restriktion von 5 Prozentpunkten eingeführt. In der nachfolgenden Tabelle ist die Performance der aktiven Strategie ohne Berücksichtigung der "Emerging Markets" aufgeführt. Es wurden die gleichen Transaktionskosten wie bei den Minimum-Varianz-Portfolios unterstellt. Damit ein Vergleich der drei Anlagestrategien bei einem gleichen Anlageuniversum möglich ist, ist zusätzlich die Performance der passiven Strategie (PASSIV-DM) und des Minimum-Varianz-Portfolios (MVP-DM 60P.) aufgeführt.

Tabelle 4. Performance der aktiven Strategie (ohne "Emerging Markets")

	$\overline{R}_p - R_f$	σ_p	SR_p	%-Rendite (p.a.)	Alpha/Signif.
PASSIV-DM	0.0062	0.0259	0.2403	11.90%	-
MVP-DM (60P.)	0.0066	0.0149	0.4407	12.44%	0.0035/0.05
AKTIV-DM	0.0119	0.0303	0.3919	19.82%	0.0047/0.00

Ein Vergleich der Sharpe-Ratios zeigt, daß die aktive Strategie (AKTIV-DM) der passiven (PASSIV-DM), nicht aber dem Minimum-Varianz-Portfolio (MVP-DM) überlegen ist. Der Vorteil wurde jedoch ausschließlich über die Renditekomponente erzielt (19.82% p.a. im Vergleich zu 12.44% und 11.90% p.a.). Die aktive Strategie weist ein höheres Risiko als das Passiv- und das Minimum-Varianz-Portfolio auf. Die relativ eindeutige Überlegenheit der aktiven Strategie gegenüber der passiven kommt in der nachfolgenden Abbildung zum Ausdruck, in der die kumulierte Entwicklung der Portfolio-Renditen (keine Überschuß-Renditen!) beider Strategien sowie ihre Differenz dargestellt ist.

Die kumulierte Rendite der aktiven Strategie wird in der Abbildung als *Portfolio Return*, die der passiven Strategie als *Benchmark Return* und die Differenz zwischen beiden als *Active Return* bezeichnet. Es zeigt sich, daß die kumulierte Portfolio-Rendite der aktiven Strategie nahezu zu jedem Zeitpunkt (24 einzelne Monate) über jener der passiven liegt. Insofern würde sicherlich jeder Investor die aktive Strategie gegenüber der passiven präferieren.

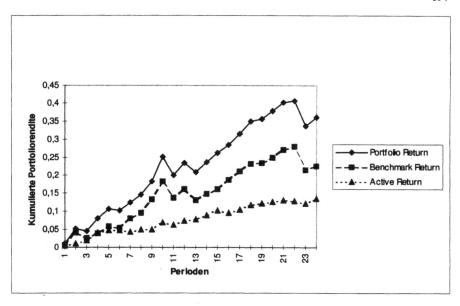

Abbildung 4. Kumulierte Entwicklung der Portfolio-Renditen (ohne "Emerging Markets")

Anschließend wurden die Morgan Stanley-Aktienindizes der drei Schwellen-länder Taiwan, Malaysia und Griechenland in das Anlageuniversum aufgenommen und die aktive Strategie unter sonst identischen Bedingungen wiederholt. In der nachfolgenden Tabelle ist das erzielte Ergebnis im Vergleich zur passiven Strate-gie (PASSIV-EM) und zum Minimum-Varianz-Portfolio (MVP-EM) dargestellt. Bei allen drei Strategien umfaßt das Anlageuniversum also auch die "Emerging Markets".

Tabelle 5. Performance der aktiven Strategie (mit "Emerging Markets")

	$\overline{R}_p - R_f$	σ_p	SR_p	%-Rendite (p.a.)	Alpha/Signif.
PASSIV-EM	0.0009	0.0429	0.0208	5.01%	-
MVP-EM (60P.)	0.0068	0.0151	0.4486	12.71%	0.0065/0.00
AKTIV-EM	0.0138	0.0447	0.3094	22.59%	0.0130/0.01

Ein Vergleich der Sharpe-Ratios zeigt, daß die aktive Strategie (AKTIV-EM) dem Minimum-Varianz-Portfolio (MVP-EM) unterlegen ist. Dieser Nachteil ist jedoch ausschließlich auf das höhere Risiko zurückzuführen. Hinsichtlich der erwirtschafteten Renditen dominiert die aktive Strategie sowohl die passive, als

198

auch das Minimum-Varianz-Portfolio. Um abschließend eine Vorteilhaftigkeits-
aussage treffen zu können, wird ein grafischer Vergleich der kumulierten Portfolio-Renditen durchgeführt. In der nachfolgenden Abbildung sind die kumulierten
Portfolio-Renditen der aktiven und der passiven Strategie dargestellt.

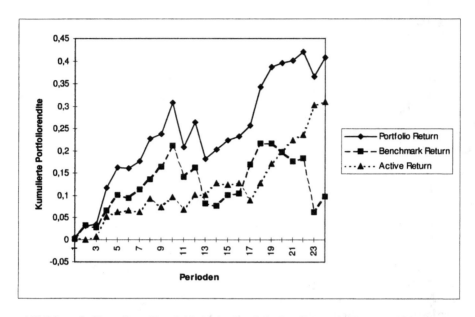

Abbildung 5. Kumulierte Entwicklung der Portfolio-Renditen (mit "Emerging Markets")

Die kumulierte Rendite der aktiven Strategie liegt nahezu zu jedem Zeitpunkt
über jener der passiven. Die Überlegenheit (gemessen an der kumulierten Rendite
bzw. Überschußrendite) der aktiven Strategien gegenüber den passiven und den
Minimum-Varianz-Portfolios (mit und ohne Berücksichtigung der "Emerging
Markets") zeigt, daß das in Abschnitt 3.2.1 vorgestellte "automatisierte" Finanz-
analyseverfahren im Simulationszeitraum einen positiven Ergebnisbeitrag erzeugen konnte. Die Berücksichtigung von "Emerging Markets" führte aber (analog
zur passiven Strategie und zu den Minimum-Varianz-Portfolios) auch bei der aktiven Strategie zu keiner besseren risikoadjustierten Performance. Die Strategie
AKTIV-DM weist mit 0.3919 eine höhere Sharpe-Ratio als die Strategie AKTIV-
EM (0.3094) auf. Dieser Performance-Nachteil spiegelt sich jedoch ausschließlich
in der Risikokomponente (0.0303 gegenüber 0.0447) wider. Die erzielte Rendite
liegt mit 22.59% p.a bei der Strategie AKTIV-EM etwas höher als bei der AK-
TIV-DM mit 19.82% p.a.

5 Zusammenfassung und weiterführende Untersuchungen

In dieser Arbeit wurden die Risiken von -"Emerging Markets"-Investments analysiert. Dabei wurde als Risiko die Gefahr verstanden, ein suboptimales bzw. inkonsistentes Anlagekonzept im Rahmen des Portfolio Managements umzusetzen und damit eine schlechte Performance zu erzielen. Aufgrund der Komplexität und der Interdependenzen der zahlreichen Einzelentscheidungen, stellt die Simulation des gesamten Portfolio Management-Prozesses ein adäquates Instrumentarium zur Analyse der einem Anlagekonzept anhaftenden Investmentrisiken dar. Aus Platzgründen konnten dabei lediglich zwei Entscheidungssituationen exemplarisch untersucht werden. Zum einen wurde der Frage nachgegangen, ob "Emerging Markets" generell in das Anlageuniversum mit aufgenommen werden sollten. Ferner wurde analysiert, welche Anlagestrategie man mit bzw. ohne "Emerging Markets" durchführen sollte. Zur Realisierung von Portfolios mit Hilfe des MARKOWITZ-Ansatzes sind Prognosen für die zukünftigen Renditen und Risiken der einzelnen Assets erforderlich, wobei insbesondere die Schätzgüte für die Renditen von zentraler Bedeutung ist. Sollen ausgefeilte Modelle zur Renditeprognose eingesetzt werden, so entsteht ein enormer Entwicklungsaufwand, da im Regelfall für jedes betrachtete Asset ein eigenes Prognosemodell zu jedem Zeitpunkt erarbeitet werden müßte. Aus diesem Grunde wurde eine "automatisierte" Finanzanalyse eingesetzt, bei der die einzelnen Arbeitsschritte eines Ökonometrikers beim Modellbau (Datenaufbereitung, Variablenauswahl, Schätzung alternativer Modelle, Modellselektion) völlig automatisiert durchgeführt werden.

Das Anlageuniversum bestand aus den Aktien- und Bondmärkten der Länder BRD, USA und Japan, repräsentiert durch drei Aktien- und drei Bondindizes. Bei der Berücksichtigung von "Emerging Markets" wurde dieses Universum um die Morgan Stanley Aktienindizes der Länder Taiwan, Malaysia und Griechenland erweitert. Der Simulationszeitraum reichte dabei von 10:1996 bis 09:1998, wobei die einzelnen Portfolioumschichtungen jeweils am Ende jedes Monats (basierend auf den aktuellen Rendite- und Risikoprognosen) durchgeführt wurden.

Dabei zeigte sich, daß die Berücksichtigung von "Emerging Markets" unabhängig von der durchgeführten Strategie (passiv, aktiv oder Minimum-Varianz-Portfolio) zu einer niedrigeren risikoadjustierten Performance führte. Diese wurde insbesondere durch ein höheres Risiko (gemessen durch die Standardabweichung der Portofoliorenditen) verursacht. Die Hinzunahme von "Emerging Markets" führte jedoch bei der passiven Strategie gleichzeitig auch zu einer nachhaltigen Abnahme der Portfoliorendite. Vergleicht man die einzelnen Anlagestrategien (aktiv, passiv und Minimum-Varianz-Portfolio) miteinander, so schneidet die aktive Strategie - gemessen an der Überschußrendite - sowohl mit als auch ohne "Emerging Markets" am besten ab. Die Vorteilhaftigkeit wird dabei insbesondere aus einem graphischen Vergleich der kumulierten Portfoliorenditen ersichtlich. Dies läßt vermuten, daß die von der "automatisierten" Finanzanalyse erzeugten Renditeprognosen im Untersuchungszeitraum eine brauchbare Prognosegüte aufweisen.

Die hier dokumentierten Simulationen sind jedoch keinesfalls ausreichend, um die Risiken von "Emerging Markets" (und auch die damit verbundenen Renditechancen) abschließend vollständig beurteilen zu können. Aus Platzgründen konnten hier lediglich zwei Fragestellungen exemplarisch analysiert werden. Bei den passiven Strategien wäre beispielsweise noch zu prüfen, ob eine andere Gewichtung der Assets sinnvoller ist. Aufgrund des hohen Risikos der "Emerging Markets" wäre hier beispielsweise an eine geringere Gewichtung dieser Assets (im Vergleich zu den Assets der entwickelten Märkte) zu denken. Im Bereich der aktiven Strategien könnte dieser Gedanke in der Weise umgesetzt werden, daß man für die Assets der Schwellenländer stärkere Holding-Restriktionen als für jene der entwickelten Länder definiert. In dieser Untersuchung wurde die Anlage in ein einzelnes Asset einheitlich auf 25% begrenzt.

Darüber hinaus liegt der Verdacht nahe, daß im Rahmen der Vorauswahl die "falschen" "Emerging Markets" herausgefiltert wurden. Obwohl die in dieser Studie berücksichtigten "Emerging Markets" aufgrund der traditionell geforderten ex post Eigenschaften (hohe Renditen, geringe Varianzen und niedrige Korrelationen mit den sonstigen Assets) ausgewählt wurden, konnte ihre Aufnahme in das Anlageuniversum (bei allen betrachteten Anlagestrategien) keine bessere risikoadjustierte Portfolio-Performance herbeiführen. Für das praktische Portfolio Management ist daher sinnvoll, auf eine (wie hier beschriebene) Vorauswahl von "Emerging Markets" zu verzichten und die Simulationen auf alle als sinnvoll erachteten "Emerging Markets" auszudehnen. Dies erschien jedoch (aus Platzgründen) für die vorliegende Studie als nicht praktikabel.

Das Einsatzgebiet der hier demonstrierten Simulationen ist keinesfalls auf eine Analyse der Investmentrisiken von "Emerging Markets" beschränkt. Mit Hilfe solcher Simulationsstudien können sämtliche relevanten Entscheidungssituationen im praktischen Asset Management (z.B. auch die Frage des Währungshedgings) analysiert werden. Auf diese Weise läßt sich ermitteln, welchen Einfluß eine konkrete Entscheidung auf die Portfolio-Performance besitzt. Dabei wird berücksichtigt, daß die erzielte Portfolio-Performance das Ergebnis des Zusammenwirkens sämtlicher einzelner Entscheidungen darstellt, wobei die Entscheidungen auf der Grundlage von Prognosen (prognostizierte Renditen und Risiken) getroffen werden müssen. Diese Simulationen sind nicht nur geeignet, um bestehende Anlagekonzepte hinsichtlich der ihnen anhaftenden Investmentrisiken zu analysieren, sondern auch um neue erfolgversprechende Anlagekonzepte zu entwickeln.

Literaturverzeichnis

1. Aggarwal, R., DeMaskey, A.L. (1997): Cross-Hedging Currency Risks in Asian Emerging Markets Using Derivatives in Major Currencies. A free lunch?, *Journal of Portfolio Management*, Vol. 23, Spring, S. 88-95.

2. Bauer, C. (1992): *Das Risiko von Aktienanlagen*, zugl. Diss. Universität Münster, Köln.

3. Black, F. (1995): Universal Hedging: Optimizing Currency Risk and Reward in International Equity Portfolios, *Financial Analysts Journal*, 51. Jg., January-February, S. 161-167.

4. Bleymüller, J., Gehlert, G., Gülicher, H. (1996): *Statistik für Wirtschaftswissenschaftler*, 10. Auflage, München.

5. Brinson, G.P., Hood, L.R., Beebower, G.L. (1984): Determinants of Portfolio Performance, *Financial Analysts Journal*, 40. Jg., July-August, S. 39-44. (reprinted in *Financial Analysts Journal*, 51. Jg., January-February 1995, S. 133-138.)

6. Bühler, A., Zimmermann, H. (1994): Instabile Risikoparameter und Portfolioselektion, *Finanzmarkt und Portfolio Management*, 8. Jg., Nr. 2, S. 212-228.

7. Cantaluppi, L. (1994): Modeling Currency Hedges in a Mean/Variance Framework, *Financial Analysts Journal*, 50. Jg., January-February, S. 57-61.

8. Chopra, V.K., Ziemba, W.T. (1993): The Effect of Errors in Means, Variances, and Covariances On Optimal Portfolio Choice, *Journal of Portfolio Management*, 19. Jg., Winter, S. 6-11.

9. Divecha, A.B. (1994): Emerging Markets and Risk Reduction, in: *Global Asset Allocation. Techniques for Optimizing Portfolio Management*, hrsg. von J. Lederman und R.A. Klein, New York, S. 340-348.

10. Divecha, A.B., Drach, J., Stefek, D. (1992): Emerging Markets: A Quantitative Perspective, *Journal of Portfolio Management*, Vol. 19, Fall, S. 41-50.

11. Eckey, H.-F., Kosfeld, R., Dreger, Ch. (1995): *Ökonometrie*, Wiesbaden.

12. Elton, E.J., Gruber, M.J. (1995): *Modern Portfolio Theory and Investment Analysis*, 5th ed., New York.

13. Errunza, V.R. (1994): Emerging Markets: Some New Concepts, *Journal of Portfolio Management*, Vol. 20, Spring, S. 82-87.

14. Franke, G., Hax, H. (1995): *Finanzwirtschaft des Unternehmens und Kapitalmarkt*, 3. Auflage, Berlin et al.

15. Gastineau, G.L. (1995): The Currency Hedging Decision: A Search for Synthesis in Asset Allocation, *Financial Analysts Journal*, 51. Jg., May-June, S. 8-17.

16. Gügi, P. (1996): *Einsatz der Portfoliooptimierung im Asset Allocation-Prozess*, zugl. Diss. Universität Zürich, 2. Auflage, Bern et al.

17. Hauser, S., Marcus, M., Yaari, U. (1994): Investing in Emerging Stock Markets: Is It Worthwhile Hedging Foreign Exchange Risk?, *Journal of Portfolio Management*, Vol. 20, Spring, S. 76-81.

18. Hielscher, U. (1969): *Zu den Grundlagen der optimalen Kapitalanlageplanung am Aktienmarkt*, zugl. Diss. Universität Darmstadt, Darmstadt.

19. Jorion, P. (1994): Mean/Variance Analysis of Currency Overlays, *Financial Analysts Journal*, 50. Jg., May-June, S. 48-56.

20. Kaplanis, E.C. (1988): Stability and Forecasting of the Comovement Measures of International Stock Market Returns, *Journal of International Money and Finance*, Vol. 7, S. 63-75.

21. Kleeberg, J.M. (1995): *Der Anlageerfolg des Minimum-Varianz-Portfolios*, zugl. Diss. Universität Münster, 2. Auflage, Bad Soden/Ts.

22. Lerbinger, P. (1984): Die Leistungsfähigkeit deutscher Aktieninvestmentfonds, *Zeitschrift für betriebswirtschaftliche Forschung*, 36. Jg., Nr. 1, S. 60-73.

23. Markowitz, H.M. (1952): Portfolio Selection, *The Journal of Finance*, Vol. VII, S. 77-91.

24. Markowitz, H.M. (1987): *Mean-Variance Analysis in Portfolio Choice and Capital Markets*, New York.

25. Matuschka, A. Graf, Döttinger, W. (1993): Vermögensverwaltung, in: *Obst, G./Hintner, O.: Geld-,Bank- und Börsenwesen*, hrsg. von N. Kloten und J. H. von Stein, 39. Auflage, Stuttgart, S. 576-586.

26. Michaud, R.O. (1989): The Markowitz Optimization Enigma: Is 'Optimized' Optimal?, *Financial Analysts Journal*, 45. Jg., January-February, S. 31-42.

27. Murphy, J.J. (1991): *Intermarket Technical Analysis*, New York.

28. Nielsen, L. (1993): Emerging Markets optimieren Aktienportefeuille, *Die Bank*, o. Jg., Nr. 5, S. 286-289.

29. Perridon, L., Steiner, M. (1997): *Finanzwirtschaft der Unternehmung*, 9. Auflage, München.

30. Pindyck, R.S., Rubinfeld, D.L. (1998): *Econometric Models and Economic Forecasts*, 4th ed., Boston et al.

31. Poddig, Th. (1999): *Handbuch Kursprognose* , Bad Soden/Ts.

32. Poddig, Th., Dichtl, H. (1998): *Prototypische Realisation eines integrierten Prognose- und Entscheidungssystems (IPES) zur Simulation von Portfolio Management-Prozessen*, Working Paper, Universität Bremen.

33. Radcliffe, R.C. (1994): *Investment. Concepts - Analysis - Strategy*, 4th ed., New York.

34. Rehkugler, H. (1995): Kurs- und Renditeprognose-Systeme, in: *Handbuch für Anlageberatung und Vermögensverwaltung*, hrsg. von J. E. Cramer und B. Rudolph, Frankfurt am Main, S. 384-393.

35. Rehkugler, H., Poddig, Th. (1995): Kursprognose, in: *Handwörterbuch des Bank- und Finanzwesens*, hrsg. von W. Gerke und M. Steiner, Stuttgart, Spalte 1336-1348.

36. Rudolph, B. (1993): Asset Allocation als Handlungsansatz, in: *Deka/Despa (Hrsg.): Leistungsbericht 1992*, Frankfurt am Main, S. 10-23.

37. Rudolph, B. (1995): Theoretische Ansätze und Umsetzung der Anlageplanung, in: *Handbuch für Anlageberatung und Vermögensverwaltung*, hrsg. von J. E. Cramer und B. Rudolph, Frankfurt am Main, S. 25-42.

38. Schmidt-von Rhein, A. (1996): *Die Moderne Portfoliotheorie im praktischen Wertpapiermanagement*, zugl. Diss. Universität Freiburg, Bad Soden/Ts.

39. Sharpe, W.F. (1963): A Simplified Model for Portfolio Analysis, *Management Science*, Vol. 9, S. 277-293.

40. Sharpe, W.F. (1966): Mutual Fund Performance, *Journal of Business*, 39. Jg., S. 119-138.

41. Sharpe, W.F. (1992): Asset Allocation: Management Style and Performance Measurement, *Journal of Portfolio Management*, 18. Jg., Winter, S. 7-19.

42. Solnik, B. (1996): *International Investments*, 3th ed., Reading et al.

43. Steiner, M., Bruns, Ch. (1996): *Wertpapiermanagement*, 5. Auflage, Stuttgart.

44. Stucki, T. (1994): Möglichkeiten und Grenzen eines Optimierungssystems im praktischen Portfolio Management, *Finanzmarkt und Portfolio Management*, 8. Jg., Nr. 4, S. 508-521.

45. Theil, H. (1971): *Principles of Econometrics* , New York.

46. Uhlir, H., Steiner, P. (1994): *Wertpapieranalyse*, 3. Auflage, Heidelberg.

Lineare vs. nichtlineare Fehlerkorrekturmodelle: Ein Leistungsvergleich anhand der Prognose der G5-Rentenmärkte

Heinz Rehkugler und Dirk Jandura

Albert-Ludwigs-Universität Freiburg, Lehrstuhl für Finanzwirtschaft und Banken, Platz der Alten Synagoge, D-79085 Freiburg

Zusammenfassung. Zur Erstellung von (quantitativen) Finanzmarktprognosen finden gewöhnlich klassische ökonometrische Verfahren wie die Multivariate Lineare Regressionsanalyse (MLR) Verwendung. Die Modelle werden dabei zur Vermeidung von schätztechnischen Problemen in Differenzenform spezifiziert. Eine solche Vorgehensweise läßt jedoch außer Acht, daß zum einen langfristig stabile Gleichgewichtsbeziehungen zwischen der Zielgröße und ihren Einflußfaktoren existieren, die sich nur im Niveau der Zeitreihen widerspiegeln, und zum anderen, daß zumindest partiell nichtlineare Zusammenhänge zwischen Einflußfaktoren und der Zielgröße bestehen können.

Zur Berücksichtigung dieser Faktoren in Prognosemodellen wird in diesem Beitrag vorgeschlagen, den Kointegrations- und Fehlerkorrekturansatz mit Neuronalen Netzwerken zu einem "nichtlinearen Fehlerkorrekturmodell" zu kombinieren. Die Leistungsfähigkeit dieses nichtlinearen Fehlerkorrekturansatzes wird am Beispiel der Prognose der G5-Rentenmärkte einer empirischen Überprüfung unterzogen und in einem umfangreichen Performancevergleich einem traditionellen linearen Fehlerkorrekturmodell gegenübergestellt. Es zeigt sich, daß das nichtlineare Fehlerkorrekturmodell die durchaus befriedigende Performance des linearen Fehlerkorrekturmodells noch zu übertreffen vermag.

Keywords: Finanzanalyse, Kointegration, (Nichtlineare) Fehlerkorrektur, Neuronale Netze.

1 Einleitung

Für die Investmentpraxis ist die Entscheidung zwischen *aktivem* und *passivem Portfoliomanagement* von zentraler Bedeutung und hat weitreichende Konsequenzen. Während eine Passiv-Strategie darauf abzielt, eine vorgegebene Benchmark kostengünstig und möglichst genau hinsichtlich ihres Rendite-Risikoprofils abzubilden, und so implizit von informationseffizienten Finanzmärkten ausgeht, steht im Vordergrund eines aktiven Managements die Erzielung einer risikoadjustierten Rendite, die oberhalb einer vorgegebenen Benchmark liegt. Der aktive Ansatz basiert mithin auf der Annahme, daß an den Finanzmärkten Informationsineffizienzen existieren, die zur Realisation von (systematischen) Überrenditen ausgenutzt werden können. Das Aufspüren solcher Marktineffizienzen ist eine Hauptaufgabe der *Finanzanalyse*[1], die folglich zum Kernbestandteil jedes aktiven Portfoliomanagements wird. Die sogenannten *quantitativen* Verfahrensweisen der Finanzanalyse[2] zeichnen sich durch die systematische Aufbereitung und Verwendung relevanter Informationen aus. Zentrale Annahme ist, daß eine gewisse Anzahl von Faktoren existiert, die die zu prognostizierende Größe (kausal) beeinflussen, und daß das Zusammenwirken dieser Faktoren weder theoretisch eindeutig erklärbar noch empirisch exakt beschreibbar ist.[3] Weiterhin wird angenommen, daß diese Wirkungszusammenhänge im Zeitablauf konstant sind und auch für den Prognosezeitraum Gültigkeit besitzen. Ausgangspunkt der quantitativen Vorgehensweise ist daher die gezielte Analyse von Vergangenheitsdaten: Mittels empirischer Tests werden die tatsächlichen Determinanten der Zielgröße herausgearbeitet und erkannte Gesetzmäßigkeiten und Wirkungsweisen modellmäßig abgebildet, wozu i.d.R. auf die klassischen (linearen) ökonometrischen Schätz- und Testverfahren zurückgegriffen wird.

Ökonomische Zeitreihen sind jedoch i.d.R. trendbehaftet. Um die hieraus resultierenden statistischen Probleme (z.B. das Schätzen von Scheinkorrelationen) zu vermeiden, werden die Zeitreihen gewöhnlich durch Differenzenbildung stationarisiert. Unterstellt man allerdings die Relevanz ökonomischer Gleichgewichtshypothesen, so kann vermutet werden, daß langfristig stabile Gleichgewichtsbeziehungen zwischen der Zielgröße und ihren Einflußfaktoren existieren, die sich nur im Niveau der Zeitreihen widerspiegeln. Abweichungen von einem solchen Gleichgewicht (*steady state*) werden dann das kurzfristige Verhalten der Zielgröße beeinflussen und einen Korrektureffekt zum Gleichgewicht (*feedback effect*) auslösen. Eine Differenzenbildung kann folglich einen erheblichen Informationsverlust bedeuten.

Einen Ansatz zur Vermeidung solcher Informationsverluste stellt das Instrumentarium der *Kointegration und Fehlerkorrektur* dar, das eine statistische Basis zur Modellierung ökonomischer Gleichgewichtskonzepte und deren kurzfristigen dynamischen Anpassungsmechanismen liefert. Jedoch ist ein Nachteil dieses Verfahrens in der Linearität der unterstellten funktionalen Beziehung zwischen Ziel-

---

[1] Hier verstanden als die „ *... datengestützte Analyse von Produkten und Marktteilnehmern an Finanzmärkten, mit dem Ziel, verläßliche Aussagen über die Attraktivität finanzieller Engagements bei diesen Produkten und Marktteilnehmern zu gewinnen* " - Rehkugler/Poddig (1994), S. 1.

[2] Im Gegensatz dazu werden im Rahmen der *qualitativen* Finanzanalyse subjektiv erfaßbare Sachverhalte, beliebige statistische Quellen, Erfahrungen und erlebte Verhaltensweisen zu Prognosezwecken verwendet. Dieser Prozeß läuft i.d.R. ohne Verwendung mathematischer Hilfsmittel ab und ist durch Dritte nicht nachvollziehbar.

[3] Vgl. Rehkugler/Poddig (1994), S. 3.

größe und Einflußfaktor(en) zu sehen, denn die Annahme wenigstens partiell nichtlinearer Zusammenhänge zwischen den Faktoren und der Zielgröße erscheint durchaus plausibel. Eine mögliche Lösung dieser Problematik bieten *Neuronale Netzwerke* (*NN*), die komplexe, auch hochgradig nichtlineare Zusammenhänge zwischen Zielgröße und Einflußfaktor(en) „selbständig" erlernen können. Die Kombination des Kointegrations- und Fehlerkorrekturansatzes mit Neuronalen Netzwerken zu einem *nichtlinearen Fehlerkorrekturmodell* könnte insofern eine hervorragende Ergänzung des traditionellen ökonometrischen Instrumentariums bedeuten.

Nachfolgend werden nun zunächst in knapper Form der Kointegrations- und Fehlerkorrekturansatz und das Instrumentarium der Neuronalen Netzwerke vorgestellt und zu einem *nichtlinearen Fehlerkorrekturmodell* zusammengeführt. Die Leistungsfähigkeit dieses nichtlinearen Fehlerkorrekturansatzes wird anschließend am Beispiel der Prognose der G5-Zinsentwicklung[4] einer empirischen Überprüfung unterzogen und in einem umfangreichen Performancevergleich einem traditionellen linearen Fehlerkorrekturmodell gegenübergestellt.[5]

2 Ein nichtlineares Fehlerkorrekturmodell

2.1 Kointegration und Fehlerkorrektur

Beim Kointegrations- und Fehlerkorrekturansatz handelt es sich um ein integriertes Konzept, das aus zwei eng miteinander verknüpften Modellbausteinen besteht:[6]

- *Kointegrationsmodell* (Modellierung einer langfristigen Gleichgewichtsbeziehung)

- *Fehlerkorrekturmodell* (Modellierung der kurzfristigen Zeitreihendynamik).

---

[4] Zielsetzung ist die Abgabe von Einmonatsprognosen (von Monatsultimo zu Monatsultimo) der Veränderung der jeweiligen Umlaufrendite von Staatsanleihen (mit 10-jähriger Restlaufzeit) der G5 (Deutschland, Frankreich, Japan, England und USA) in Basispunkten.

[5] Diese Studie ist Teil eines umfangreichen Gemeinschaftsprojekts mit der Metzler Asset Management GmbH, Frankfurt, weshalb wichtige Details in der Vorgehensweise und den Ergebnissen verständlicherweise der Vertraulichkeit unterliegen.

[6] Zu Kointegration und Fehlerkorrektur sei auf den einführenden Artikel von Jerger (1991) sowie die von Engle/Granger (1991) herausgegebene umfangreiche Aufsatzsammlung verwiesen.

Die Zielsetzung des Kointegrationsmodells ist die Abbildung einer langfristigen Gleichgewichtsbeziehung zwischen der zu prognostizierenden Größe und ihren fundamentalen Bestimmungsfaktoren, um einen Maßstab für ihre gegenwärtige Bewertung aus fundamentaler Sicht zu erhalten. In der ökonometrischen Praxis werden dazu üblicherweise theoretische Erklärungsansätze in Gleichungsform beschrieben und mittels geeigneter Schätztechniken empirisch überprüft. Dabei wird auf die *(Multivariate) Lineare Regressionsanalyse (MLR)* zurückgegriffen:

$$y_t = k + \sum_{i=1}^{n} \gamma_i x_{i,t} + \varepsilon_t \tag{1}$$

Ein Schätzansatz gemäß (1) bietet die Möglichkeit, ökonomische Gleichgewichtskonzepte in Form von langfristigen Beziehungen zwischen einzelnen Variablen zu modellieren. Ökonomische Zeitreihen weisen in der Regel jedoch die Eigenschaft der *Nichtstationarität* auf,[7] d.h. Erwartungswert, Varianz und Autokovarianz sind im Zeitablauf nicht konstant, lassen sich jedoch gewöhnlich durch einmalige Differenzierung in (schwach-) stationäre Prozesse[8] überführen:

Nichtstationäre Zeitreihen, die sich durch *d*-malige Differenzenbildung in (schwach) stationäre Prozesse überführen lassen, heißen integriert vom Grade *d*, kurz *I(d)*.[9]

Der Integrationsgrad einer Zeitreihe z_t kann durch das gängige Testverfahren nach *Dickey/Fuller (1979)*[10] festgestellt werden:

$$\Delta z_t = k + (\varphi - 1) z_{t-1} + \varepsilon_t \text{ mit: } \varepsilon_t \sim i.i.d. \ (0, \sigma^2) \tag{2}$$

Auf der Basis von (2) testet der *Dickey/Fuller-(DF-)*Test die Nullhypothese: *die betrachtete Zeitreihe z_t folgt einem Random Walk* ($\varphi = 1$) gegen die Alternativhypothese: *z_t ist stationär* ($\varphi < 1$). Im Stationaritätsfall muß der Parameter ($\varphi - 1$) negativ und signifikant von Null verschieden sein, was anhand der Werte des t-Tests überprüft werden kann.[11] Der DF-Test setzt einen autoregressiven Prozess erster Ordnung voraus, läßt sich jedoch grundsätzlich auch für autoregressive Prozesse höherer Ordnung durchführen und wird dann als *Augmented-Dickey/Fuller-(ADF-)*Test bezeichnet.[12]

Durch die Verwendung nichtstationärer Zeitreihen in (1) sind aber grundlegende statistische Annahmen der MLR verletzt, wodurch eine konsistente Schät-

---

[7] Vgl. Nelson/Plosser (1982).

[8] Zur Stationaritätseigenschaft vgl. Schlittgen/Streitberg (1994), S. 100.

[9] Vgl. Granger (1986), S. 214.

[10] Zum Integrationstest vgl. Fuller (1976), Dickey/Fuller (1979) sowie Dickey/Fuller (1981).

[11] Die kritischen Werte $\hat{\tau}$ folgen allerdings nicht der üblichen t-Verteilung; sie sind bei Fuller (1976), S. 373, Dickey/Fuller (1981), S. 1062 f. sowie MacKinnon (1991), S. 275 tabelliert.

[12] Vgl. Said/Dickey (1984).

zung der Regressionskoeffizienten nicht möglich ist und ein solches Regressionsmodell schwerwiegende statistische Probleme in sich birgt. So ist mit einem autokorrelierten Restwertprozeß (ε_t), mit Multikollinearität der exogenen Variablen und vor allem mit Scheinkorrelationen („*Spurious Regressions*")[13] zu rechnen. Diese Schwierigkeiten lassen sich i.d.R. durch Differenzenbildung (= Stationarisierung) umgehen, so daß der Schätzansatz (1) entsprechend als *Autoregressive Distributed Lag (ADL)*-Modell in Differenzenform formuliert werden kann:

$$\Delta y_t = \alpha_0 + \sum_{j=1}^{m} \alpha_j \Delta y_{t-j} + \sum_{i=1}^{n} \sum_{k=1}^{l} \beta_{i,k} \Delta x_{i,t-k} + \varepsilon_t \quad \text{mit: } \varepsilon_t \sim i.i.d. \ (0, \sigma^2) \quad (3)$$

Ein solcher ADL-Ansatz basiert auf der intensiven Analyse der Zeitreiheneigenschaften des Datenmaterials und ermöglicht dadurch die Modellierung des kurzfristigen dynamischen Verhaltens ökonomischer Prozesse. Allerdings fehlen nun jegliche Informationen über langfristige Beziehungen, die sich im Niveau der Variablen widerspiegeln, da diese durch die Differenzenbildung eliminiert werden. Ein einfaches ADL-Modell gemäß (3) bedeutet folglich einen erheblichen Informationsverlust.

Ein solcher Informationsverlust kann jedoch im Rahmen des Fehlerkorrekturansatzes vermieden werden. Wie *Stock (1987)* nachgewiesen hat, ist die Schätzung von (1) trotz der Nichtstationarität von y_t und den $x_{i,t}$ *(super-)konsistent*, falls eine Linearkombination existiert, die selbst stationär [$I(0)$] ist:

$$y_t - k - \sum_{i=1}^{n} \gamma_i x_{i,t} = ECM_t \sim I(0) \sim i.i.d. \left(0, \sigma^2\right) \quad (4)$$

In diesem Falle heißen y und die x_i *kointegriert vom Grade 1,1* .[14]

Wird die Bedingung (4) erfüllt, so besteht zwischen den Variablen eines solchen Kointegrationsmodells eine langfristig stabile Beziehung, und die zu prognostizierende Größe wird sich von dem durch die exogenen Variablen vorgezeichneten Gleichgewichtspfad zwar temporär, nicht aber dauerhaft und vor allem nicht beliebig weit entfernen. Unterstellt man die Relevanz ökonomischer Gleichgewichtshypothesen, so sollten Abweichungen von einem langfristigen Gleichgewichtszustand das kurzfristige Verhalten ökonomischer Prozesse beeinflussen und eine Bewegung hin zum Gleichgewicht *(feedback effect)* auslösen. Der Residual

term des Kointegrationsmodells $\left(y_t - k - \sum_{i=1}^{n} \gamma_i x_{i,t} \right)$ wird demgemäß als *Error*

---

[13] Vgl. Granger/Newbold (1974), Phillips (1986) sowie Granger (1991).

[14] Allgemein ausgedrückt bedeutet dies, daß bei einem gemeinsamen Integrationsgrad der Variablen y und x_i vom Grade d [kurz: $I(d)$] der Residualterm ε aus (1) integriert vom Grade d-b [$I(d$-$b)$ mit $b > 0$] sein muß. Vgl. Granger (1981), S. 127 f., Granger/Weiss (1983), S. 258 sowie Engle/Granger (1987), S. 253.

208

Correction Mechanism (ECM) bezeichnet: Während sich bei ECM = 0 das Modell im langfristigen Gleichgewicht befindet, gibt ECM ≠ 0 die Abweichung vom Gleichgewicht an.

Die Informationen des Kointegrationsmodells über die Abweichungen einer Größe von ihrem Gleichgewichtspfad können nun innerhalb eines *Fehlerkorrekturmodells*[15] genutzt werden. Dazu wird zunächst mittels MLR das Gleichgewichtsmodell gemäß (1) geschätzt.[16] Stellt die berechnete Gleichung eine gültige Kointegrationsbeziehung dar, d.h. der Residualterm aus (1) ist stationär, so wird auf der zweiten Stufe ebenfalls per MLR das eigentliche Fehlerkorrekturmodell (5) ermittelt:

$$\Delta y_t = \alpha_0 + \sum_{j=1}^{m} \alpha_j \Delta y_{t-j} + \sum_{i=1}^{n} \sum_{k=1}^{l} \beta_{i,k} \Delta x_{i,t-k} - \lambda \left(y_{t-1} - k - \sum_{i=1}^{n} \gamma_i x_{i,t-1} \right) + \varepsilon_t \quad (5)$$

Bei einem Fehlerkorrekturmodell handelt es sich folglich um ein *Autoregressive Distributed Lag (ADL-)* Modell (5) in Differenzenform, das um den Residualterm des Kointegrationsmodells *(ECM)* als weitere exogene Variable ergänzt wurde, wodurch die Modellierung des Korrektureffektes in Richtung des fundamental gerechtfertigten Bewertungsniveaus ermöglicht wird (das negative Vorzeichen des Parameters λ verdeutlicht den für ECM ≠ 0 ausgelösten Korrekturmechanismus).

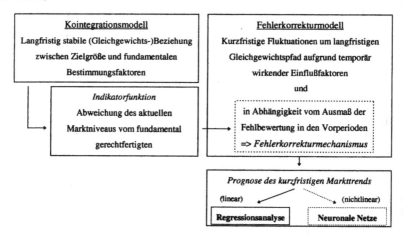

Abbildung 1. Kointegration und Fehlerkorrektur – ein integrierter Ansatz

---

[15] Die Verbindung von statistischem Konzept der Kointegration und Fehlerkorrekturansatz wird durch das *Granger-Repräsentationstheorem* geschaffen. Darin wird postuliert, daß für kointegrierte Variablen vom Grade 1,1 immer eine gültige Fehlerkorrekturdarstellung existiert - vgl. Engle/Granger (1987).

[16] Diese Darstellung bezieht sich auf das zweistufige Verfahren nach Engle/Granger (1987), häufig wird auch das multivariate Verfahren nach Johansen (1988, 1991) angewendet.

Vorstehende Abbildung 1 faßt die Grundkonzeption des (nicht-)linearen Fehlerkorrekturansatzes nochmals zusammen. Ausgangspunkt sind die Informationen des Kointegrationsmodells über Abweichungen des aktuellen Marktniveaus von einem fundamentalen Gleichgewicht. Diese Abweichungen (Fehlerkorrekturdarstellung) werden durch ein Fehlerkorrekturmodell zur Prognose des kurzfristigen Markttrends genutzt. Während ein solches Fehlerkorrekturmodell im Rahmen der traditionellen (theoriekonformen) Vorgehensweise mittels (Multivariater) Linearer Regressionsanalyse geschätzt wird, basiert das nachfolgend vorzustellende nichtlineare Fehlerkorrekturmodell auf Neuronalen Netzwerken.

2.2   Neuronale Netzwerke (NN)

Neuronale Netzwerke (NN) sind als Analyse- und Prognoseinstrumentarium mittlerweile auf eine Reihe finanzanalytischer Probleme angewendet worden.[17] Kernelement eines NN ist die sogenannte *Unit* (vgl. Abbildung 2).[18] Über die Eingänge x_1 bis x_n gelangen Signale in die Unit, die durch die Verbindungsstärken w_1 bis w_n gewichtet werden. Das Eingangssignal a einer Unit ergibt sich in Form einer Informationsüberlagerung der gewichteten Signale. Bei Überschreiten eines bestimmten Schwellenwertes (Bias) w_0 gibt die Unit ihrerseits Signale an nachgelagerte Units weiter.

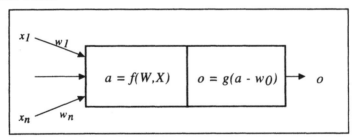

Abbildung 2. Informationsverarbeitung in Units (künstlichen Neuronen)

Das Eingangssignal a kann je nach verwendetem Netzwerktyp unterschiedlich ermittelt werden. Häufig kommt dabei das Nettoinputsignal *net* gemäß (6) zum Einsatz:

---

[17] Einen Überblick geben Refenes et al. (1996), Refenes (1995) und Rehkugler/Zimmermann (1994).

[18] Vgl. hierzu und in der Folge Rehkugler/Kerling (1995) sowie Zimmermann (1994).

$$a_i = net_i = \sum_{j=1}^{n} w_{ij} x_j \qquad (6)$$

Auch die Outputfunktion $g(a - w_0)$ und somit die Berechnung des Outputs o einer Unit ist abhängig vom Netzwerkmodell. Durch den Einsatz einer nichtlinearen Outputfunktion wie dem *Tangens hyperbolicus* (vgl. Abbildung 3) können NN im Gegensatz zu linearen statistischen Verfahren auch nichtlineare Strukturen abbilden.

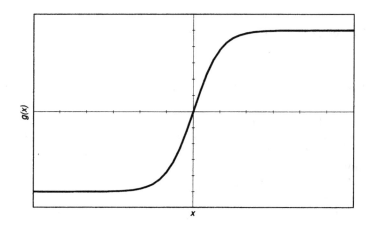

Abbildung 3. Der Tangens hyperbolicus – eine mögliche NN-Outputfunktion

NN entstehen durch die Verknüpfung mehrerer Units. Im Schichtenmodell (vgl. Abbildung 4) sind die Units in Schichten angeordnet, wobei nur Schicht mit Schicht verknüpft ist. Im allgemeinen wird zwischen *Input-, Hidden-* und *Output-*Units unterschieden. Die Input-Units empfangen Signale von außerhalb des Netzwerkes und leiten sie an die Hidden-Units weiter, die ihrerseits Signale über eine (nichtlineare) Outputfunktion (vgl. Abbildung 3) an die Output-Units des Netzwerkes übermitteln. Die Output-Units schließlich senden ihre Outputzustände an Empfänger außerhalb des Netzwerkes.

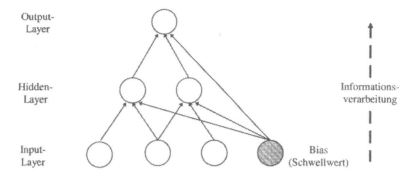

Abbildung 4. Ein einfaches NN-Schichtenmodell

Jede Verbindung zwischen den Units stellt ein anpaßbares Gewicht dar, mit dem die Signale sendender Units gewichtet werden. Unter „Lernen" in einem NN wird eine Anpassung dieser Netzwerkgewichte und -schwellwerte verstanden und zwar derart, daß ein erwünschtes Input/Outputverhalten in bestmöglicher Weise erreicht wird. Dies erfolgt über eine iterative Schätzung der Netzwerkparameter, so daß eine Fehlerfunktion – definiert über SOLL- und IST-Output – ihr Minimum erreicht. Lernen heißt hier faktisch Fehlerminimierung, und da NN im Regelfall nichtlineare Systeme sind, handelt es sich bei den Lernalgorithmen oftmals um Anpassungen von Verfahren der nichtlinearen Optimierung.

Ein zentrales Problem bei der Netzwerkentwicklung ist die Wahl der „optimalen" Netzwerktopologie, denn im Vergleich zu den statistischen Verfahren (z.B. Regressionsanalyse) besitzen NN eine deutlich höhere Zahl von Freiheitsgraden: Je weniger Lernbeispiele (Vergangenheitsdaten) für ein hoch-parametrisiertes Netzwerk zur Verfügung stehen, umso größer ist die Gefahr, eine Überanpassung (Overfitting) zu erzielen; man ist hier auf sehr zeitintensive Entwicklungsverfahren (Pruning-Verfahren) zur Reduktion der Freiheitsgrade angewiesen.

2.3 Nichtlineare Fehlerkorrektur

Der Fehlerkorrekturansatz nutzt die Abweichungen von einem langfristigen fundamentalen Gleichgewicht als zusätzliche Information zur Prognose der kurzfristigen Dynamik der Zielgröße, ist jedoch in seiner ursprünglichen Konzeption auf

212

die Modellierung linearer Beziehungen zwischen Einflußgrößen und Zielgröße beschränkt. Die vorangegangenen Ausführungen haben indes gezeigt, daß mittels NN hochkomplexe nichtlineare Zusammenhänge zwischen Variablen abgebildet und analysiert werden können. Durch die Kombination von Fehlerkorrekturansatz und NN können die Vorteile beider Ansätze zur Finanzmarkt-Prognose genutzt werden. Die Grundgedanken eines solchen *nichtlinearen (= NN-gestützten) Fehlerkorrekturmodells* lassen sich folgendermaßen darstellen:[19]

- Die Relevanz ökonomischer Gleichgewichtskonzepte wird unterstellt und damit eine langfristig stabile (Kointegrations-)Beziehung zwischen der Zielgröße und ihren fundamentalen Einflußfaktoren postuliert.

- Zur Prognose der kurzfristigen Marktentwicklung werden u.a. die Informationen des Gleichgewichtsmodells zur aktuellen fundamentalen Bewertung der Zielgröße (Fehlerkorrekturmechanismus) genutzt und mittels NN nichtlinear modelliert.

Kernelement dieses Ansatzes ist damit die Annahme, daß die funktionale Beziehung zwischen Zielgröße und ihren kurzfristigen Einflußgrößen – vor allem dem Fehlerkorrekturmechanismus – nichtlinearer Art ist.[20]

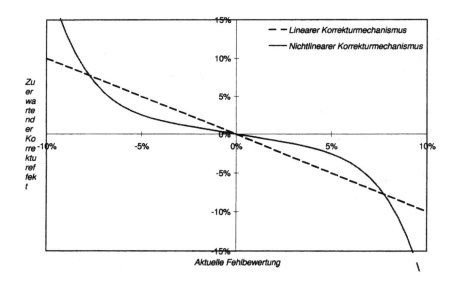

Abbildung 5. Linearer vs. Nichtlinearer Fehlerkorrekturmechanismus

[19] Vgl. Jandura/Matthes (1996).
[20] Vgl. Rehkugler et al. (1996), Granger/Teräsvirta (1993), S. 59 f., Savit (1988), S. 272.

In Abbildung 5 sind zwei Fehlerkorrektur-Funktionen dargestellt. Der unterstellte lineare Verlauf führt zu einer proportionalen Fehlerkorrektur auch bei geringen Abweichungen vom Gleichgewicht. Hingegen erfolgt durch die nichtlineare Funktion bei geringen Abweichungen vom fundamentalen Gleichgewicht nur eine unterproportionale Korrektur, während für große Abweichungen eine überproportionale Korrektur impliziert wird.

Durch die gewählte Modellstruktur können somit Informationen aus der fundamentalen Marktbewertung genutzt werden, ohne gleichzeitig bei der Modellierung der kurzfristigen Marktdynamik den Beschränkungen eines linearen Verfahrens zu unterliegen (vgl. auch

Abbildung 1). Diese Modellstruktur steht damit im Gegensatz zum „klassischen" Fehlerkorrekturmodell (5) das einen linearen Zusammenhang zwischen Zielgröße und exogenen Variablen postuliert. Durch den Einsatz von Neuronalen Netzwerken kann ein „beliebiger" funktionaler Zusammenhang zwischen der Zielgröße und den Einflußfaktoren gemäß (7) modelliert werden.

$$\Delta y_t = f\left(\Delta y_{t-1},...,\Delta y_{t-m},\Delta x_{1,t-1},...,\Delta x_{n,t-l},\left(y_{t-1}-k-\sum_{i=1}^{n}\gamma_i x_{i,t-1}\right)\right)+\varepsilon_t \qquad (7)$$

Unterstellt man nun nichtlineare Beziehungen zwischen der Zielgröße und den Einflußfaktoren, so ergibt sich die Notwendigkeit für die Spezifizierung nichtlinearer Fehlerkorrekturmodelle aus den Implikationen der Kointegration selbst: Wie *Engle/Granger (1987)* herausstellen, ist ein einfaches ADL-Modell in Differenzenform ohne Fehlerkorrekturdarstellung eine Fehlspezifikation, wenn im Niveau der Zeitreihen Kointegration nachgewiesen werden kann.[21] Handelt es sich also bei den Modellvariablen um nichtstationäre Zeitreihen, was bei ökonomischen Zeitreihen i.d.R. der Fall ist, so sollte ein Test auf Kointegration erfolgen und die gegebenenfalls daraus folgende Fehlerkorrekturdarstellung zur Abbildung kurzfristiger Anpassungsmechanismen verwendet werden, da andernfalls mit erheblichen Informationsverlusten zu rechnen ist. Dieser Argumentation folgend kann durch ein nichtlineares Fehlerkorrekturmodell der aus der Stationarisierung der Zeitreihen resultierende Informationsverlust auch bei der nichtlinearen Modellierung (weitgehend) vermieden werden.

Die Leistungsfähigkeit dieses nichtlinearen Fehlerkorrekturansatzes[22] soll nachfolgend am Beispiel der Prognose der Entwicklung der G5-Rentenmärkte

---

[21] Vgl. Engle/Granger (1987), S. 259.

[22] Der hier vorgestellte, kombinierte Ansatz ist kein Fehlerkorrekturmodell im strengen Sinne. Das Granger-Repräsentationstheorem, durch das nachgewiesen wird, daß für kointegrierte Variablen vom Grade 1,1 immer eine gültige Fehlerkorrekturdarstellung existiert, basiert auf einem linearen Zusammenhang zwischen der zu prognostizierenden Größe und dem Fehlerkorrekturterm. Diese Linearität wird hier aufgegeben. Darüber hinaus werden sowohl für das lineare als auch für das nichtlineare Fehlerkorrekturmodell neben den Variablen aus dem Kointegrationsmodell weitere Variablen als potentielle

demonstriert werden; Zielsetzung ist die Abgabe von Einmonatsprognosen (von Monatsultimo zu Monatsultimo) der Veränderung der jeweiligen Umlaufrendite von Staatsanleihen (mit 10 jähriger Restlaufzeit) der G5 (Deutschland, Frankreich, Japan, England und USA) in Basispunkten.

3 Prognose der Entwicklung der G5-Rentenmärkte

3.1   Datenbasis und Daten-Vorverarbeitung

Selbst das leistungsfähigste (Prognose-)Verfahren ist nur dann in der Lage, Strukturen aus dem Datenmaterial zu extrahieren bzw. Beziehungen zwischen Input- und Outputdaten herzustellen, wenn abbildbare Zusammenhänge existieren. Eine unzulängliche Datenbasis führt zwangsläufig zu Modellen, die eine sehr schwache Performance aufweisen, was als *Garbage in – Garbage out* - Problematik bezeichnet wird. Angesichts eines Datenmaterials, das sich einer konsistenten ökonomischen Interpretation verschließt, ist mithin die Gefahr groß, auf Scheinzusammenhänge hereinzufallen und sogenanntes `Data Mining` zu betreiben: „*that is of searching times series for patterns which they* [die Analysten, Anm. d. Verf.] *then formulate as market behaviour without knowing why.*"[23]

Zur Entwicklung der Kointegrations- und Fehlerkorrekturmodelle wird deshalb eine weitreichende Auswahl potentieller Einflußgrößen vorgenommen, die sich an theoretischen Überlegungen und der Auswertung bislang durchgeführter empirischer Untersuchungen[24] ausrichtet, und sich grob wie folgt einteilen läßt:

- Aktien- und Rentenmärkte (Country-Spreads etc.)

- Konjunktur (BIP/Industrieproduktion/Auftragseingänge etc.)

- Monetäre Indikatoren (Geldmengen/Überschußliquidität etc.)

- Preisentwicklung (Rohstoffpreise/Inflationsraten etc.)

- Wechselkurse (Cross-Rates/Außenwerte etc.)

- Zinsen (Country-Spreads/Term-Spreads)

Determinanten der kurzfristigen Entwicklung der Zielgröße zugelassen; d.h. es wird nicht mehr angenommen, daß die kurzfristige Marktdynamik von denselben Variablen bestimmt wird wie die langfristige Gleichgewichtslösung.

[23] Shirreff (1993), S. 61.

[24] Vgl. u.a. Graf et al. (1996), Matthes (1994), Campbell/Ammer (1993), Gebauer et al. (1993), Filc (1992), Heri (1988), Schober (1988) sowie Keim/Stambaugh (1986).

- (Markt-)Technische Indikatoren (Stochastik/Momentum/Oszillatoren etc.)

Die ausgewählten Zeitreihen wurden in verschiedene Währungen (DM/FF/ £/¥/US$) umgerechnet, so daß sich auf diese Weise eine Datenbasis von 775 Zeitreihen ergibt.

Die weitere Vorgehensweise zur Modellentwicklung (vgl. Abbildung 6) folgt unmittelbar aus den oben abgeleiteten Implikationen der Zeitreiheneigenschaften (vgl. S. 206) und ihren adäquaten Modellspezifikationen. Daher werden zunächst Tests auf den Integrationsgrad der Inputdaten durchgeführt: handelt es sich bei der betreffenden Zeitreihe um einen integrierten Prozeß der Ordnung 1 [$I(1)$], so wird die Zeitreihe in den Entwicklungsprozeß der (multivariaten) Kointegrationsgleichungen einbezogen. Im Falle eines stationären Prozesses [$I(0)$] wird die betreffende Zeitreihe erst auf der zweiten Stufe zur Entwicklung der Differenzenmodelle verwendet.

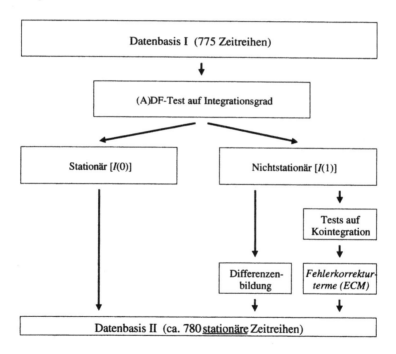

Abbildung 6. Aufbau der Untersuchung

Nach Abschluß der Entwicklung der Kointegrationsmodelle werden alle nicht-
stationären Zeitreihen durch Differenzenbildung stationarisiert[25] und neben den
Fehlerkorrekturtermen zur Datenbasis (II) hinzugefügt, die somit etwa 780 (stationäre) Zeitreihen enthält und die Basis für die Entwicklung der Prognosemodelle
darstellt. Es sei an dieser Stelle darauf hingewiesen, daß im Rahmen einer strikten
ex ante-Simulation das Data-Preprocessing ausschließlich anhand des in-sample
Zeitraumes durchgeführt wurde. Sowohl bei den Kointegrationsmodellen als auch
bei den Prognosemodellen wurde die Modellstruktur anhand des in-sample-
Zeitraumes ermittelt und von Januar 1994 bis Juni 1996 konstant gehalten, um
(Pseudo-ex-ante-) Prognosen abgeben zu können.

3.2   Langfristiges Gleichgewicht und kurzfristige Fehlerkorrektur

Die zweistufige Vorgehensweise bei der Schätzung von Fehlerkorrekturmodellen
sieht zunächst die Entwicklung eines fundamentalen Gleichgewichtsmodells vor.
Die ausgewählten Zeitreihen werden hierzu in einem ersten Schritt mittels ADF-
Test auf ihren Integrationsgrad hin überprüft und die (trend-)stationären Größen
für die weitere Entwicklung der Kointegrationsmodelle aus der Datenbasis ausge-
schlossen (vgl. Abbildung 6). Mit dem verbleibenden Dataset wird dann eine
univariate, lineare Korrelationsanalyse sowie ein *univariater, linearer Zeitstabilitätstest (ULZT)*[26] durchgeführt. Auf der Basis der Ergebnisse dieser linearen Tests
werden nun die Kointegrationsgleichungen separat für jeden Rentenmarkt schrittweise ermittelt.[27] Der In-Sample-Zeitraum reicht bis Dezember 1993, sein Beginn
mußte aufgrund der Datenlage bzw. durch Strukturbrüche bedingt länderindividu-
ell festgelegt werden (vgl. Tabelle 1). Die Modellstruktur wird dann von Januar
1994 bis Juni 1996 (out-of-sample Zeitraum) konstant gehalten, um als Basis für
Pseudo-ex-ante-Prognosen dienen zu können. Die Beurteilung der geschätzten
Gleichungen erfolgt jeweils mit Hilfe der üblichen statistischen Gütemaße sowie

---

[25] In Abhängigkeit von den statistischen Eigenschaften sind einfache Differenzen,
Logarithmus-Naturalis-Differenzen bzw. prozentuale Veränderungsraten gebildet
worden.

[26] Mit Hilfe des *univariaten, linearen Zeitstabilitätstest (ULZT)* kann untersucht werden, ob
ein funktionaler linearer Zusammenhang zwischen zwei Variablen über die Zeit stabil ist.
Dafür wird eine Regressionsanalyse mit den Datenreihen durchgeführt, die in *k* disjunkte,
zeitlich zusammenhängende Subsamples eingeteilt sind. Anhand der t-Statistik (*k-1*-
Freiheitsgrade) kann überprüft werden, ob der Regressionskoeffizient über alle *k*
Subsamples signifikant von Null verschieden ist. Da der ULZT ein univariater Test ist,
sind die Ergebnisse allerdings nur ein Anhaltspunkt, nicht aber ein Kriterium für die
endgültige Auswahl der Variablen für ein multivariates Modell. Zum ULZT vgl. Poddig
(1996), S. 516 ff.

[27] Detailliertere Angaben über die Vorgehensweise und die Struktur der
Kointegrationsgleichungen finden sich bei Jandura/Matthes (1996), S. 202 ff.

nach dem Kriterium ihrer ökonomischen Plausibilität. Zusätzlich wird eine Analyse ihrer Zeitstabilität anhand eines Cross-Validierungszeitraumes und rekursiver Schätzweise durchgeführt.

In Tabelle 1 sind das Bestimmtheitsmaß (r^2) und das Ergebnis des Kointegrationstests (ADF-Test des Residuums) für die geschätzten Kointegrationsgleichungen wiedergegeben. Alle Gleichungen erklären einen hohen Anteil der Streuung der jeweiligen Umlaufrendite, und die Ergebnisse des ADF-Tests lassen auf gültige Kointegrationsbeziehungen schließen, d.h. die Nullhypothese der Nicht-Kointegration kann durchgängig mit geringer Irrtumswahrscheinlichkeit verworfen werden.

Tabelle 1. Statistische Gütemaße der Kointegrationsmodelle[28]

Zielgröße	In-Sample Zeitraum	r^2	ADF-Test (Residuum)
BDYLD	1/80 – 12/93	0,9074	-4,389 *
FRYLD	7/81 – 12/93	0,9428	-3,868 *
JPYLD	1/81 – 12/93	0,8441	-3,829 *
UKYLD	1/80 – 12/93	0,8454	-3,732 *
USYLD	1/81 – 12/93	0,9164	-3,855 *

Abbildung 7 zeigt beispielhaft die Entwicklung der deutschen Umlaufrendite (*BDYLD*), den durch das Kointegrationsmodell geschätzten Gleichgewichtspfad (*FIT*) und den Fehlerkorrekturterm (*ECM*). Gut zu erkennen ist, daß der Fehlerkorrekturterm erwartungsgemäß um die Null-Linie oszilliert und Abweichungen der deutschen Umlaufrendite vom vorgezeichneten langfristigen Gleichgewichtspfad im Zeitablauf korrigiert werden (Fehlerkorrekturmechanismus).

---

[28] Die kritischen Werte $\hat{\tau}$ für das Kointegrationsresiduum sind bei Engle/Yoo (1987), S. 157 f., Engle/Granger (1987), S. 269 f. sowie MacKinnon (1991), S. 275 tabelliert.*,** bedeuten hier und in der Folge Signifikanz auf 5 % bzw. 1 % Niveau.

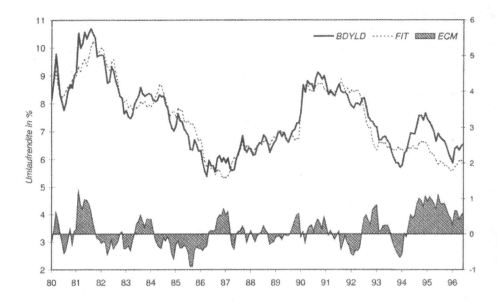

Abbildung 7. Deutsche Umlaufrendite und Gleichgewichtspfad

Eine wichtige Implikation der Kointegrationsanalyse ist, daß [vom Grade (1,1)] kointegrierte Zeitreihen immer eine gültige Fehlerkorrekturdarstellung besitzen (*Granger-Repräsentationstheorem*).[29] Die Residuen (Fehlerkorrekturterme) der Kointegrationsgleichungen sollten folglich die Vorhersagbarkeit der Zinsdifferenzen verbessern.

Um dies empirisch zu überprüfen, wird eine Korrelationsanalyse sowie ein Zeitstabilitätstest (ULZT) zwischen den Zielgrößen (Zinsdifferenzen mit einem Vorlauf von einem Monat) und den Fehlerkorrekturtermen durchgeführt. Als zusätzliches Kriterium für deren Prognosekraft wird der Test auf *Granger-Causality*[30] eingesetzt: Vereinfacht gesprochen ist eine Variable x_t zu einer Variable y_t (einseitig) *Granger-kausal*, wenn vergangene Datenpunkte von x_t die Vorhersagbarkeit von y_t verbessern. Dies kann durch folgendes *Autoregressive Distributed Lag (ADL–)Modell* überprüft werden:

$$\Delta y_t = \alpha_1 \Delta y_{t-1} + \ldots + \alpha_j \Delta y_{t-j} + \beta_0 + \beta_1 \Delta x_{t-1} + \ldots + \beta_i \Delta x_{t-i} + \varepsilon_t \qquad (8)$$

---

[29] Vgl. Engle/Granger (1987), S. 255 f.
[30] Vgl. Granger (1969), Granger (1980) sowie Granger (1988).

Aus (8) folgt, daß eine Variable x_t nicht Granger-kausal zu y_t ist, wenn $\beta_1 = ...$ $\beta_i = 0$. Die Gleichung (8) kann mittels linearer Regression geschätzt und obige Hypothese anhand der Werte des t- bzw. F-Tests überprüft werden.

Tabelle 2. Ergebnisse der Korrelationsanalyse, des ULZT und des Granger-Causality-Tests

Variable	r	t-Wert	ULZT	r^2	G.-C.
BD_ECM	-0.1448	-1.8851 *	-1.5734	0.0210	4.6076 **
FR_ECM	-0.2126	-2.6464 **	-2.7415 **	0.0452	3.4337 *
JP_ECM	-0.2495	-3.1973 **	-2.0814 *	0.0622	3.8973 *
UK_ECM	-0.1687	-2.2047 *	-3.1397 **	0.0284	3.3085 *
US_ECM	-0.2464	-3.1555 **	-2.5699 **	0.0607	4.7898 **

In Tabelle 2 sind die Korrelationskoeffizienten (r) und ihre t-Werte, das Bestimmtheitsmaß (r^2), die t-Werte des ULZT sowie die Ergebnisse des Tests auf Granger-Causality (G.-C.) zusammengestellt: Die Korrelationsanalyse zeigt das zu erwartende negative Vorzeichen der Fehlerkorrekturterme und auf hohem Niveau signifikante Werte der t-Statistik. Der Zeitstabilitätstest hingegen signalisiert beim deutschen Fehlerkorrekturterm trotz Signifikanz des Korrelationskoeffizienten gewisse zeitliche Instabilitäten. Der Test auf Granger-Causality schließlich läßt auf signifikante Vorlaufeigenschaften der Fehlerkorrekturterme schließen. Insgesamt bestätigen die Ergebnisse damit die theoretischen Erwartungen.

Im Kontext dieser Untersuchung ist nun darüber hinaus von Interesse, ob sich auch Anhaltspunkte für die weiter oben unterstellte Nichtlinearität des funktionalen Zusammenhangs zwischen den Fehlerkorrekturtermen und den Zielgrößen finden lassen. Die bislang durchgeführten (linearen) Tests lassen diesbezüglich jedoch keine Aussage zu. Abhilfe kann somit nur ein Testverfahren bieten, das in der Lage ist, auch nichtlineare Abhängigkeiten zwischen Zeitreihen zu identifizieren.

Ein solches Verfahren ist der *Delta*-Test, der die Möglichkeit bietet, funktionale Beziehungen sowohl linearer als auch nichtlinearer Art zwischen Variablen selbst im multivariaten Fall zu erkennen.[31] Im Gegensatz zu zahlreichen anderen Testverfahren stellt der Delta-Test hierbei nicht auf eine konkrete funktionale Form der Beziehung zwischen Einflußfaktoren und Zielgröße ab, sondern allein auf die Stetigkeit des funktionalen Zusammenhangs. Der Untersuchungsgegenstand des Delta-Tests ist dabei die Spannweite des Rauschfaktors, d.h. der nicht erklärten Variationen, die die als stetig angenommene funktionale Beziehung zwischen der Zielgröße und der bzw. den exogene(n) Variable(n) überlagern.

---

[31] Vgl. Rehkugler et al. (1996).

Zunächst wird der Delta-Test auf die Fehlerkorrekturterme und die Zielgrößen angewendet, was jedoch nur die Aussage zuläßt, ob zwischen beiden eine (stetige) funktionale Beziehung besteht. Im nächsten Schritt wurden dann die Fehlerkorrekturterme jeweils auf ihre Zielgrößen regressiert und das Residuum aus dieser Regression wiederum mittels Delta-Test auf verbleibende funktionale Beziehungen zu den Zielgrößen untersucht: Die Differenz der Werte des Delta-Tests gibt nun an, inwieweit die Signale des Delta-Tests auf lineare Abhängigkeiten zurückzuführen sind, oder ob nach der linearen Filterung noch funktionale Strukturen verblieben sind. In Tabelle 3 sind die entsprechenden Testwerte des Delta-Tests wiedergegeben:

Tabelle 3. Ergebnisse des Delta-Tests (Signifikanzniveau: 1 %)

Variable	ECM	Residuum	Differenz
BDYLD	0.004	0.004	0.9%
FRYLD	0.009	0.002	81.3%
JPYLD	0.015	0.015	1.1%
UKYLD	0.042	0.036	13.3%
USYLD	0.017	0.006	64.7%

Die Ergebnisse lassen den vorsichtigen Schluß zu, daß am französischen und amerikanischen Rentenmarkt der Fehlerkorrekturmechanismus linearer Art ist, da ein großer Teil (81,3% bzw. 64,7%) der funktionalen Beziehung durch die lineare Regression approximiert werden konnte. Hingegen scheinen die Fehlerkorrekturmechanismen am japanischen und britischen Rentenmarkt eher nichtlinearer Art zu sein, da durch die Regression jeweils nur ein geringer Anteil des Rauschens aus den Daten entfernt werden konnte. Der Testwert für den Fehlerkorrekturmechanismus des deutschen Rentenmarktes fällt allerdings sehr niedrig aus und wird auch durch die lineare Filterung nicht weiter reduziert. Im Hinblick auf den bereits geringen Korrelationskoeffizienten bzw. ULZT-Wert (vgl. Tabelle 2) ist insofern zu fragen, ob sich überhaupt in größerem Umfang funktionale Strukturen modellieren lassen.

3.3 Prognose der kurzfristigen Entwicklung

Die vorangegangenen Untersuchungen sind weitgehend den theoretischen Erwartungen entsprechend ausgefallen: Für alle betrachteten Zielgrößen konnten gültige (multivariate) Kointegrationsgleichungen gefunden werden, die zwischen 84% und 94% der Varianz der Zielgrößen erklären können, und die resultierenden Fehlerkorrekturterme weisen überwiegend signifikante, zeitlich stabile Vorlaufeigenschaften auf die Zielgrößen auf. Auf dieser Grundlage wird nun mit der Entwicklung der kurzfristigen Prognosemodelle begonnen.

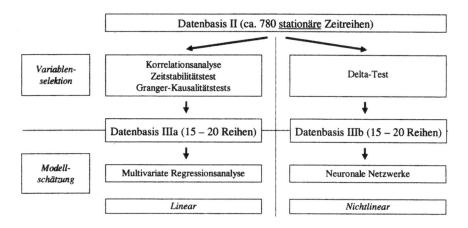

Abbildung 8: Untersuchungsaufbau

Wie Abbildung 8 verdeutlicht steht hierzu eine umfangreiche Datenbasis von 780 stationären Zeitreihen zur Verfügung. Um diese hohe Anzahl potentieller Einflußgrößen auf einige wenige relevante Zinsdeterminanten zu reduzieren, werden im Rahmen des (linearen) Data-Preprocessing für jede Zielgröße (Zinsdifferenzen in Basispunkten) lineare Korrelationsanalysen, *univariate lineare Tests auf Zeitstabilität (ULZT)* sowie *Granger-Kausalitätstests* durchgeführt. Da eine lineare Variablenselektion zum Ausschluß von Variablen führen kann, die zwar keine linear signifikante Beziehung zur Zielgröße aufweisen, dafür jedoch im Rahmen der nichtlinearen Modellierung mittels NN von Bedeutung sein könnten, kommt zusätzlich der *Delta*-Test[32] als nichtlineares Selektionsverfahren zum Einsatz (vgl. Abbildung 8).

Die durch das Data-Preprocessing auf ca. 15 – 20 Einflußgrößen je Rentenmarkt reduzierte lineare bzw. nichtlineare Datenbasis (III) dient nun als Grundlage für die Entwicklung der Prognosemodelle. Je Rentenmarkt erfolgt die Schätzung von vier verschiedenen Modellvarianten,[33] die sich wie folgt nach dem Schätzverfahren bzw. den verwendeten exogenen Variablen gegeneinander abgrenzen lassen:[34]

- **Lineares Regressionsmodell** (*Lin_Reg*):

$$\Delta Zins = \beta_0 + \beta_1 \cdot \Delta x_1 + ... + \beta_k \cdot \Delta x_k$$

(MLR unter Verwendung einer reduzierten Datenbasis)

---

[32] Vgl. Rehkugler et al. (1996). Siehe auch S. 219.

[33] Analog zur Vorgehensweise bei den Kointegrationsmodellen wurde die Modellstruktur anhand des in-sample-Zeitraumes ermittelt und von Januar 1994 bis Juni 1996 konstant gehalten, um (Pseudo-ex-ante-) Prognosen abgeben zu können.

[34] Zur Vorgehensweise vgl. Jandura/Matthes (1996), S. 207 f. sowie Rehkugler/Jandura (1997), S. 29.

- **Lineares Fehlerkorrekturmodell** (*Lin_FKM*):

$$\Delta Zins = \beta_0 + \beta_1 \cdot \Delta x_1 + ... + \beta_k \cdot \Delta x_k - \lambda \cdot ECM$$

(MLR unter Verwendung einer reduzierten Datenbasis zzgl. ECM-Term).

- **Restringiertes nichtlineares Fehlerkorrekturmodell** (*Nlin_FKM1*):

$$\Delta Zins = f\left(\Delta x_1, ..., \Delta x_k, ECM\right)$$

(NN, als Netzwerk-Input werden nur die im linearen Fehlerkorrekturmodell *(Lin_FKM)* enthaltenen exogenen Variablen verwendet).

- **Unrestringiertes nichtlineares Fehlerkorrekturmodell** (*Nlin_FKM2*):

$$\Delta Zins = f\left(\Delta x_1, ..., \Delta x_n, ECM\right)$$

(NN unter Verwendung einer reduzierten Datenbasis zzgl. ECM-Term).

Anhand eines Vergleichs der Prognoseleistung der vier Modellvarianten kann nun überprüft werden, (i) ob (gemäß Theoriepostulat) die Hinzunahme des Fehlerkorrekturterms die Prognoseleistung von *Lin_FKM* gegenüber *Lin_Reg* tatsächlich erhöht und (ii) ob die Modellierung einer nichtlinearen Fehlerkorrektur *(Nlin_FKM)* die erwarteten Vorteile gegenüber der traditionellen linearen Modellierung *(Lin_FKM)* besitzt. Die hinter den beiden nichtlinearen Fehlerkorrekturmodellen stehende Grundüberlegung läßt sich folgendermaßen skizzieren: Bei der Entwicklung des linearen Fehlerkorrekturmodells *(Lin_FKM)* werden Erkenntnisse über die lineare Struktur des kurzfristigen Marktprozesses gewonnen. Die erste nichtlineare Variante *(Nlin_FKM1)* soll die darüber hinaus vorhandenen nichtlinearen Strukturen modellieren. Ihr Input wird daher auf die linear signifikanten exogenen Variablen restringiert, was jedoch eine unnötige Beschränkung darstellen könnte. Indes steht bei der zweiten nichtlinearen Variante *(Nlin_FKM2)* die Eigenschaft von NN, selbständig Strukturen im Datenmaterial extrahieren zu können, im Vordergrund der Überlegung: Ausgehend von der verkleinerten Datenbasis sollen im Rahmen einer General-to-Simple-Strategie die relevanten exogenen Variablen identifiziert und die möglicherweise nichtlinearen Strukturen extrahiert werden.

Zuerst werden nun die linearen Regressionsmodelle (*Lin_Reg* und *Lin_FKM*) analog zur Vorgehensweise bei der Entwicklung der Kointegrationsmodelle durch schrittweise Regressionsanalyse entwickelt. Wiederum werden die geschätzten Gleichungen auf ihre ökonomische Plausibilität hin überprüft sowie anhand der üblichen statistischen Gütemaße (vgl. Anhang A.2, S. 237) beurteilt; zusätzlich wird deren Zeitstabilität anhand eines Cross-Validierungszeitraumes[35] und durch rekursiver Schätzweise analysiert.[36]

---

[35] Zur Durchführung einer Art *"Simplen Cross-Validierung"* werden aus dem In-Sample-Zeitraum 24 Monate (≈ 15% der Datensätze) als Cross-Validierungsmenge ausgesondert. Die Regressionsgleichung wird zunächst für die im Trainingszeitraum verbliebenen

Nachfolgend ist beispielhaft die Struktur der Gleichung des linearen Fehlerkorrekturmodells (*Lin_FKM*) für die Veränderung der Umlaufrendite deutscher Staatsanleihen wiedergegeben. Das negative Vorzeichen des ECM-Terms zeigt, daß Abweichungen vom Gleichgewicht in *t-1* tatsächlich einen Korrekturmechanismus in *t* auslösen. Als internationale Einflußfaktoren wirken neben den US-Zinsen (ΔUSYLD) auch Wechselkursbewegungen (ΔDM_ECU) auf die kurzfristige Zinsentwicklung, während positive Geschäftserwartungen (ΔBDMANE) als inländischer Faktor offensichtlich über eine zu erwartende, erhöhte (Investitions-)Kreditnachfrage zu steigenden Zinsen führen. Schließlich repräsentiert der Stochastik-Indikator (BDSTK9) technische Einflüsse.

OLS-Schätzung von Januar 1980 bis Dezember 1993

ΔBDYLD$_t$ = -0.055   +0.145 BDSTK9$_{t-1}$ +0.011 ΔBDMANE$_{t-2}$

(t-Werte)   (-1.484)   (2.121)   (2.248)

+5.225 ΔDM_ECU$_{t-1}$ +0.147 ΔUSYLD$_{t-1}$ -0.173 ECM$_{t-1}$ +ε_t

(3.323)   (3.294)   (-2.532)

r^2 = 0.217 DW = 2.10 F(5, 162) = 8.995 [0.0000] σ = 0.2669

Zur Umsetzung der beiden nichtlinearen Fehlerkorrekturmodelle wird das *Multi-Layer Perceptron (MLP)* als Netzwerktyp verwendet[37], und die Netzwerkmodelle werden jeweils mit 2 Hidden-Units ausgestattet. Um die im Vergleich zum linearen Fehlerkorrekturmodell deutlich höhere Zahl anpaßbarer Parameter (Freiheitsgrade) zu reduzieren (Netzwerk-Pruning), wurde die Netzwerktopologie mithilfe des Jackknife-Verfahrens (multiples Netzwerksystem)[38] in Verbindung mit einer zweistufigen nichtlinearen Cross-Validierung optimiert.[39]

Datensätze erstellt und auf ihre Generalisierungsfähigkeit anhand der statistischen Kennzahlen für die Cross-Validierungsmenge überprüft.

[36] Daneben wurde auch der Wert des *Durbin-Watson*-Koeffizienten in die Beurteilung miteinbezogen, um feststellen zu können, ob die Gleichung aufgrund starker Autokorrelationen der Residuen eine Fehlspezifikation darstellt.

[37] Das Multi-Layer Perceptron eignet sich als universeller Funktionsapproximator - vgl. Hornik et al. (1989).

[38] Die Grundidee des Jackknife-Ansatzes besteht in der Zerlegung einer vorhandenen Datenmenge mit *n* Datensätzen in *k* Teilmengen. Mit diesen *k* Teilmengen werden *k+1* Netzwerke (*1* MASTER + *k* SLAVES) simultan und synchron trainiert. Dabei werden die *k* SLAVES an den ersten *k* Datasets trainiert. Damit beinhaltet die Trainingsmenge jedes SLAVES *k-1* Teilmengen, während die übriggebliebene Teilmenge als CV-Menge benutzt wird. Der MASTER wird dagegen synchron an der gesamten Trainingsmenge

Abbildung 9 gibt die tatsächlich realisierten und die durch das lineare Fehler-korrekturmodell (*Lin_FKM*) bzw. das nichtlineare unrestringierte Fehlerkorrek-turmodell (*Nlin_FKM2*) prognostizierten (deutschen) Zinsdifferenzen (ΔBDYLD) wieder. Etwas unerwartet ist der verhältnismäßig ähnliche Verlauf der Modellpro-gnosen. Eine genauere Analyse ergab, daß die Auswahl der Inputdaten durch das Neuronale Netzwerk identisch zum linearen Fehlerkorrekturmodell ausfällt. Die Differenzen der Modellprognosen sind insofern auf die unterschiedliche funktio-nale Verknüpfung zurückzuführen.

(ohne CV-Menge) trainiert. Der optimale Abbruchszeitpunkt des Trainings ergibt sich als nachhaltiger Anstieg des über alle *k* SLAVES gemittelten Fehlers in der Cross-Validierung. Durch diese Vorgehensweise wird jeder Datensatz genau einmal als CV-Menge eingesetzt, was eine bessere Ausnutzung des typischerweise nur begrenzt vorhandenen Datenmaterials ermöglicht. Außerdem kann zumindest ein großer Teil der sich aus der Aufteilung des Datenmaterials ergebenden Zufälligkeiten eliminiert werden, wodurch eine wesentlich verbesserte Abschätzung der Validität der erzielten Ergebnisse ermöglicht wird. Vgl. Poddig (1994).

[39] In einem ersten Schritt wird hierbei zunächst das MASTER-Netzwerk in ein lokales (oder globales) Minimum trainiert. Mit der auf diese Weise erlangten Gewichtsmatrix w_o als Startpunkt werden nun die *k*-SLAVE-Netzwerke mit jeweils ausgesonderten Cross-Validierungsmengen trainiert, um so Informationen über das Prognoserisiko dieses Netzwerkes zu erhalten. Unter der Annahme, daß der Ausschluß eines Datasets vom Training nicht zu stark differierenden Gewichten führt, sollte diese zweistufige nichtlineare Cross-Validierung gewährleisten, daß sich die *k*-SLAVE-Netzwerke bezüglich ihrer Position innerhalb des Gewichtsraumes nicht wesentlich unterscheiden. In diesem Fall sind die SLAVE-Netzwerke untereinander vergleichbar, da sich alle Netzwerke im gleichen Minimum der Fehlerfunktion befinden, die sich lediglich durch die Variation des Datenmaterials leicht verschoben hat. Auf dieser Basis können sinnvolle Aussagen bezüglich der Generalisierungsfähigkeit des MASTER getroffen werden, und es sind darüber hinaus statistische Tests bezüglich einzelner Gewichte durchführbar. Vgl. Moody/Utans (1995), S. 287 ff. sowie Poddig (1996), S. 187 ff.

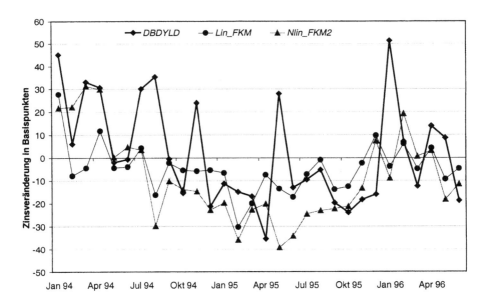

Abbildung 9. Realisierte vs. prognostizierte (deutsche) Zinsdifferenzen (ΔBDYLD)

Im Anhang (A.1, S. 236) sind die statistischen Gütemaße der Prognosemodelle wiedergegeben,[40] anhand derer sich folgende tendenzielle Aussagen treffen lassen:

- Das lineare Regressionsmodell ohne Fehlerkorrekturterm (*Lin_Reg*) erweist sich als den anderen Verfahren knapp unterlegen.

- Mit dem klassischen linearen Fehlerkorrekturmodell (*Lin_FKM*) konnten durchaus befriedigende bis gute Prognoseergebnisse erzielt werden, die Abweichungen zwischen in-sample und out-of-sample Performance fallen moderat aus.

- Das auf die lineare Struktur restringierte nichtlineare Fehlerkorrekturmodell (*Nlin_FKM1*) weist eine vergleichsweise schlechte Prognoseleistung auf. Es bleibt zwar in-sample nur knapp unter den Vorgaben des linearen Modells, fällt jedoch out-of-sample deutlich ab.

- Das unrestringierte nichtlineare Fehlerkorrekturmodell (*Nlin_FKM2*) erbringt im Training wie auch out-of-sample insgesamt die besten Prognoseergebnisse. Von einer klaren Outperformance kann jedoch nicht gesprochen werden.

---

[40] Aufgrund differierender in-sample-Zeiträume (vgl. Tabelle 1, S. 217) sind diesbezüglich nur eingeschränkte Ergebnisvergleiche möglich.

226

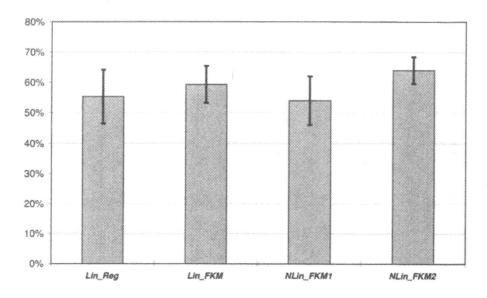

Abbildung 10. Durchschnittliche (out-of-sample)-Trefferquote der Prognosemodelle

Abbildung 10 verdeutlicht diese Tendenz anhand der durchschnittlichen Trefferquote der einzelnen Prognosemodelle (arithmetisches Mittel über alle 5 Länder), wobei zusätzlich die Standardabweichung berechnet wurde, die die Streuung der Trefferquote über alle 5 Länder zeigt. Gut zu erkennen ist, daß das lineare Regressionsmodell (*Lin_Reg*) von allen vier Modellen die höchste Streuung der Trefferquote über alle 5 Märkte aufweist. Das restringierte nichtlineare Modell (*Nlin_FKM1*) weist die geringste (durchschnittliche) Trefferquote mit einer ebenfalls relativ hohen Streuung auf, während das unrestringierte nichtlineare Modell (*Nlin_FKM2*) die beste Trefferquote mit der geringsten Streuung erzielt.

Als Begründung für die Spezifikation nichtlinearer Fehlerkorrekturmodelle war neben der Vermeidung des aus der Stationarisierung resultierenden Informationsverlustes auch die Vermutung genannt worden, daß ein solcher Fehlerkorrekturmechanismus nichtlinearer Art sein könnte. Der durch die nichtlinearen Modelle tatsächlich geschätzte Fehlerkorrekturmechanismus sei deshalb nun einer intensiveren Analyse am Beispiel der Prognosemodelle für die japanische Zinsentwicklung unterzogen. Die a priori-Tests der Fehlerkorrekturterme hatten gerade für den japanischen Zins signalisiert, daß ein Großteil der Beziehungen zu den Zinsdifferenzen nichtlinearer Art sein könnte (vgl. Tabelle 3, S. 220). Um die geschätzte funktionale Beziehung zwischen Zinsdifferenzen und Fehlerkorrekturterm näher zu beleuchten, wird eine Sensitivitätsanalyse durchgeführt. Hierzu werden alle exogenen Variablen des linearen (*Lin_FKM*) und des unrestringierten nichtlinearen Modells (*Nlin_FKM2*) auf den Mittelwert des in-sample-Zeitraumes gesetzt und exogene Schocks auf den Fehlerkorrekturterm simuliert. Anhand der in Abhängigkeit vom Fehlerkorrekturterm prognostizierten Werte für die Zinsdifferenzen kann dann die funktionale Beziehung herausgearbeitet werden.[41]

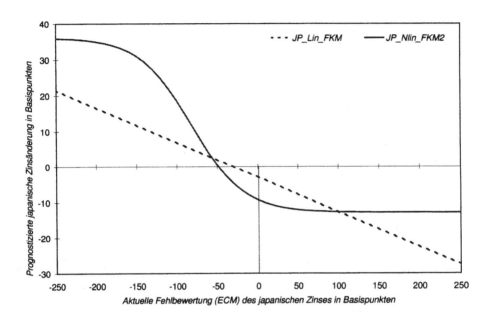

Abbildung 11. Sensitivitätsanalyse: Linearer vs. nichtlinearer Fehlerkorrekturmechanismus der japanischen Zinsentwicklung

In Abbildung 11 sind die durch eine solche Sensitivitätsanalyse empirisch ermittelten Fehlerkorrekturfunktionen einander grafisch gegenübergestellt. Auf der X-Achse ist der Fehlerkorrekturterm abgetragen, Werte > 0 bedeuten eine Überbewertung, d.h. das aktuelle Zinsniveau ist höher als das durch das Kointegrationsmodell geschätzte (für Werte < 0 vice versa). Auf den ersten Blick fällt auf, daß beide empirisch ermittelten Funktionen die X-Achse nicht bei Null, sondern im negativen Bereich schneiden. Offensichtlich führen Überbewertungen unabhängig vom betrachteten Verfahren zu wesentlich geringeren Korrekturen als

---

[41] Gegenüber dieser Vorgehensweise ist sicherlich einzuwenden, daß aufgrund der einschränkenden ceteris paribus Bedingung nur sehr idealisierte Verläufe des Fehlerkorrekturmechanismus resultieren.

Unterbewertungssituationen.[42] Der direkte Modellvergleich zeigt, daß das nichtlineare Modell bei einer Unterbewertung (negativer Bereich der X-Achse) sehr deutlich vom linearen Korrekturmechanismus abweicht und bei Unterbewertungen offensichtlich wesentlich stärkere Korrektureffekte modelliert als das lineare Modell. Gleiches läßt sich auch für eine Überbewertungssituation (positiver Bereich der X-Achse) feststellen: Durch die nichtlineare Funktion wird hier zunächst ein wesentlich höherer Korrektureffekt dargestellt, wobei dieser Feedback-Effekt allerdings ab einer Überbewertung von etwa 50 Basispunkten gegen 13 Basispunkte konvergiert. Insgesamt fallen die Korrekturen allerdings wesentlich geringer aus als die Fehlbewertungen: Eine Abweichung des Marktniveaus vom Fair Value in t von 250 Basispunkten würde gemäß den Modellvorhersagen des nichtlinearen Fehlerkorrekturmodells zu einer Korrektur von etwa 36 Basispunkten in $t+1$ führen.

Insgesamt kann festgehalten werden, daß die durch ein Neuronales Netzwerk ermittelte Fehlerkorrekturfunktion sich erwartungsgemäß deutlich von der mittels MLR geschätzten linearen Funktion unterscheidet.[43]

3.4 Vergleich der Modellperformance

Für den Praxiseinsatz stehen bei der vergleichenden Beurteilung von Prognosemodellen nicht die statistischen Gütemaße, sondern die erzielbare ökonomische Performance (Rendite/Risiko-Charakteristik) im Vordergrund. Zur Performancemessung wurde deshalb auf Basis der jeweiligen Modellsignale ein Handelssystem unter folgenden Annahmen implementiert:

- Das zur Verfügung stehende Kapital wird – je nach Modellsignal (Zins fällt/steigt) – entweder vollständig in den jeweiligen Benchmark-Index[44] investiert oder vollständig desinvestiert (Kasse).

- Im Fall der Kassenhaltung wird das Kapital mit dem Geldmarktsatz verzinst.

- Die Transaktionskosten betragen 0,5 % des eingesetzten Kapitals.

---

[42] Vergleichbare Ergebnisse erzielten Granger/Lee (1989), vgl. auch Granger/Teräsvirta (1993), S. 59 f.

[43] Die empirisch ermittelten Fehlerkorrekturfunktionen weichen allerdings von der in Abbildung 5 skizzierten sehr deutlich ab.

[44] Als Benchmark wurden die *Salomon Brothers Government Bond Performance-Indizes* ausgewählt. Diese Indizes beinhalten am Inlandsmarkt in lokaler Währung emittierte Staatsanleihen mit 10-jähriger Restlaufzeit und basieren auf der Annahme reinvestierter Zinserträge. Vgl. Salomon Brothers (1992).

Um die Aussagefähigkeit des Performancevergleichs zu steigern, wurde zusätzlich – als objektiver Referenzmaßstab – die *Buy&Hold*-Performance berechnet. Da im Kontext der Untersuchung zudem von Interesse ist, ob die von den nichtlinearen Fehlerkorrekturmodellen erzielte Performance signifikant besser/schlechter als die der linearen Fehlerkorrekturmodelle bzw. der Benchmark ist, wurde zu diesem Zweck ein Signifikanztest auf Gleichheit der Renditen implementiert (vgl. Anhang A.4). Die detaillierten Ergebnisse sowie eine Erläuterung der verwendeten Performance-Maße finden sich ebenfalls im Anhang.

Auf den ersten Blick wird deutlich, daß alle Handelsmodelle gegenüber der Benchmark ein deutlich reduziertes Risiko ausweisen, das sich durch die geringe Volatilität des Geldmarktsatzes in den Kassenhaltungsphasen erklären läßt. Betrachtet man daher die Performance der Prognosemodelle im Vergleich zur Benchmark anhand der Sharpe-Ratio, die die Überschußrendite über eine risikolose Anlage pro Einheit des eingegangenen Risikos ausdrückt, so wird deutlich, daß die jeweilige Benchmark (*Buy&Hold*) durchgängig nur vom unrestringierten nichtlinearen Fehlerkorrekturmodell (*Nlin_FKM2*) geschlagen werden konnte. Nur ein einziges Mal gelingt dies dem restringierten nichtlinearen Modell (*Nlin_FKM1*) am japanischen Rentenmarkt. Mittels linearer Verfahren ist es nur in drei Fällen möglich, die Benchmark risikoadjustiert zu schlagen, und zwar am französischen und US-amerikanischen Rentenmarkt durch das lineare Regressionsmodell (*Lin_Reg*) sowie am französischen Rentenmarkt durch das lineare Fehlerkorrekturmodell (*Lin_FKM*). Die überlegene Prognoseleistung des unrestringierten nichtlinearen Fehlerkorrekturmodells (*Nlin_FKM2*) wird teilweise untermauert durch die Ergebnisse der Tests auf Gleichheit der Renditen, denn diese weisen am deutschen und am britischen Rentenmarkt die (risikoadjustierte) Outperformance der Benchmark und der drei übrigen Modelle als signifikant aus; am französischen Rentenmarkt ergeben sich hingegen signifikante Unterschiede nur zu den Renditen des linearen Fehlerkorrekturmodells. Eine (risikoadjustierte) Underperformance im Vergleich zur Benchmark und den übrigen Verfahren kann hingegen beim restringierten nichtlinearen Fehlerkorrekturmodell (*Nlin_FKM1*) am französischen und US-amerikanischen Rentenmarkt festgestellt werden.

Im direkten Vergleich von linearen und (restringierten) nichtlinearen Fehlerkorrekturmodellen erweisen sich erstere als dem jeweiligen nichtlinearen Pendant leicht überlegen, wobei der Test auf Rendite-Gleichheit diese Überlegenheit in zumindest zwei Fällen als statistisch signifikant ausweist. Dagegen kann nur am japanischen Rentenmarkt von einer besseren Prognoseleistung des (restringierten) nichtlinearen gegenüber dem linearen Fehlerkorrekturmodell gesprochen werden. Im Vergleich der beiden nichtlinearen Modelle erweist sich das restringierte der unrestringierten Modellvariante ausnahmslos unterlegen. Eine vergleichsweise schlechte Performance war indes mit dem linearen Regressionsmodell ohne Fehlerkorrekturterm erzielbar, denn nur zweimal konnte die Benchmark übertroffen werden.

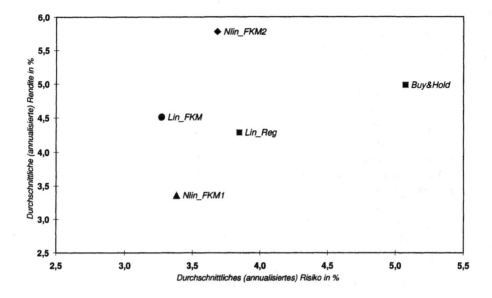

Abbildung 12. Rendite/Risiko-Charakteristik der Handelsmodelle (G5-aggregiert)

Eine Aggregation der Ergebnisse durch Mittelwertbildung über die Rendite/Risiko-Parameter aller fünf Rentenmärkte ist zwar allein schon aufgrund der unterschiedlichen Basiswährungen problematisch, erlaubt aber zumindest tendenzielle Aussagen. Die μ-σ Darstellung in Abbildung 12 bestätigt die vorangegangenen Analysen. Das lineare Fehlerkorrekturmodell *(Lin_FKM)* dominiert klar das restringierte nichtlineare Fehlerkorrekturmodell *(Nlin_FKM1)* und das lineare Regressionsmodell *(Lin_Reg)*, während diese drei Modelle wiederum deutlich von der Rendite/Risiko-Charakteristik des unrestringierten nichtlinearen Fehlerkorrekturmodells *(Nlin_FKM2)* übertroffen werden. Im Vergleich zur Buy&Hold-Strategie *(Benchmark)* lassen sich analoge Aussagen treffen. Das lineare Fehlerkorrekturmodell weist nur einen kleinen Renditeunterschied bei wesentlich reduziertem Risiko auf, während die Benchmark andererseits klar von dem unrestringierten nichtlinearen Fehlerkorrekturmodell geschlagen wird.

4 Zusammenfassung

Im vorliegenden Beitrag wurden quantitative Modelle auf der Basis des Kointegrations- und Fehlerkorrekturansatzes zur Prognose der Entwicklung der G5-

Rentenmärkte eingesetzt. Durch umfangreiche a priori-Tests wurde dabei die Vermutung bestätigt, daß der Fehlerkorrekturmechanismus nichtlinearer Art sein könnte, so daß als Erweiterung des klassischen linearen Fehlerkorrekturmodells auch nichtlineare Fehlerkorrekturmodelle auf der Basis Neuronaler Netzwerke zum Einsatz kamen.

Der umfangreiche Vergleich der Performance der entwickelten Prognosemodelle anhand statistischer Gütemaße und eines implementierten Handelssystems zeigte die erwartete Überlegenheit der nichtlinearen gegenüber den linearen Fehlerkorrekturmodellen. Der Performancevergleich anhand der Rendite/Risiko-Parameter führte zu folgenden Ergebnissen:

- Die *Buy&Hold* Strategie konnte (risikoadjustiert) von neun der insgesamt zwanzig Prognosemodelle geschlagen werden, wobei es sich um sechs nichtlineare und drei lineare Modelle handelte.[45]

- Der Performancevergleich zwischen den einfachen linearen Regressionsmodellen und den (nicht)linearen Fehlerkorrekturmodellen läßt vermuten, daß der Fehlerkorrekturterm Informationen enthält, die die Prognoseleistung nachhaltig zu steigern vermögen.

- Die nichtlinearen Fehlerkorrekturmodelle übertreffen in der unrestringierten Variante *(Nlin_FKM2)* deutlich die Performance der linearen Fehlerkorrekturmodelle *(Lin_FKM)* und schlagen als einziges Modell durchgängig die Benchmark.

- Der Vergleich von restringierten *(Nlin_FKM1)* und unrestringierten *(Nlin_FKM2)* nichtlinearen Fehlerkorrekturmodellen läßt erwartungsgemäß darauf schließen, daß Neuronale Netzwerke durch die Restriktion auf die linearen Strukturen unnötig beschränkt werden.[46]

Wenngleich die hier propagierten nichtlinearen Fehlerkorrekturmodelle nicht theoretisch abgesichert sind, da das Repräsentationstheorem, das die Verbindung zwischen Kointegration und Fehlerkorrektur schafft, „nur" linear formuliert ist, zeigt deren überlegene Prognoseleistung in der empirischen Überprüfung, daß die Kombination des Fehlerkorrekturansatzes mit Neuronalen Netzwerken den Erwartungen standhält und damit eine vorteilhafte Ergänzung des finanzanalytischen

---

[45] Die ermittelten Modellparameter wurden im Prognosezeitraum konstant gehalten, und der Stützzeitraum wurde nicht sukzessive durch rekursive Schätzungen erweitert. Bei Abgabe der letzten Prognose im Juni 1996 liegt somit das Datum der letzten Modellanpassung 30 Monate zurück, was als zusätzlicher Schwierigkeitsgrad gewertet werden kann.

[46] Zum gleichen Ergebnis kommen Jandura/Matthes (1996), S. 212 f. sowie Rehkugler/Jandura (1997), S. 32.

Prognoseinstrumentariums darstellt. Dieser Erfolg legt eine Übertragung der nichtlinearen Schätzweise auch auf das Niveau der Zeitreihen, d.h. die Spezifikation *nichtlinearer Kointegrationsmodelle* nahe. Dabei bereitet allerdings u.a. die Tatsache Probleme, daß die Testwerte der (A)DF-Tests auf der linearen Testtheorie basieren und insofern ein Test auf Stationarität des Residualterms nicht ohne weiteres durchführbar ist. Erste Versuche für die G5-Rentenmärkte haben gemischte Resultate erbracht, die darauf hindeuten, daß die Schätzung von *nichtlinearen Kointegrationsmodellen* zwar ein interessanter, verfolgenswerter Ansatz ist, sich jedoch zumindest auf Basis dieser Ergebnisse noch keine zwingenden Argumente für den Einsatz von NN ergeben.

Literaturverzeichnis

1. Campbell, J.Y.; Ammer, J. (Campbell/Ammer, 1993): What Moves the Stock and Bond Markets ? A Variance Decomposition for Long-Term Asset Returns, in: The Journal of Finance, Vol. XLVIII, No. 1, (March) 1993, S. 3 – 37.
2. Dickey, D.A.; Fuller, W.A. (Dickey/Fuller, 1979): Distribution of the Estimators for Autoregressive Times Series with a Unit Root, in: Journal of the American Statistical Association, 1979, Vol. 74, S. 427 – 431.
3. Dickey, D.A.; Fuller, W.A. (Dickey/Fuller, 1981): Likelihood Ratio Statistics for Autoregressive Time Series with a Unit Root, in: Econometrica, 1981, Vol. 49, No. 4, S. 1057 – 1072.
4. Engle, R.F.; Granger, C.W.J. (Engle/Granger, 1987): Co-Integration and Error Correction: Representation, Estimation, and Testing, in: Econometrica, 1987, Vol. 55, No. 2, S. 251 – 276.
5. Engle, R.F.; Granger, C.W.J. (Engle/Granger, 1991): *Long Run Economic Relationships: Readings in Cointegration*, Oxford, 1991.
6. Engle, R.F.; Yoo, B.S. (Engle/Yoo, 1987): Forecasting and Testing in Co-Integrated Systems, in: Journal of Econometrics, 1987, Vol. 35, S. 143 – 159.
7. Filc, W. (Filc, 1992): *Theorie und Empirie des Kapitalmarktzinses*, Stuttgart, 1992.
8. Fuller, W.A. (Fuller, 1976): *Introduction to Statistical Time Series*, New York, 1976.
9. Gebauer, W.; Müller, M.; Schmidt, K.J.W.; Thiel, M.; Worms, A. (Gebauer et al., 1993): *Determinants of Long-Term Interest Rates in Selected Countries – Towards a European Central Bank Policy Design*, Geld – Währung – Kapitalmarkt – Working Papers, Nr. 31, Johann Wolfgang Goethe–Universität, Frankfurt am Main, 1993.
10. Graf, J.; Westphal, M.; Knöppler, S.; Zagorski, P. (Graf et al., 1996): Finanzmarktprognosen mit Neuronalen Netzen - Anforderungsprofil aus der praktischen Sicht eines Anwenders, in: G. Bol, G. Nakhaeizadeh, K.-H. Vollmer (Hrsg.), *Finanzmarktanalyse und -prognose mit innovativen quantitativen Verfahren*, Heidelberg, 1996, S. 121 – 143.
11. Granger, C.W.J. (Granger, 1969): Investigating Causal Relations by Econometric Models and Cross Spectral Methods, in: Econometrica, 1969, Vol. 37, No. 3, S. 424 – 438.
12. Granger, C.W.J. (Granger, 1980): Testing for Causality - A Personal Viewpoint, in: Journal of Economic Dynamics and Control, Vol. 2, 1980, S. 329 – 352.

13. Granger, C.W.J. (Granger, 1981): Some Properties of Time Series Data and their Use in Econometric Model Specification, in: Journal of Econometrics, 1981, Vol. 16, S. 121 – 130.

14. Granger, C.W.J. (Granger, 1986): Developments in the Study of Cointegrated Economic Variables, in: Oxford Bulletin of Economics and Statistics, Vol. 48, No. 3, S. 213 – 228.

15. Granger, C.W.J. (Granger, 1988): Some Recent Developments in a Concept of Causality, in: Journal of Econometrics, Vol. 39, 1988, S. 199 – 211.

16. Granger, C.W.J. (Granger, 1991): Spurious Regressions, in J. Eatwell, M. Milgate and P. Newman (Hrsg.), *The new Palgrave: Economics*, London, 1991, S. 444 – 445.

17. Granger, C.W.J.; Lee, T.-H. (Granger/Lee, 1989): Investigation of Production, Sales and Inventory Relationships using Multicointegration and Nonsymmetric Error Correction Models, in: Journal of Applied Econometrics, Vol. 4, 1989, S. 145 – 159.

18. Granger, C.W.J.; Newbold, P. (Granger/Newbold, 1974): Spurious Regressions in Econometrics, in: Journal of Econometrics, 1974, Vol. 2, S. 111 – 120.

19. Granger, C.W.J.; Teräsvirta, T. (Granger/Teräsvirta, 1993): *Modelling Nonlinear Economic Relationships*, Oxford, 1993.

20. Granger, C.W.J.; Weiss, A.A. (Granger/Weiss, 1983): Time Series Analysis of Error-Correction Models, in: Studies in Econometrics, Time Series, and Multivariate Statistics, New York, 1983, S. 255 – 278.

21. Heri, E. (Heri, 1988): Fundamentalanalyse der Zinsentwicklung, in: H. Rehm (Hrsg.), *Methoden und Instrumente der Zins- und Wechselkursprognose*, Verband öffentlicher Banken, Berichte und Analysen, Bd. 9, Bonn, 1988, S. 7 – 23.

22. Hornik, K.; Stinchcombe, M.; White, H. (Hornik et al., 1989): Multilayer Feedforward Networks are Universal Approximators, in: Neural Networks, Vol. 2, S. 359 – 366.

23. Jandura, D.; Matthes, R. (Jandura/Matthes, 1996): Fehlerkorrekturmodelle und Neuronale Netzwerke: ein kombinierter Ansatz zur Prognose der europäischen Zinsentwicklung, in: Schröder, M. (Hrsg.), *Quantitative Verfahren im Finanzmarktbereich - Methoden und Anwendungen*, Baden-Baden, 1996, S. 193 – 220.

24. Jerger, J. (Jerger, 1991): Kointegrationsmodelle - Eine neue Technik zur Lösung von Regressionsproblemen, in: Wirtschaftswissenschaftliches Studium, Heft 9, September 1991, S. 471 – 475.

25. Johansen, S. (Johansen, 1988): Statistical Analysis of Cointegration Vectors, in: Journal of Economic Dynamics and Control, 1988, Vol. 12, S. 231 – 254.

26. Johansen, S. (Johansen, 1991): Estimation and Hypothesis Testing of Cointegration Vectors in Gaussian Vector Autoregressive Models, in: Econometrica, 1991, Vol. 59, No. 6, S. 1551 – 1580.

27. Keim, D.; Stambaugh, R. (Keim/Stambaugh, 1986): Predicting Returns in the Bond and the Stock Markets, in: Journal of Financial Economics, 17, S. 357 – 390.

28. MacKinnon, J. (MacKinnon, 1991): Critical Values for Cointegration Tests, in Engle, R.F.; Granger, C.W.J. (Hrsg.), *Long Run Economic Relationships: Readings in Cointegration*, Oxford, 1991, S. 267 – 276.

29. Matthes, R. (Matthes, 1994): Zinsprognosen: Fehlerkorrekturmodelle vs. Neuronale Netze, in: G. Bol, G. Nakhaeizadeh, K.-H. Vollmer (Hrsg.), *Finanzmarktanwendungen neuronaler Netze und ökonometrischer Verfahren*, Heidelberg, 1994, S. 41 – 60.

30. Moody, J.; Utans, J. (Moody/Utans, 1995): Architecture Selection Strategies for Neural Networks: Application to Corporate Bond Rating Prediction, in: A.-P. Refenes (Hrsg.), *Neural Networks in the Capital Markets*, Chichester, 1995, S. 277 – 300.

31. Nelson, C.R.; Plosser, C.I. (Nelson/Plosser, 1982): Trends and Random Walks in Macroeconomic Time Series. Some Evidence and Implications, in: Journal of Monetary Economics, Vol. 10, S. 139 – 162.

32. Phillips, P.C.B. (Phillips, 1986): Understanding Spurious Regressions in Econometrics, in: Journal of Econometrics, Vol. 33, S. 311 – 340.

33. Poddig, T. (Poddig, 1994): Ein Jackknife-Ansatz zur Strukturextraktion in Multi-layer-Perceptrons bei kleinen Datenmengen, in: S. Kirn und Ch. Weinhardt (Hrsg.), *Künstliche Intelligenz in der Finanzberatung*, Wiesbaden, 1994, S. 333 – 345.

34. Poddig, T. (Poddig, 1996): *Lineare und nichtlineare Analyse integrierter Finanzmärkte*, Bad Soden, 1996.

35. Refenes, A.-P. (Hrsg.) (Refenes, 1995): *Neural Networks in the Capital Markets*, Chichester, 1995.

36. Refenes, A.-P.; Abu-Mostafa, Y.; Moody, J. Weigend, A. (Hrsg.) (Refenes et al., 1996): *Neural Networks in Financial Engineering*, Singapore, 1996.

37. Rehkugler, H.; Kerling, M.; Jandura, D. (Rehkugler et al. 1996): Der Delta-Test: Datenselektion und nichtlineare Finanzanalyse am Beispiel der Prognose der britischen Zinsentwicklung, internes Arbeitspapier, 1996, Vortrag auf der 7. Tagung Finanzwirtschaft, Banken und Versicherungen, Karlsruhe, (Dezember) 1996.

38. Rehkugler, H.; Jandura, D. (Rehkugler/Jandura, 1997): Prognose der G5-Aktienmärkte mit NN-gestützten Fehlerkorrekturmodellen, in: J. Biethahn, J. Kuhl, M.C. Leisewitz, V. Nissen, M. Tietze (Hrsg.) '*Softcomputing-Anwendungen im Dienstleistungsbereich -Schwerpunkt Finanzdienstleistungen-*' Tagungsband zum 3. Göttinger Symposium Softcomputing am 27. Feb. 1997 an der Universität Göttingen, Göttingen, 1997, S. 19 – 38.

39. Rehkugler, H.; Kerling, M. (Rehkugler/Kerling, 1995): Einsatz Neuronaler Netze für Analyse- und Prognosezwecke, in: Betriebswirtschaftliche Forschung und Praxis, Heft 3, 1995, S. 306 – 324.

40. Rehkugler, H.; Poddig, T. (Rehkugler/Poddig, 1994): Kurzfristige Wechselkursprognosen mit Künstlichen Neuronalen Netzwerken, in: G. Bol, G. Nakhaeizadeh, K.–H. Vollmer (Hrsg.), *Finanzmarktanwendungen neuronaler Netze und ökonometrischer Verfahren*, Heidelberg, 1994, S. 1 – 24.

41. Rehkugler, H.; Zimmermann, H.-G. (Hrsg.) (Rehkugler/Zimmermann, 1994): *Neuronale Netze in der Ökonomie*, München, 1994.

42. Said, S.E.; Dickey, D.A. (Said/Dickey, 1984): Testing for Unit Roots in Autoregressive-Moving Average Models of Unknown Order, in: Biometrika, 71 (3), S. 599 – 607.

43. Salomon Brothers (Salomon Brothers, 1992): *Salomon Brothers World Government Bond Index*, International Fixed Income Research 7/92 - International Market Indexes, Salomon Brothers Inc. (Hrsg.), New York, 1992.

44. Savit, R. (Savit, 1988): When Random is Not Random: An Introduction to Chaos in Market Prices, in: Journal of Futures Markets, Vol. 8, No. 3, 1988, S. 271 – 289.

45. Schlittgen, R.; Streitberg, B.H.J. (Schlittgen/Streitberg, 1994): *Zeitreihenanalyse*, 5. Aufl., München, 1994.

46. Schober, J. (Schober, 1988): Zinsprognose mit Hilfe eines ökonometrischen Modells, in: H. Rehm (Hrsg.), *Methoden und Instrumente der Zins– und Wechselkursprognose*, Verband öffentlicher Banken, Berichte und Analysen, Bd. 9, Bonn, 1988, S. 24 – 35.

47. Shirreff, D. (Shirreff, 1993): Efficient Markets and the Quant´s Descent into Chaos, in: Euromoney, July 1993, S. 60 – 66.

48. Stock, J. (Stock, 1987): Asymptotic Properties of Least Squares Estimators of Cointegrating Vectors, in: Econometrica, 1987, Vol. 55, No. 5, S. 1035 – 1056.
49. Zimmermann, H.-G. (Zimmermann, 1994): Neuronale Netze als Entscheidungskalkül – Grundlagen und ihre ökonometrische Realisierung, in: H. Rehkugler und H.-G. Zimmermann (Hrsg.), *Neuronale Netze in der Ökonomie*, München, 1994, S. 1 - 87.

Anhang

A.1 Statistische Gütemaße der Prognosemodelle[47]

Deutsche Umlaufrendite ($\Delta BDYLD$):

Zeitraum	Maß	Lin_Reg	Lin_FKM	Nlin_FKM1	Nlin_FKM2
in-sample	MSE	0.0740	0.0726	0.0689	0.0573
	r	0.3958	0.4165	0.4636	0.5897
	Score	57.74%	59.52%	61.20%	65.48%
out-of-sample	MSE	0.0485	0.0478	0.0488	0.0640
	r	0.2292	0.3994	0.3487	0.4143
	Score	40.00%	70.00%	63.33%	66.67%

Französische Umlaufrendite ($\Delta FRYLD$):

Zeitraum	Maß	Lin_Reg	Lin_FKM	Nlin_FKM1	Nlin_FKM2
in-sample	MSE	0.0803	0.0740	0.0811	0.0769
	r	0.4224	0.4923	0.4118	0.4615
	Score	60.67%	66.00%	61.33%	66.67%
out-of-sample	MSE	0.0803	0.0689	0.0896	0.0888
	r	0.1675	0.3298	0.1769	0.1802
	Score	60.00%	60.00%	50.00%	56.67%

Japanische Umlaufrendite ($\Delta JPYLD$):

Zeitraum	Maß	Lin_Reg	Lin_FKM	Nlin_FKM1	Nlin_FKM2
in-sample	MSE	0.0916	0.0882	0.0870	0.0834
	r	0.3765	0.4169	0.4300	0.4676
	Score	62.82%	64.74%	62.18%	63.46%
out-of-sample	MSE	0.0764	0.0697	0.0570	0.0620
	r	0.0280	0.1573	0.3163	0.3045
	Score	53.33%	53.33%	63.33%	63.33%

---

[47] Die verwendeten Gütemaße werden im Anhang A.2 erläutert. Aufgrund differierender In-sample-Zeiträume (vgl. Tabelle 1, S. 217) sind diesbezüglich nur eingeschränkte Vergleiche möglich.

Britische Umlaufrendite (*ΔUKYLD*):

Zeitraum	Maß	Lin_Reg	Lin_FKM	Nlin_FKM1	Nlin_FKM2
in-sample	MSE	0.1740	0.1667	0.1748	0.1318
	r	0.2972	0.3553	0.2900	0.5526
	Score	52.98%	60.12%	62.50%	66.27%
out-of-sample	MSE	0.1143	0.0956	0.0947	0.0740
	r	0.0801	0.2762	0.2680	0.5209
	Score	56.67%	53.33%	50.00%	70.00%

US-Umlaufrendite (*ΔUSYLD*):

Zeitraum	Maß	Lin_Reg	Lin_FKM	Nlin_FKM1	Nlin_FKM2
in-sample	MSE	0.1656	0.1567	0.1516	0.1618
	r	0.3590	0.4192	0.4502	0.3859
	Score	58.97%	57.69%	66.03%	60.90%
out-of-sample	MSE	0.0757	0.0785	0.0953	0.0795
	r	0.3503	0.2829	0.1646	0.3024
	Score	66.67%	60.00%	43.33%	63.33%

A.2   Erläuterung der statistischen Gütemaße

Mittlerer quadratischer Fehler (Mean Square Error - MSE):

$$MSE = \frac{1}{n} \sum_{t=1}^{n} \left(\hat{y}_t - y_t \right)^2$$

mit: $y_t =$ tatsächliche Veränderung des Zielwertes zum Zeitpunkt t

$\hat{y}_t =$ prognostizierte Veränderung des Zielwertes zum Zeitpunkt t

$n =$ Anzahl der betrachteten Monate.

Korrelationskoeffizient nach Bravais/Pearson (r):[48]

$$r = \frac{\sigma_{y\hat{y}}}{\sigma_y \sigma_{\hat{y}}}$$

mit: $\sigma_{y\hat{y}} =$ Kovarianz von prognostizierten und realisierten Zinsdifferenzen

         $\sigma_y =$ Standardabweichung der realisierten Zinsdifferenzen

         $\sigma_{\hat{y}} =$ Standardabweichung der prognostizierten Zinsdifferenzen

Trefferquote (SCORE):

$$SCORE = \frac{1}{n} \sum_{t=1}^{n} T_t$$

mit: $T_t =$ nach dem Kriterium "steigt"/"fällt" korrekt prognostizierte Zinsdifferenz

---

[48] Es sei auf die Problematik hingewiesen, daß der Korrelationskoeffizient die Stärke und Richtung linearer Beziehungen mißt und hier auch die Güte nichtlinearer Verfahren damit beurteilt wird.

A.3 Rendite/Risiko-Parameter der Handelsmodelle (Prognosezeitraum)[49]

Deutschland (in DM)

/	Benchmark	Lin_Reg	Lin_FKM	Nlin_FKM1	Nlin_FKM2
Rendite (% p.a.)	5.940	1.886	5.650	4.631	7.828
Risiko (% p.a.)	3.973	2.928	3.722	3.566	3.036
Sharpe-Ratio	0.350	-0.909	0.296	0.023	1.080

T-Test auf Gleichheit der annualisierten Renditen:[50]

/	Benchmark	Lin_Reg	Lin_FKM	Nlin_FKM1	Nlin_FKM2
Benchmark	/	**			*
Lin_Reg	/	/	**	**	**
Lin_FKM	/	/	/		**
Nlin_FKM1	/	/	/	/	**
Nlin_FKM2	/	/	/	/	/

Frankreich (in FF)

/	Benchmark	Lin_Reg	Lin_FKM	Nlin_FKM1	Nlin_FKM2
Rendite (% p.a.)	5.821	6.843	7.377	3.014	5.563
Risiko (% p.a.)	5.027	4.153	3.450	3.714	2.865
Sharpe-Ratio	0.253	0.553	0.820	-0.413	0.355

T-Test auf Gleichheit der annualisierten Renditen:

/	Benchmark	Lin_Reg	Lin_FKM	Nlin_FKM1	Nlin_FKM2
Benchmark	/			*	
Lin_Reg	/	/		**	
Lin_FKM	/	/	/	**	*
Nlin_FKM1	/	/	/	/	**
Nlin_FKM2	/	/	/	/	/

---

[49] Die verwendeten Performancemaße sowie der Test auf Gleichheit der annualisierten Renditen werden im Anhang A.4 erläutert.

[50] *,** bedeuten hier und in der Folge Signifikanz auf 5 % bzw. 1 % Niveau (Zur Testhypothese vgl. Anhang A.4).

Japan (in ¥)

/	Benchmark	Lin_Reg	Lin_FKM	Nlin_FKM1	Nlin_FKM2
Rendite (% p.a.)	5.286	4.500	3.812	5.459	5.650
Risiko (% p.a.)	4.967	3.391	3.561	4.291	4.290
Sharpe-Ratio	0.149	-0.014	-0.207	0.212	0.257

T-Test auf Gleichheit der annualisierten Renditen:

/	Benchmark	Lin_Reg	Lin_FKM	Nlin_FKM1	Nlin_FKM2
Benchmark	/				
Lin_Reg	/	/			
Lin_FKM	/	/	/		*
Nlin_FKM1	/	/	/	/	
Nlin_FKM2	/	/	/	/	/

Großbritannien (in £)

/	Benchmark	Lin_Reg	Lin_FKM	Nlin_FKM1	Nlin_FKM2
Rendite (% p.a.)	3.900	2.391	2.068	1.966	5.473
Risiko (% p.a.)	6.515	4.919	3.508	3.738	3.913
Sharpe-Ratio	-0.100	-0.438	-0.707	-0.691	0.237

T-Test auf Gleichheit der annualisierten Renditen:

/	Benchmark	Lin_Reg	Lin_FKM	Nlin_FKM1	Nlin_FKM2
Benchmark	/				
Lin_Reg	/	/			**
Lin_FKM	/	/	/		**
Nlin_FKM1	/	/	/	/	**
Nlin_FKM2	/	/	/	/	/

USA (in US$)

/	Benchmark	Lin_Reg	Lin_FKM	Nlin_FKM1	Nlin_FKM2
Rendite (% p.a.)	3.969	5.825	3.650	1.726	4.382
Risiko (% p.a.)	4.894	3.485	2.111	1.591	4.318
Sharpe-Ratio	-0.118	0.332	-0.425	-1.774	-0.038

T-Test auf Gleichheit der annualisierten Renditen:

/	Benchmark	Lin_Reg	Lin_FKM	Nlin_FKM1	Nlin_FKM2
Benchmark	/			*	
Lin_Reg	/	/	**	**	
Lin_FKM	/	/	/	**	
Nlin_FKM1	/	/	/	/	**
Nlin_FKM2	/	/	/	/	/

A.4   Erläuterung der Performancemaße

Rendite:

Die durchschnittliche (annualisierte) Rendite $(\bar{r}_a)$ des Handelsmodells wird bestimmt als Mittelwert der Differenz der logarithmierten Kapitalstände des Handelsmodells zweier aufeinanderfolgender Zeitpunkte:

$$\bar{r}_a \quad = \quad \left[\frac{1}{Z}\sum_{z=1}^{Z}\left(Ln(K_z)-Ln(K_{z-1})\right)\right]\cdot 12$$

mit: K_z =   Kapitalstand des Handelsmodells zum Zeitpunkt z

Z =   Zeitindex/Anzahl der betrachteten Monate.

Risiko (Standardabweichung):

Das (annualisierte) Risiko (σ_{r_a}) wird gemessen als Standardabweichung der Einzelrenditen:

$$\sigma_{r_a} = \left[\sqrt{\frac{1}{Z}\sum_{z=1}^{Z}\left(\left(Ln(K_z)-Ln(K_{z-1})\right) - \frac{1}{Z}\sum_{z=1}^{Z}\left(Ln(K_z)-Ln(K_{z-1})\right)\right)^2}\right]\cdot\sqrt{12}.$$

Sharpe-Ratio:

$$Sharpe\text{-}Ratio = \frac{\bar{r}_a - r_f}{\sigma_{r_a}}$$

mit: $\quad \bar{r}_f \quad =$ Durchschnittliche risikofreie Rendite (Geldmarktsatz) in % p.a.

Die Sharpe-Ratio ermöglicht eine integrierte Betrachtung von Rendite und Risiko, indem eine risikoadjustierte Performance gemessen wird. Ex post drückt die Sharpe-Ratio die Überschußrendite über eine risikolose Anlage pro Einheit des eingegangenen Risikos aus.

T-Test auf Gleichheit der annualisierten Renditen:

Getestet wird die Nullhypothese *(H₀)*, daß kein Unterschied zwischen den erzielten annualisierten Renditen zweier Prognosemodelle besteht. Die Prüfgröße *T* ist t-verteilt mit Z-2 Freiheitsgraden:

$$T = \frac{\bar{r}_{a,1} - \bar{r}_{a,2}}{\sqrt{\dfrac{\sigma^2_{r_{a,1}} + \sigma^2_{r_{a,2}}}{Z}}}$$

mit: $\quad \bar{r}_{a,i} \quad =$ durchschnittliche (annualisierte) Rendite des *i*-ten Handelsmodells

$\quad \sigma^2_{r_{a,i}} \quad =$ (annualisierte) Varianz der Einzelrenditen des *i*-ten Handelsmodells.

Quantitative Country Risk Assessment

Elmar Steurer

DaimlerChrysler AG, Research and Technology, Postfach 2360, D-89013 Ulm, Germany

Abstract. The need for a framework to evaluate the risks inherent in dealing with different countries is widely recognised. Recent events have dramatised the importance and the difficulty of political risk assessments for foreign direct investment decision making. International financial institutions, government agencies and major corporations have in recent years established formal systems of risk assessment as an important input of their operational and planning decisions. It is important to understand the basic thinking underlying the mechanical approach to risk analysis and the results must be treated with care. A structured approach to the evaluation of international risks provides the necessary analytical framework. The purpose of this article is to suggest some guidelines for the improvement of country risk assessment.

1 Introduction

Country risk assessment tends to focus on expropriations, exchange controls, and government instability, which are based on a narrow notion of political risk. Such a notion is readily evident in many publications. But they are not necessarily the most important types of risk. There is also uncertainty about future tariffs, non-tariff barriers, taxes, export controls, labour relations, and other politically related developments that can affect returns on a foreign direct investment.

It must be stressed that the nature and magnitude of any underlying risks depend on the type of activity in which a company or a government agency may be engaged. For example, a foreign investor will be particularly concerned with the dangers of expropriation, inadequate profits or limits on their convertibility. On the other hand, an exporter's primary interest will be to assess the risk of not being paid for his goods in an acceptable currency. This article concentrates mainly on the risk that a particular country will be unable or unwilling to honour its commitments to service and repay the debts it has incurred. However, when making strategic decisions, it is also important to think and plan in a longer-term framework. This type of evaluation can most conveniently be carried out with the aid of a formal model, and some of the techniques which may be used are described in greater detail below.

2 Model structure

2.1 The need for an own approach

Many users of country risk ratings believe that the credit ratings available from rating agencies are of limited use when it comes to quantifying default risk. The main reasons cited are:

- Rating agencies often disagree about the appropriate ratings for specific countries. Further, Moody's and Standard & Poor's often give ratings that differ substantially. A model based on fundamentals can help to resolve these conflicts and give insights to decision-makers regarding the most effective method of reducing their country risk rating.

- Ratings are not assigned to a significant number of sovereign countries whose obligations currently are traded actively in the international debt markets Until recently most emerging markets were not rated. Although most of the larger markets in Latin America, Europe and Asia have now been rated, our model shows how ratings can be estimated for smaller unrated markets in Africa, Eastern Europe and Latin America.

- The default risk for important countries should be measured independent on the opinion of international rating agencies.

At a practical level, the growing use of structured analyses for assessing country risks can be seen as a natural reaction to the increasingly difficult and complex problems facing those involved in international activities [3]. Essentially, this type of systematic approach attempts to identify explicitly and to quantify the international risks arising from business operations. Since it is virtually impossible to assess all the conceivable risks one may encounter, the standard approach is to focus on a few key items which appear to be particularly relevant [2].

The extensive literature on country risk assessment shows a very wide variety of approaches to this subject, ranging from highly complex mathematical models used by some academics to very simplified frameworks often preferred by those involved in practical business situations [1]. In view of the enormous complexity of the economic environment, it is naturally tempting to try and incorporate all the possible factors which may be relevant – including GNP growth, inflation, balance of payment, investment and natural resources, political and social factors, and external indebtedness ([4], [5]). Indeed, these are only a view of the items which could, in theory, be included. However, experience shows that it is simply not practical to try and capture the entire spectrum of possible variables in any one model.

A more sensible and fruitful approach is to analyse carefully the specific requirements of the organisation undertaking the risk exercise, and focus attention on a small number of factors between 5 and 10 which appear to be particularly relevant. The variables chosen, or the specific weights attributed to them, need not be fixed. Indeed, it would seem highly desirable to re-evaluate the model regularly and adjust it gradually in line with changing circumstances.

Table 1. CRISK-explorer: Indicators covering country risk

Indicator	*Abbreviation*	*Component*
External debt to exports	DBTEXP	External repayment capability
Currency reserves to external debt	RESDBT	External repayment capability
Current account to Gross domestic product	CAGDP	External repayment capability
Gross domestic product Yearly growth rate	GDPYOY	External repayment capability
Purchasing power : Inflation in terms to exchange rate change	CPIADJ	Purchasing power risk
Foreign direct investments to Gross domestic product	INVGDP	Location advantage
Corruption Index	KORRUP	Location advantage
Export structure: Number export sectors	EXPSTR	Location advantage

The described system for exploring country risks (CRISK-Explorer) is a quantitative model to assess country risk for larger and smaller emerging market countries. This paper uses the term, "emerging economies", in a comprehensive sense to refer to the developing countries of Asia, Latin America, Africa and the Middle East, as well as the countries of Eastern Europe and the former republics of the Soviet Union. The purpose of this system is to provide a dynamical statistical model for country risk analysis based on key economic ratios in selected countries. The CRISK-Explorer can be updated monthly to systematically conduct country risk assessments for most countries. The data requirements can be fairly met from reliable sources and the results obtained can serve as an useful guide for decision-makers. The model has three major components, namely

- External repayment capability
- Purchasing power risk
- Location advantage

Each component is represented by different indicators. The corresponding weights and threshold values were determined by conducting a lot of interviews with experts concerned with country risk assessments. The indicators and the respective weights are presented in table 1. The selection of the included variables were based on considerations described in the following section.

2.2   Risk indicators

External repayment capability

The external repayment capability of a country is considered to be the single most important indicator for country risk analysis purposes. There are a number of measures of the burden of indebtedness. The most widely used are firstly, the outstanding size of the country's debt expressed as a percentage of some broad economic aggregate, and secondly, the flow of foreign currency payments required to service a country's debt. The first one is defined as the annual payments of interest and capital required to service a country's medium and long-term external debt, expressed as a proportion of its total export earnings on goods and services. The ratio *external debt deficit to exports* (DBTEXP) is a highly important and reliable measure of the financial burden of a country's external debt. A higher debt burden should correspond to a higher risk of default. The weight of the burden increases as a country's foreign currency debt raises relative to its foreign currency earnings (exports). The second indicator covering the external repayment capability is the ratio of the *currency reserves to the debt* (RESDBT) should measure the government's capability to meet international payment obligations. *Current accounts deficits in relation to GDP* (CAGDP) measure the country's current borrowing requirements. Experience in countries such as Mexico and Thailand suggests that large current account deficits can be dangerous to currency stability and eventually to creditworthiness. A large current account deficit indicates that the public and private sectors together rely heavily on funds from abroad. Current account deficits that persist result in growth in foreign indebtedness, which may become unsustainable over time. The ability of the government to generate current and future cash flows to continue debt service is related to the country's resources and wealth, for which we use *yearly GDP growth* as a proxy (GDPYOY) - defined as an average annual real GDP growth on a year – over – year basis (%). A relatively high rate of economic growth suggests that a country's existing debt burden will become easier to service over time.

Purchasing power risk

Basically a high rate of inflation points to structural problems in the governments finances. When a government appears unable or unwilling to pay for current budgetary expenses through taxes or debt issuance, it must resort inflationary money finance. Public dissatisfaction with inflation may in turn lead to political instability. In the long run inflation will be reflected in subsequent exchange rate adjustments. Private borrowers and their creditors who are affected by currency adjustments should look for any diverging trends between domestic inflation levels and the exchange rate adjustments. In particular, they should follow closely changes in the *Dollar adjusted inflation rate* (CPIADJ) - measured by the differential between local and US inflation rates - and compare such changes with adjustments of the exchange rate of the local currency against the US Dollar.

Location advantage

The variables of the CRISK-Explorer do not only focus on external repayment capability and purchasing power risk. In addition the location advantage of a specific country are analysed by the economic links to other countries. The more these are, the lower should be the vulnerability against financial crises. The location advantage is measured by the ratio of *foreign direct investments against GDP* (INVGDP), the number of different *export sectors* (EXPSTR) and the corruption index (KORRUP).

Policies favourable for domestic investment very often attract foreign direct investment (FDI); similarly, policies that make domestic investment unattractive often discourage inward FDI and encourage outward FDI as home companies and residents look abroad for better uses of capital. FDI is sometimes desired by governments, sometimes feared, and sometimes simultaneously both. A government may fear foreign interests taking over vital segments of its economy, thus exposing the country to foreign influence and weakening its economic security; every government also faces political treasure to protect domestic firms. At the same time, governments and voters often view FDI as a beneficial increase in the stock of capital the country has to use. Within the limits of national security and protectionists pressures, politicians want to attract more FDI.

The Corruption index is published by the agency Transparency International. The so-called corruption perception index (CPI) is calculated on a yearly basis. It's based on perceptions of corruption – in other words, people's opinions – and not just any people. The surveys the CPI draws upon, except for one by Gallup International, basically measure the same thing: the views of local and foreign business executives, some of whom could be doing the bribing – a classic case of the pot calling the kettle black. One way to assess whether investors and big corporations shy away from nations with bad reputations is to compare the CPI with foreign direct investment as tracked by the United Nations Conference on Trade and Development. It shows, not surprisingly, that big, resource-rich nations – corrupt or not – still get lots of money from multinational companies. Russia ranks 76th out of the 85 of the CPI and got a meager CPI score of only 2.4 on a scale of 1-10. But international investors rewarded Russia with $6.2 billion 1997, up from only $2.5billion in 1996. China got $45.3 billion of foreign direct investment in 1997 – up from $40.8 billion in 1996 – even though it is still persecuted dissenters and has a 1998 CPI score of only 3.5. Based on their lending, it would seem that neither the IMF nor the World Bank is swayed too much by the CPI, either. Russia was the world's biggest borrower from the IMF, and troubled Indonesia – ranked number 80 – received $5 billion from the fund.

The purpose of this indicator is to detect countries with large dependencies on only one or two export sectors. For example, Ecuador runs a serious banking and currency crises in Spring 1999 due to the large dependency on only two export sectors: Oil and banana. In Winter 1998/99 the price of oil dropped and in March 1999 additional pressure was generated to this country by the banana trade war between the EU and the US.

3 Model formulation

The proposed approach for quantifying country risks is based on the work of [1]. These authors used nonlinear transfer functions to calculate score values between the range of 0 and 100 depending on threshold values of key socio economic ratios recommended by experts. The nonlinear transfer function comes into play by converting the ratios of the risk indicator displayed in table 1 to a common base value between 0 corresponding to no risk and 100 meaning very risky. The total score value is given by

$$Total\_Score(n) = \sum_{i=1}^{8} w_i f(x_i)$$ (1)

where n denotes a country n, x_i a risk indicator ($i = 1..8$), w_i the weight for the risk indicator i and $f(x_i)$ the transformed value of factor i (see table 1). By using nonlinear transfer functions this procedure enables the definition of a grey zone between sure knowledge concerning good and bad scores – as it is typically desired in assessing country risks. For normal variables, i. e. higher score values correspond to higher risk, for example foreign debt to exports the nonlinear transfer function $f(x_i)$ is given by:

$$f(x_i) = \begin{cases} 50(2 - e^{u(1-x/k_i)}) & \text{if } x > k_i \\ 50 & \text{if } x = k_i \\ 50e^{-u(1-x/k_i)} & \text{if } x < k_i \end{cases} \qquad (2)$$

The values of the resolution parameter u are displayed in table 2. The resolution u determines the matching between the value of a risk indicator to the corresponding score values meaning "no risk" and "very risky". The higher the value u is the sharper the resolution of the transfer function. If the value of a risk indicator is equal to the threshold value the score value is set to 50.

For reciprocal variables, i. e. higher score values correspond to lower risk, for example currency reserves to foreign debt, the equation $f(x_i)$ is:

$$f(x_i) = \begin{cases} 50e^{u(1-x/k_i)} & \text{if } x > k_i \\ 50 & \text{if } x = k_i \\ 50(2 - e^{-u(1-x/k_i)}) & \text{if } x < k_i \end{cases} \qquad (3)$$

Table 2 contains an overview about the used parameters.

Table 2. Parameters of the scoring system: Weighting, Threshold value, parameter u

	DBTEXP	RESDBT	CAGDP	GDPYOY	CPIYOY	INVGDP	EXPSTR	KORRUP
Weight in %	14	14	14	14	11	11	11	11
Threshold value k	100 %	50 %	0.10 %	2 %	0.10 %	1.25 %	3	5
Resolution u	1.5	1.5	0.05	0.2	0.1	0.8	3	1.1

3.1 Results per May 1999

The model was applied to a sample of 37 developing countries from four regions, namely Asia, Africa, Latin America and Eastern Europe. Data from the Yearbook of the Balance of Payment Statistics (1997), the Bank of International Settlement (1998) and the average expectations regarding inflation, GDP growth and current account deficits for 1999 from different investment banks are used. Table 3 until 9 contain the results for all these regions and countries.

Region Asia

Table 3. Riskindicators Region Asia

	DBTEXP	RESDBT	CAGDP	GDPYOY	CPIADJ	INVGDP	EXPSTR	KORRUP
China	73.3%	101.9%	1.2%	7.5 %	0.5 %	3.2%	5	3.5
India	75.2%	100.9%	-2.5%	4.5 %	-2.2 %	0.7%	5	2.9
Indonesia	126.5%	19.4%	3.5%	-6.0 %	26.4 %	3.5%	4	2
Malaysia	37.0%	77.2%	5.8%	-2.0 %	2.5 %	4.1%	4	5.3
Pakistan	110.7%	7.3%	-4.5%	2.5 %	-3.9 %	1.1%	4	2.7
Philippnes	61.9%	42.9%	1.6%	-2.0 %	10.6 %	2.1%	4	3.3
Korea	61.9%	49.6%	10.2%	0.5 %	14.6 %	3.0%	4	4.2
Singapre	7.3%	826.7%	10.2%	-2.0 %	-8.6 %	2.7%	4	9.1
Thailand	132.0%	37.7%	7.6%	2.0 %	5.5 %	2.5%	7	3
Vietnam	22.0%	4.9%	-6.8%	4.0 %	4.0 %	1.8%	4	2.5
Taiwan	21.6%	349.8%	1.0%	3.5 %	2.2 %	1.3%	4	5.3

Table 4. Score Values Region Asia

	DBTEXP	RESDBT	CAGDP	GDPYOY	CPIYOY	INVGDP	EXPSTR	KORRUP	TOTAL
China	33.5	10.5	28.3	69.7	50.2	14.3	6.8	64.1	34.8
India	34.5	10.8	86.4	30.3	70.8	65.4	6.8	68.5	46.0
Indonesia	66.4	80.1	9.0	77.5	78.0	11.6	18.4	74.2	52.7
Malaysia	19.4	22.1	2.9	66.5	33.6	8.3	18.4	46.8	27.3
Pakistan	57.4	86.1	95.1	47.6	79.3	55.7	18.4	69.9	64.6
Philippnes	28.2	59.6	23.8	66.5	51.5	29.7	18.4	65.6	43.1
Korea	28.2	50.5	0.3	57.0	60.3	16.0	18.4	58.1	35.9
Singapore	12.5	0.0	0.3	66.5	91.8	20.1	18.4	20.3	27.7
Thailand	69.1	65.5	1.2	50.0	40.0	21.9	0.9	67.8	40.4
Viet-nam	15.5	87.1	98.4	25.7	25.1	35.2	18.4	71.2	48.2
Taiwan	15.4	0.0	31.6	43.0	35.7	47.9	18.4	46.8	29.0

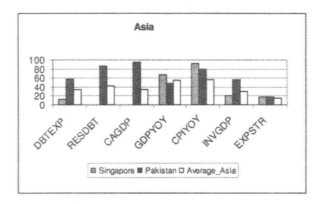

Fig. 1. CRISK-Explorer: Scorevalues Region Asia: Best country, worst country, Average

Analysis Asia

Asia, largest risks: Inflation, GDP growth

Asia, best points: Current account, Export structure

Region Africa / Middle East

Table 5. Riskindicators Region Africa

	DBTEXP	RESDBT	CAGDP	GDPYOY	CPIYOY	INVGDP	EXPSTR	KORRUP
Egypt	246.3%	129.9%	-4.8%	5.6 %	5.9 %	1.2%	3	2.9
South Africa	83.1%	27.6%	-0.4%	0.5 %	-12.8 %	1.6%	3	5.2
Ivory Coast	66.7%	17.3%	-1.8%	5.0 %	0.5 %	0.2%	3	3.1
Nigeria	73.8%	60.0%	5.7%	2.0 %	6.6 %	1.4%	1	1.9
Tunisia	42.4%	49.9%	-4.0%	5.0 %	2.5 %	3.5%	2	5
Morocco	81.2%	56.9%	-10.4%	2.5 %	2.4 %	1.4%	2	3.7
Israel	51.3%	121.1%	-3.0%	2.0 %	-7.0 %	2.1%	3	7.1
Saudi Arabia	52.3%	34.9%	-7.1%	-1.3 %	-0.6 %	2.0%	1	3.7

Table 6. Score Values Region Africa

	DBTEXP	RESDBT	CAGDP	GDPYOY	CPIYOY	INVGDP	EXPSTR	KORRUP	TOTAL
Egypt	94.4	4.5	95.6	43.8	40.7	51.8	50.0	68.5	56.6
South Africa	38.8	74.5	61.0	57.0	96.5	40.4	50.0	47.8	58.2
Ivory Coast	30.3	81.2	81.0	35.8	50.4	74.6	50.0	67.1	58.6
Nigeria	33.8	37.1	3.1	50.0	42.2	46.9	93.2	74.7	45.6
Tunisia	21.1	50.1	93.5	35.8	33.7	12.0	81.6	50.0	47.6
Morocco	37.7	40.7	99.7	47.6	34.5	46.2	81.6	62.4	56.3
Israel	24.1	5.9	89.4	50.0	88.7	28.3	50.0	31.5	45.6
Saudi Arabia	24.5	68.2	98.6	64.1	59.9	31.5	93.2	62.4	62.9

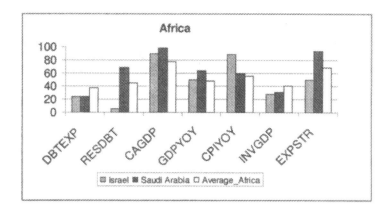

Fig 2. CRISK-Explorer: Scorevalues Region Africa: Best country, worst country, Average

Analysis Africa

Africa, largest risks: Foreign direct investments, Inflation, Exportstructure

Africa, best points: External debt to exports

Region Latinamerica

Table 7. Riskindicators Region Lateinamerica

	DBTEXP	RESDBT	CAGDP	GDPYOY	CPIYOY	INVGDP	EXPSTR	KORRUP
Argentina	214.0%	49.2%	-4.6%	-2.0 %	-0.5 %	1.3%	4	3
Brazil	217.5%	37.0%	-3.8%	-2.0 %	-20.1 %	2.5%	3	4
Chile	129.7%	73.8%	-5.1%	1.5 %	-2.0 %	5.1%	1	6.8
Colombia	138.3%	52.6%	-5.0%	0.5 %	-0.7 %	3.4%	3	2.2
Costa Rica	54.7%	54.9%	0.0%	3.0 %	-7.3 %	4.6%	2	5.6
Ecuador	101.5%	24.6%	-6.6%	-5.0 %	6.0 %	2.2%	3	2.3
Mexico	60.0%	37.6%	-2.8%	2.7 %	6.7 %	2.7%	2	3.3
Peru	187.3%	76.6%	-4.6%	2.7 %	-9.2 %	5.5%	3	4.5
Venezuela	72.2%	107.7%	-1.1%	-2.0 %	17.7 %	2.1%	1	2.3
Uruguay	160.0%	42.2%	-4.6%	1.0 %	-3.8 %	0.9%	4	4.3

Table 8. Score Values Region Lateinamerica

	DBTEXP	RESDBT	CAGDP	GDPYOY	CPIYOY	INVGDP	EXPSTR	KORRUP	TOTAL
Argentina	91.0	51.1	95.2	66.5	59.0	47.8	18.4	67.8	63.8
Brazil	91.4	66.2	92.9	66.5	99.2	22.1	50.0	59.9	69.8
Chile	68.0	24.5	96.3	52.4	69.6	4.2	93.2	33.7	55.8
Colombia	71.9	46.3	96.0	57.0	60.4	12.5	50.0	73.0	59.5
Costa Rica	25.3	43.2	52.4	45.2	89.6	6.0	81.6	43.8	47.6
Ecuador	51.1	76.6	98.2	75.2	41.0	26.8	50.0	72.4	63.1
Mexico	27.4	65.5	88.1	46.6	42.5	20.2	81.6	65.6	55.0
Peru	86.5	22.5	95.2	46.6	92.8	3.3	50.0	55.2	57.3
Venezuela	33.0	8.9	73.2	66.5	65.9	29.6	93.2	72.4	54.1
Uruguay	79.7	60.4	95.3	54.8	78.7	60.9	18.4	57.1	64.3

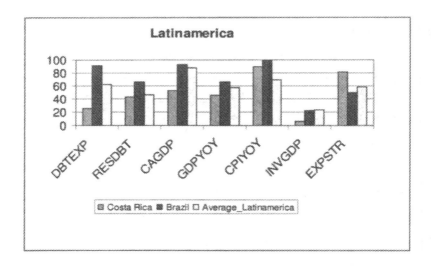

Fig. 3. CRISK-Explorer: Scorevalues Region Latinamerica: Best country, worst country, Average

Analysis Latinamerica

Latinamerica, largest risks: Current account deficits, Inflation

Latinamerica, best points: Foreign direct investments

Region Eastern Europe

Table 9. Riskindicators Region Eastern Europe

	DBTEXP	RESDBT	CAGDP	GDPYOY	CPIYOY	INVGDP	EXPSTR	KORRUP
Poland	71.0%	138.0%	-4.8%	4.5 %	-7.4 %	6.3%	4	4.6
Czech Rep.	38.8%	130.3%	-1.9%	-0.5 %	-4.2 %	3.3%	4	4.8
Slovak Rep.	51.7%	68.5%	-5.2%	2.8 %	-10.3 %	1.4%	2	3.9
Hungary	60.1%	79.3%	-5.4%	4.0 %	-2.3 %	2.5%	3	5.2
Romania	43.2%	53.0%	-5.2%	-4.0 %	-6.1 %	3.5%	3	3
Russia	96.0%	16.6%	4.0%	-3.0 %	-15.1 %	0.6%	3	2.4
Azer-beidschan	12.8%	413.7%	-11.1%	6.0 %	-0.1 %	2.8%	1	2.4
Belarus	4.4%	190.6%	-9.0%	3.0 %	-60.3 %	0.1%	2	3.9
Estonia	28.8%	74.0%	-4.5%	4.0 %	2.0 %	3.4%	2	5.7
Kazakstan	110.2%	24.6%	-5.0%	-2.0 %	-21.2 %	3.6%	2	2.4
Ukraine	9.2%	107.7%	-1.6%	-2.3 %	-17.0 %	0.5%	2	2.8
Uzbeskistan	96.7%	44.8%	0.8%	3.8 %	2.1 %	2.3%	2	2.6
Bulgaria	44.1%	142.5%	-4.0%	2.5 %	-0.7 %	4.0%	3	2.9
Turkey	231.2%	33.5%	1.0%	0.5 %	34.4 %	0.4%	4	3.4
Greece	519.9%	43.8%	-2.7%	3.1 %	3.9 %	1.7%	4	4.9
Croatia	36.7%	96.2%	-7.1%	1.0 %	-7.5 %	3.8%	4	5

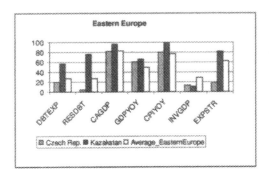

Fig. 4. CRISK-Explorer: Scorevalues Eastern Europe: Best country, worst country, Average

Table 10. Scorevalues Region Eastern Europe

	DBTEXP	RESDBT	CAGDP	GDPYOY	CPIYOY	INVGDP	EXPSTR	KORRUP	TOTAL
Poland	32.4	3.6	95.7	30.3	89.8	2.0	18.4	54.2	40.8
Czech Rep.	20.0	4.5	81.8	61.1	80.4	13.7	18.4	52.2	41.5
Slovak Rep.	24.2	28.7	96.4	46.2	94.3	44.0	81.6	60.7	58.2
Hungary	27.5	20.8	96.8	25.7	71.3	22.3	50.0	47.8	45.0
Romania	21.3	45.7	96.4	72.6	86.6	11.6	50.0	67.8	56.8
Russia	47.1	81.7	7.0	69.7	97.8	66.3	50.0	71.8	60.2
Azer-beidschan	13.5	0.0	99.8	50.0	55.7	18.8	93.2	71.8	49.2
Belarus	11.9	0.7	99.5	45.2	100.0	76.3	81.6	60.7	57.1
Estonia	17.2	24.4	95.1	25.7	36.7	12.6	81.6	42.9	41.8
Kazakstan	57.1	76.7	96.0	66.5	99.3	11.1	81.6	71.8	70.5
Ukraine	12.8	8.9	78.8	67.5	98.5	69.8	81.6	69.2	58.6
Uzbeskistan	47.6	57.2	36.1	41.8	36.3	26.3	81.6	70.5	49.2
Bulgaria	21.6	3.1	93.7	47.6	60.4	8.4	50.0	68.5	43.8
Turkey	93.0	69.5	31.2	57.0	85.3	70.7	18.4	64.8	61.4
Greece	99.9	58.5	87.7	44.8	25.6	37.6	18.4	51.1	55.3
Croatia	19.4	12.5	98.7	54.8	89.9	9.7	18.4	50.0	44.4

Analysis Eastern Europe

Eastern Europe, largest risks:	Current accoutn deficits
Eastern Europe, best points:	Currency reserves to external debt

4 Conclusion

Trying to quantify country risk numerically, with reference to a small number of identifiable factors, is inevitable rather mechanistic. Some of the more subtle and complicated risks will deliberately be over simplified in such an analysis though, from the point of view of the operational manager faced with practical problems, such simplicity may indeed be seen as an advantage. Clearly, calculating a risk score which ranges from 0 (no risk) to 100 (maximum risk) must involve some element of artificiality. Nevertheless, if the results of such an analysis are properly used, they can be an invaluable aid to those involved in making decisions. It is important to understand clearly the basic thinking underlying the mechanical approach to risk analysis, and the results must be treated with considerable care, particularly when applied to a longer-term assessment. With quantitative methods it is possible to see precisely which factors are driving country risk assessments. Thus even if some investors find the proposed approach too mechanical or too risky to be used systematically, they may want to use it selectively. As a result the described approach delivers at least worthful insights into sources of risk and return of country risks. Taken together, there is no substitute for an orderly and structured approach to the evaluation of international risks. It provides those who, in their jobs, must make difficult decisions with a necessary analytical framework for communicating ideas in a logical and explicit manner.

References

1. Dichtl, E. / Koeglmayr, H. G. (1986): Country Risk Ratings, Management International Review, Heft 4/1986, Vol. 26, S. 4 - 11
2. JPMorgan (1995): Improving our country-risk assessment framework, Emerging Markets Research, Karim Abdel-Motaal, J.P. Morgan Securities Inc, New York
3. JPMorgan (1998): Event Risk indicator Handbook, Global Foreign Exchange Research, Avinash D Persaud, J.P. Morgan Guaranty Trust Company, London
4. Klein, M./Bäcker, A. (1995): Bonitätsprüfung bei Länderrisiken, Wirtschaftswissenschaftliches Studium, Heft 4/1995, S. 191 - 193
5. Müller, A. P. (1985): Finanzierungskennziffern zur Analyse des Länderrisikos im Auslandsgeschäft: Ein Überblick, Wirtschaftswissenschaftliches Studium, Heft 9/1985, S. 477 - 480
6. Tang, J. C. S. / Espinal, C. G. (1989): A model to assess country risk, in: OMEGA, Heft 4, Vol. 17, S. 363 – 368

Combining State Space Reconstruction and Forecasting by Neural Networks

Hans Georg Zimmermann and Ralph Neuneier

Corporate Technology, Department Information and Communications, Siemens AG, D-81730 München, Germany

Abstract. We propose a neural network architecture which implements a state transformation of a dynamical system. The aim is to specify this transformation such that the related forecast problem becomes easier because the transformed system evolves smoother over time. We achieve this by integrating state space reconstruction and forecasting in a neural network approach. We demonstrate the identification abilities by analyzing the exchange market DM-US$ as an example of a complex dynamical system with respect to forecastability and stability.

1 Unfolding in Space and Time

We introduce the concept of *unfolding in space and time*. Let $z_t, t = 1, \ldots, T$ be a sequence of observations generated by an autonomous dynamical system. According to Takens' theorem [7], the unobserved state of the system can be reconstructed by a finite vector $x_t = (z_t, z_{t-1}, \ldots, z_{t-m})$ if m is sufficiently large leading to the system description $x_{t+1} = F(x_t)$. But why should the reconstruction result in an appropriate formulation for the transformation function $F(\cdot)$? To achieve a useful reconstruction one may transform the state space into a new (possibly higher dimensional) space hoping that the state transition becomes now smoother and, thus, makes the identification task $x_{t+1} = F(x_t)$ easier (see Fig. 1).

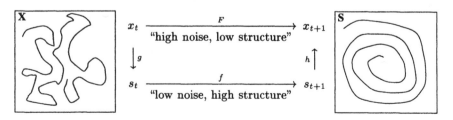

Fig. 1. The time series of the observed state description x_t may follow a very complex trajectory. A transformation to a possible higher state space may result in a smoother trajectory.

Note, that in the decomposition of $F(\cdot)$

$$x_{t+1} = F(x_t) \quad \Rightarrow \quad x_{t+1} = h \circ f \circ g(x_t) \tag{1}$$

the transformations h, g are static mappings while f contains the dynamics over time for the new state space.

The system identification task can now be stated in two phases (Fig. 2 and Fig. 3): First, search for an unfolding procedure $g : X \to S$ which transforms the original state space X into the new, smoother space S, and a folding $h : S \to X$ for the transformation back to X such that

$$\|x_t - h \circ g(x_t)\| \to \min_{g,h}$$
$$\text{subject to} \quad s_t, t = 1, \ldots \text{ is 'smooth'} .$$

As a constraint we require that the transformed dynamic system $s_t, t = 1, \ldots,$ which results from $s_t = g(x_t)$, is smooth over time (more details below). Second, after having learned the appropriate transformations g and h, the new system dynamics $f : S \to S$ has to be determined such that

$$\|x_{t+1} - h \circ f \circ g(x_t)\| \to \min_{f} .$$

The implementation of phase 1, using shared weights, is shown in Fig. 2. The (re-) transformations g, h are actually an implementation of neural network autoassociators. The multiple replication of such an autoassociator allows the computation of succeeding states like s_{t-1}, s_t, s_{t+1}. Smoothness can then be enforced by superposing a penalty function on the differences $s_t - s_{t-1}$ and $s_{t+1} - s_t$ such that the overall error function consists of two terms, namely the identification error of the autoassociator and the smoothness penalty (more details below). One can assume that a solution exists if the dimension of S is higher than that of X. To learn the dynamic f we add two additional hidden layers using shared weights as shown in Fig. 3. This finite unfolding over time of a recurrent network solves the problem of the unknown initial state; for example in Fig. 3, s_{t-1} is computed by the $g(x_{t-1})$ where x_{t-1} is known. This architecture can be easily extended to include external inputs which are assumed to be relevant (Fig. 3).

An inappropriate description of the state of a dynamical system can be misleadingly interpreted as noise (Fig. 4, 'folding'). For example, the compression of a slope may result in neighboring points rapidly diverging from each other by the next state transitions. Due to the penalty function the architecture of Fig. 2 unfolds noise into the smoother trajectory in Fig. 4, left, by the nonlinear transformations g, h in the autoassociator (Fig. 4, 'unfolding').

This unfolding in space and time architecture avoids the tendency of a rapid convergence to a fixed point like a usual Hopfield associator because the smoothness constraints keep the trajectories from being caught in the corners of the state space S (which are a result of the tanh-mapping).

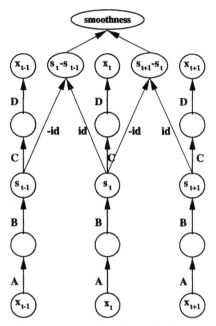

Fig. 2. An architecture for phase 1, $\|x_t - h \circ g(x_t)\| \to \min_{g,h}$, which also forces smooth transitions.

2 Smoothness

To realize the smoothness penalty of Fig. 2 we first tried the obvious penalty function

$$\frac{1}{T} \sum_{t=0}^{T-1} \left(s_{t+1} - 2s_t + s_{t-1}\right)^2 \to \min$$

to achieve a state transition function with low curvature. Since this function favors the trivial solution $s \approx 0$ and produces therefore very disappointing results, we use the following two measurements of smoothness:

$$\frac{1}{T} \sum_{t=0}^{T-1} \frac{\left(s_{t+1} - 2s_t + s_{t-1}\right)^2}{\left(s_{t+1} - s_t\right)^2 + \left(s_t - s_{t-1}\right)^2} \to \min \tag{2}$$

which is normalization òf the curvature penalty $\left(s_{t+1} - 2s_t + s_{t-1}\right)^2$ by the speed of the movements to avoid too small states. A negligible small curvature or acceleration is equivalent to a constant speed along the internal trajectory. The concept of intrinsic time is a particular consequence of a constant speed model [2]. Assuming $\dim(s) = \dim(x) + 1$ with $\dim(x)$ as the dimension of

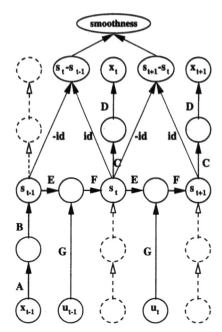

Fig. 3. The implementation for phase 2 for optimizing f by $\|x_{t+1} - h \circ f \circ g(x_t)\| \to \min_f$.

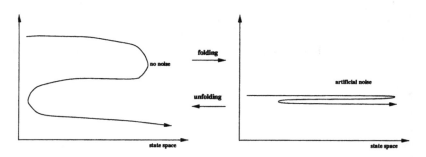

Fig. 4. An inappropriate description of the state of a dynamical system can be misinterpreted as noise.

x we can interpreted the additional variable as an internal time description, i. e. the concept of constant speed is equivalent to constant volatility.

Alternatively, one can apply

$$\frac{1}{T} \sum_{t=0}^{T-1} \frac{\|s_{t+1} - s_t\| + \|s_t - s_{t-1}\|}{\|(s_{t+1} - s_t) + (s_t - s_{t-1})\|} \to \min \tag{3}$$

which uses the triangle inequality $\|s_{t+1} - s_{t-1}\| \leq \|s_{t+1} - s_t\| + \|s_t - s_{t-1}\|$. The terms in (3) are always larger than 1, and approaching 1 indicates a smooth trajectory. This smoothness penalty does not force acceleration to zero. In our experiments, we found (2) superior.

The most crucial disadvantages of typical recurrent neural network (e. g. those found in [4]) of the missing initialization of the internal state and their behavior as an auto-associator are solved by our extended approach (Fig. 3). The internal state is initialized by the transformation $g(\cdot)$ of the observed state description to the higher state space (see (1)). The tendency to converge to a useless fix point is avoided by smoothness penalty which enforce a trajectory away from the boundaries of the state space due to the tanh-nonlinearity of the hidden neurons.

3 Forecasting an Oscillator

We first test the unfolding in space and time architecture on the toy-problem to identify the periodic dynamic $x_t = \sin(\frac{2\pi}{T}t)$ for discrete time steps. A suitable transformation g and retransformation h of the state space is given in Fig. 5: the one-dimensional state space is a folded slope which can be unfolded as a circle in two dimensions (the $\pm$-ambiguity is solved by also taking the preceding state into account, compare Fig. 2).

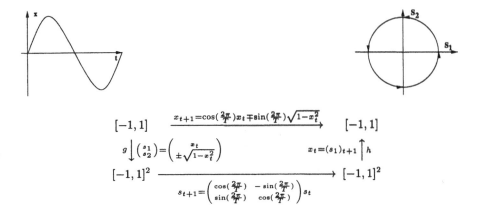

Fig. 5. The one-dimensional state space is a folded slope which can be unfolded as a circle in two dimensions.

We compare two different autoassociator architectures for the transformation g and h. The first is a five layer MLP (Fig. 6, left). The second, based on Flake's [3] and our own work [8,9], also supplies the network with the squared values of the inputs which leads to an integration of global and local decision making (Fig. 6, right side). The processing of the original inputs and the squared inputs within a tanh activation function enables the network to act as a combination of widely-known neural networks using sigmoidal activation function (MLP) and radial basis function networks (RBF). The combining approach,

$$y = \sum_j v_j \tanh \left(\sum_i w_{ji} x_i + v_{ji} x_i^2 - \theta_j \right) , \qquad (4)$$

covers the MLP and simultaneously approximates the RBF output to a sufficient level. The trajectories of internal state representations are depicted in Fig. 6, the second left resp. right part shows the internal state function for the MLP resp. the MLP-RBF combination. Fig. 7 also demonstrates that good unfolding is possible if the oscillator is disturbed by noise (10% level).

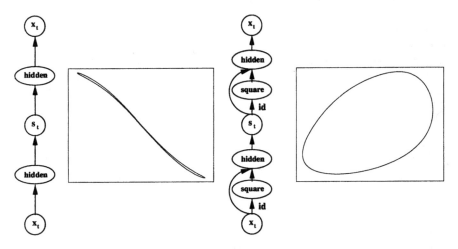

Fig. 6. Comparison of the unfolding in space for the two neural networks. Left: The usual MLP network and its generated internal state representation. Right: The MLP-RBF combination is able to recover the circular state space.

The superior reconstruction of the circle by the MLP-RBF combination is not only a result of the increased number parameters, but is a property of (4) which is very suitable for modeling functions like $\sqrt{1 - x_t^2}$. Since we think that periodic behavior is prototypical for time series with frequent fluctuations we use this extension in our economical applications.

4   Analyzing the DM-US$ Exchange-Market

The unfolding in space and time neural network is now tested on the task to generate profitable forecasts for the DM-US$ exchange rate. The time grid

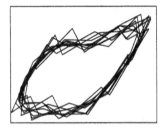

Fig. 7. Unfolding in space for the noisy sine dynamic: The neural network architecture of Fig. 3 still shows a circular trajectory when trained with the smoothness penalty of (2).

of the model is chosen to be 2 days. For the study of long-term relations the input and output consists of 4 two-day steps of the DM-US\$ rate. The data have been preprocessed according the procedure of [9]. We also supply the network with the competitive markets of US\$-British Pound, US\$-Japanese Yen, US\$-Swiss Franken and \$-French Francs. The training set covers the time from Jan. 1990 to Nov. 1994, the test set runs from Dec. 1994 to Mar. 1996. The learning behavior of the neural network can be analyzed by plotting the smoothing penalty (2) against training epochs (Fig. 8).

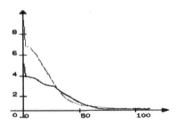

Fig. 8. The smoothness penalty (left) over time for test set (black) and training set (grey).

We measure the profitability of the 2-day forecast by putting up a simple trading model based on the prediction: if the output forecasts an increasing price, we will buy shares of the DM-US\$, otherwise we sell them. The return of this strategy is accumulated and plotted against the time axis for the test set (Fig. 9, top). The unfolding in space and time architecture achieves a return of about 40% over 16 months which is a very good result. In order to analyze how far in the future we can make useful predictions, the return of investment is also plotted for a 4 days and 6 days forecast (Fig. 9, middle

266

and bottom). The 4 days forecast is still satisfying while the 6 days forecast cannot be transferred to a profitable strategy.

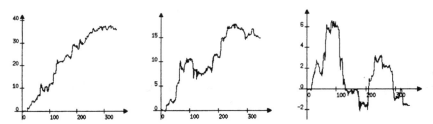

Fig. 9. From left to right: the accumulated return for 1-Step (2 day), 2 step (4 day), and 3 step (6 day) prediction if traded according the predicted DM-US$ change (out-of-sample test).

5 Conclusions and Future Work

In summarizing, we proposed the unfolding in space and time neural network which implements not only a finite unfolding in time of recurrent structure but also unfolds in the state space. By this, we achieve superior identification properties for modeling of dynamical systems which has been demonstrated on the task of forecasting the DM-US$ exchange rate. Future work will include more tests on real systems and a rigorous examination of the convergence behavior.

Acknowledgment: We thank Bernd Schürmann and Doyne Farmer for valuable discussions.

References

1. Casdagli, M., Eubank, S., Farmer, D. J., Gibson, J.: State space reconstruction in the presence of noise. Physica D 51 (1991), 52–98
2. Dacorogna, M. M., Gauvreau, C. L., Müller, U. A., Olsen, R. B., Pictet, O. V.: Changing Time Scale for Short-term Forecasting in Financial Markets. Journal of Forecasting 15, (1996)
3. Flake, G. W.: Square Unit Augmented, Radially Extended, Multilayer Perceptrons. Orr, G. B., Müller, K.-R. (eds.), Neural Networks: Tricks of the Trade, Springer Verlag, Berlin (1998)
4. Haykin, S.: Neural Networks. Macmillian College Publ. Comp. (1994)
5. Ott, E., Sauer, T., Yarke, J. A. (eds.): Coping with chaos. John-Wiley & Sins Inc, (1994)
6. Packard, N., Crutchfield, J., Farmer, D., Shaw, R.: Geometry from a time series. Ott, E., Sauer, T., Yarke, J. A. (eds.): Coping with chaos. John-Wiley & Sins Inc, 68-71, (1994)

7. Takens, F.: Detecting strange attractors in turbulence. Rand, D. A., Young, L. S. (eds.), Dynamical Systems and Turbulence, Lecture Notes in Math., 898, Springer (1981)
8. Neuneier, R., Zimmermann, H. G.: How to Train Neural Networks. Orr, G. B., Müller, K.-R. (eds.), Neural Networks: Tricks of the Trade, Springer Verlag, Berlin (1998)
9. Zimmermann, H. G., Neuneier, R.: Neural Network Architectures for Time Series Prediction with Applications to Financial Data Forecasting. Artificial Intelligence: Fuzzy-Neuro-Systems (1998)

Autorenverzeichnis

Prof. Dr. J. Breckling,
Insiders GmbH Wissensbasierte Systeme, Wilhelm-Theodor-Römheld-Str. 32,
D-55130 Mainz

Dipl.-Kfm. Dipl.-Inform (FH) Hubert Dichtl,
Lehrstuhl für Allgemeine Betriebswirtschaftslehre, insbesondere für Finanzwirtschaft, Universität Bremen, Hochschulring 40, D-28359 Bremen

Prof. Dr. Ernst Eberlein,
Insiders GmbH Wissensbasierte Systeme, Wilhelm-Theodor-Römheld-Str. 32,
D-55130 Mainz

Prof. Dr. Hermann Göppl,
Institut für Entscheidungstheorie und Unternehmensforschung, Universität
Karlsruhe (TH), Kaiserstr. 12, D-76128 Karlsruhe

Dipl. Wi.-Ing. Tae Horn Hann,
DaimlerChrysler AG, HPC 0226, D-70546 Stuttgart

Dr. Detlef Hosemann,
debis Systemhaus Dienstleistungen GmbH, Center of Competence Credit
Management, Frankfurter Straße 27, D-65760 Eschborn

Prof. Dr. Stefan Huschens,
Lehrstuhl für Quantitative Verfahren, insbesondere Statistik, Technische Universität Dresden, Mommsenstr. 13, D-01062 Dresden

Dipl. Kfm. Dirk Jandura,
Lehrstuhl für Finanzwirtschaft und Banken, Albert-Ludwigs-Universität Freiburg,
Platz der Altgen Synagoge, D-79085 Freiburg

Prof. Dr. Alexander Karmann,
Lehrstuhl für Volkswirtschaftslehre, insbesondere Geld, Kredit und Währung,
Technische Universität Dresden, Mommsenstr. 13, D-01062 Dresden

Dr. Philip Kokic,
Insiders GmbH Wissensbasierte Systeme, Wilhelm-Theodor-Römheld-Str. 32,
D-55130 Mainz

Carlo Marinelli,
Department of Electronics and Computer Science, University of Padua, Via
Cradenigo 6/a, I-35131 Padova

Prof. Dr. Wolfram Menzel,
Institut für Logik, Komplexität und Deduktionssysteme, Universität Karlsruhe
(TH), Kaiserstr. 12, D-76128 Karlsruhe

Prof. Dr. Stefan Mittnik,
Institut für Statistik und Ökonometrie, Christian-Albrechts-Universiät Kiel,
Olshausenstr. 40, D-24098 Kiel

Ralph Neuneier,
Corporate Technology Department, Information and Communcations, Siemens
AG, D-81730 München

Dipl. Kfm Mike Plate,
Lehrstuhl für Volkswirtschaftslehre, insbesondere Geld, Kredit und Währung,
Technische Universität Dresden, Mommsenstr. 13, D-01062 Dresden

Prof. Dr. Thorsten Poddig,
Lehrstuhl für Allgemeine Betriebswirtschaftslehre, insbesondere für
Finanzwirtschaft, Universität Bremen, Hochschulring 40, D-28359 Bremen

Prof. Dr. Svetlozar T. Rachev,
Institut für Statistik und Math. Wirtschaftstheorie, Universität Karlsruhe (TH),
Kaiserstr.12, D-76128 Karlsruhe
und
Department of Statistics and Applied Probability, University of Caolifornia, Santa
Barbara, CA 93106-3110, USA

Prof. Dr. Heinz Rehkugler,
Lehrstuhl für Finanzwirtschaft und Banken, Albert-Ludwigs-Universität Freiburg,
Platz der Altgen Synagoge, D-79085 Freiburg

Prof. Richard Roll Ph.D.,
Anderson School of Management, University of California, Los Angeles,
CA 90095-1481, USA

Prof. Dr. Gennady Samorodnitsky,
School of Operations Research & Industrial Engineering, Cornell University,
Ithaca, NY 14853-3801, USA

Dr. Elmar Steurer,
DaimerChrysler AG, Forschung und Technologie, Postfach 2360, D-89013 Ulm

Dr. Hans Georg Zimmermann,
Corporate Technology Department, Information and Communcations, Siemens
AG, D-81730 München

Wirtschaftswissenschaftliche Beiträge